Das Waschen mit Maschinen

in gewerblichen Wäschereibetrieben, in Hotels, Krankenhäusern und anderen öffentlichen und privaten Anstalten

Von

Dr. W. Kind und **Dr. H. A. Kind**

Vorsteher der Wäschereiabteilung
an der Preußischen Höheren Fachschule
für Textilindustrie in Sorau N.-L.

techn. Diplom-Volkswirt
Berlin

Mit 70 Textabbildungen

Berlin
Verlag von Julius Springer
1935

ISBN-13: 978-3-642-89344-5 e-ISBN-13: 978-3-642-91200-9
DOI: 10.1007/978-3-642-91200-9

Softcover reprint of the hardcover 1st edition 1935

Vorwort.

Erfolgreiches Waschen in Maschinen für Großleistungen erfordert Sondererfahrungen und technische Kenntnisse. Bescheid in der Handwäscherei zu wissen, kann nicht genügen, Waschfrauenweisheit früherer Jahrzehnte reicht nicht mehr aus. Es muß sich die Einsicht durchsetzen, daß die Maschinenwäscherei mehr und mehr eine eigene Technik zu entwickeln hat und daß der Maschinenwäscher neben seiner Praxis ein gewisses Verständnis für die in Betracht kommenden chemischen Vorgänge besitzen sollte. Selbst die kleine Trommelwäscherei muß sich die Ergebnisse chemischer und technischer Untersuchungen zunutze machen, wenn sie erfolgreich im Wettbewerb mit der Handarbeit sein will. Die gewerbliche Großwäscherei hat um so mehr bemüht zu sein mit den technischen Neuerungen Schritt zu halten, um den Anforderungen eines großen Kundenkreises zu entsprechen. Krankenhaus-, Hotel- u. dgl. Wäschereien sind nicht zuletzt verpflichtet darauf zu sehen, daß ihre Wäschereien gut arbeiten, wenn sie die in den Wäschevorräten angelegten großen Werte nicht vorzeitig vermindert wissen wollen. Es bedeutet Verwendung zwar billiger und entsprechend minderwertiger Seifenpulver keine Ersparnis, weit wichtiger wird sein, ob ein Wäschestück 60 bis 80 oder etwa 150 und 200 mal bis zum Verschleiß zu waschen ist. Eine genügende Schulung im Arbeiten mit Maschinen und Verständnis für wäschereichemische Vorgänge entscheiden hierbei über den Erfolg in erster Linie.

Die deutsche Literatur über Maschinenwäscherei ist gering. Dem Verlangen weiter Kreise, sich über die Technik und die Chemie des Waschens zu unterrichten, will dieses Buch nachkommen. Wenn von einzelnen Teilen des Buches gesagt werden kann, es würden mancherlei Vorkenntnisse zum Verständnis vorausgesetzt, so sei betont, daß von einem Wäscher gewisse Grundkenntnisse gefordert werden sollten, gleichwie man diese heute bei jedem Färber- oder Bleichmeister erwartet. Wenn die Hausfrau ein Kleidungsstück auffärbt — und nicht zu selten dabei verdirbt —, so kommen für die gewerbliche Arbeit große Werte in Betracht, die Fertigstellung hat deshalb der Fachmann zu überwachen. Die Ähnlichkeit der Verhältnisse von Färben und Waschen drängt sich auf, — welche Vermögen an Textilien werden zur oft zu wiederholenden

Behandlung dem Wäscher anvertraut! Mit Recht hat unter der nationalsozialistischen Regierung sich das Verlangen Geltung geschaffen, das Wäschereigewerbe zum Handwerk zu erklären, um somit ausschließlich mit einem vorgebildeten Nachwuchs rechnen zu können. Für die Zukunft des Wäschereigewerbes wird sehr wesentlich sein, über eine genügend große Zahl von Wäschern mit chemisch-technischen Kenntnissen zu verfügen. Wenn es eine Unmöglichkeit bedeutet von jedem Besitzer einer kleinen Wäscherei hinfort eine Ausbildung auf einer Fachschule zu verlangen, so sollte ihm doch die Möglichkeit gegeben werden sich selber weiter zu bilden. Hierbei möchte das vorliegende Buch auch behilflich sein.

Ein Buch zu schreiben, das alle auf dem Gebiet der Maschinenwäscherei sich ergebenden Fragen beantwortet, erscheint nicht möglich. Vieles ist noch ungeklärt trotz der wissenschaftlichen und technischen Forschungen der letzten Jahrzehnte. Da das Handbuch einen gewissen Umfang nicht überschreiten sollte, wurde auch die Erörterung mancher Einzelheiten zurückgestellt. Den Verfassern werden Mitteilungen über Ausgestaltung des Buches stets willkommen sein.

Bei der Abfassung hatten wir uns der Mitarbeit einer größeren Zahl von Fachleuten zu erfreuen, so danken wir vor allem Herrn Direktor F. Krischer von der Firma Gebr. Poensgen A.G., Düsseldorf für seine gern gewährte und umfassende Unterstützung bei der Abfassung des Teiles: Waschtechnik und weiterhin Herrn Dipl.-Ing. H. Reumuth von der Firma H. Th. Böhme A.G., Chemnitz, dessen Name als Photograph auf dem Textilgebiet bekannt, für die Anfertigung einer größeren Zahl von Fotos mit Wäscheschäden.

Sorau N.-L.—Berlin, Herbst 1934.

Dr. W. Kind.
Dr. H. A. Kind.

Inhaltsverzeichnis.

I. Chemikalien.

A. Wasser, H_2O.

1. Geeignetes Wasser.

Ein für Wäschereizwecke geeignetes Wasser verwenden zu können, bildet für jeden Betrieb die wichtigste Voraussetzung. Nicht nur auf den Gebrauch geeigneter Seife, Alkalien, Bleichmittel ist zu achten, sondern vor allem muß das Wasser den Ansprüchen genügen.

In chemischem Sinne reines H_2O ist in der Natur nicht zu finden. Wir haben vielmehr immer vor uns verdünnte Lösungen verschiedener Salze und gasförmiger Verbindungen wie von Kohlensäure und Luft. Daß selbst Luftsauerstoff nicht ohne Belang ist, sei zunächst angedeutet. Das Ausmaß der gelösten Stoffe schwankt; es hängt im wesentlichen von der geologischen Beschaffenheit des Erdbodens ab, mit dem das Wasser in Berührung kam. Regenwasser weist wenig Verunreinigungen auf, es ist „weich". So sammelte in früheren Zeiten auch Großmutter im Regenfaß das vom Dache abfließende Wasser; sie wußte, daß dieses und Bachwasser zum Waschen besser geeignet seien als kalkhaltiges Pumpenwasser, das man wegen schlechten Schäumens von Seife hart nannte, weil man mehr Seife benötigt, um beim Händewaschen auf der Hand den weichen Griff zu erzielen. Mit dem Anwachsen der großen Städte mit vielstöckigen Straßenzeilen schwanden sowohl solche Möglichkeiten, Regenwasser zu sammeln oder im Bachwasser zu spülen, als auch leider vielfach die Überlieferungen von der Wichtigkeit weichen Wassers in Vergessenheit gerieten. Es macht das Vorkommen von besser brauchbarem Wasser das Aufblühen von Wäscherdörfern erklärlich, die für in ihrer Nähe gelegene Städte mit härterem Wasser das Reinigen in großem Umfange übernahmen. Die Fortschritte der Chemie und Technik setzen uns jedoch heute in die Lage, ein Wasser mit störendem Gehalt an Härtebildnern weitgehend zu reinigen. Ist also nicht von vornherein Wasser von der notwendigen Reinheit vorhanden, so erwächst der Wäscherei als erste Pflicht, für eine Verbesserung Sorge zu tragen.

Die Brauchbarkeit eines Wassers wird in erster Linie nach dem Gehalt an Kalk- und Magnesiasalzen, den Härtebildnern beurteilt. Zudem sind zu berücksichtigen Verunreinigungen durch Eisen, Mangan, organische Substanzen, gewisse Gase, wie weiter mechanische Verunreinigungen durch Sand, Trübstoffe, Algen u. a. sehr unerwünscht sein können.

2. Die im Wasser gelösten Stoffe.

Härte des Wassers. Wir unterscheiden zwischen vorübergehender — temporärer — und bleibender — permanenter — Härte. Die Wissenschaft spricht von Karbonat-, bzw. Sulfat- (oder Nichtkarbonat-) Härte. Erstere ist durch doppelkohlensaure Kalk- und Magnesiasalze, letztere durch die schwefelsauren Verbindungen, weniger durch andere Salze wie Chloride bedingt. Neutrales Calcium- und Magnesiumkarbonat — $CaCO_3$ und $MgCO_3$ — sind in reinem Wasser schwer löslich, in 1 Liter kaltem Wasser lösen sich nur 0,013 g $CaCO_3$ und 0,106 g $MgCO_3$. In einem Wasser mit freier Kohlensäure können sich jedoch die Karbonate als doppelkohlensaure Salze (Bikarbonate) — $Ca(HCO_3)_2$ und $Mg(HCO_3)_2$ — weitgehend auflösen.

$$\begin{matrix} CaCO_3 \\ MgCO_3 \\ \text{(unlöslich)} \end{matrix} + CO_2 + H_2O = \begin{matrix} Ca(HCO_3)_2 \\ Mg(HCO_3)_2 \\ \text{(löslich)} \end{matrix}$$

Nachdem sich Kohlensäure als Oxydationsprodukt von Kohle und organischen Stoffen stets in der Luft findet, besitzt schon Regenwasser ein gewisses Lösevermögen gegenüber Kalksteinen. Vor allem aber entströmt Kohlensäure dem Erdinnern, es sind ja manche Quellen durch ihren hohen Gehalt an Kohlensäure als Mineralwasser bekannt. Andererseits entweicht die im Wasser gelöste, das Karbonat in Lösung haltende freie Kohlensäure wieder leicht. Beim Stehen an der Luft, schneller beim Kochen zerfallen die Bikarbonate, es scheidet sich $CaCO_3$ bzw. $MgCO_3$ erneut als unlösliches Salz aus, die Härte „geht vorüber". Die schwefelsauren Salze dagegen — es kommt vorwiegend $CaSO_4$, Gips in Betracht, werden beim Kochen nicht unlöslich, die Härte „bleibt". Sehr wohl kann die Gipshärte durch Zusatz geeigneter Chemikalien, z. B. durch Soda beseitigt werden, weil sich durch Umsetzung unlösliches $CaCO_3$ bildet, wie sich auch das Bikarbonat mit Chemikalien umsetzen läßt. Der Ausdruck vorübergehende und bleibende Härte wirkt darum leicht irreführend, man spricht besser von Karbonat- bzw. Nichtkarbonathärte. — Das Verhältnis der beiden Härtearten innerhalb der Gesamthärte kann sehr verschieden sein.

Die Einteilung in Härtegrade. Die Härte wird in Graden ausgedrückt unter Verrechnung auf Ätzkalk CaO. Es bezeichnet ein deutscher Härtegrad die Grammzahl CaO, bzw. die äquivalente Menge Mg Salz in 100 l Wasser; ein amerikanischer Härtegrad die Grainzahl $CaCO_3$ in einer amerik. Gallone (= 3,7852 l); ein englischer Härtegrad die Grainzahl $CaCO_3$ in einer engl. Gallone (= 4,5435 l), ein französischer Härtegrad 1 g $CaCO_3$ in 100 l Wasser.

deutsch	amerikanisch	englisch	französisch
1	1,04	1,25	1,79
0,96	1	1,20	1,72
0,8	0,83	1	1,45
0,56	0,60	0,70	1

Wirkung der Härtebildner. Schädigend wirken die Kalk- und Magnesiaverbindungen zunächst in jeglichem gewerblichen Betriebe, in welchem ein Dampfkessel zu speisen ist, indem der gefürchtete Kesselstein an den Wandungen sich absetzt, sofern sich nicht Kesselsteinschlamm abscheidet. Beim Waschen hat man nicht nur an die Vernichtung von Alkalien und Seifen zu denken, die Abscheidungen von kohlensaurem Kalk und schmierigen Kalkseifen können sich auch auf den Geweben absetzen und häufen. Ersterer Umstand führt zu einem beträchtlichen Mehrverbrauch an angewandten Chemikalien, letzterer verursacht einen unschönen Griff der fertiggestellten Gewebe und mindert die Lebensdauer eines Wäschestückes, da durch starke Inkrustierungen die Fasern brüchig werden. So reagiert z. B. Calciumsulfat mit Seife und mit Soda nach den Gl. (1 u. 2):

Abb. 1. Kesselsteinablagerungen in einem Kühlrohr.

$$2\,C_{17}H_{35}COONa + CaSO_4 = (C_{17}H_{35}COO)_2Ca + Na_2SO_4 \quad (1)$$

Natriumstearat Seife (löslich) — Calciumstearat Kalkseife (unlöslich)

$$Na_2CO_3 + CaSO_4 = CaCO_3 + Na_2SO_4 \quad (2)$$

$$2\,NaOH + Ca(HCO_3)_2 = CaCO_3 + Na_2CO_3 + 2\,H_2O \quad (3)$$

Zu Gl. (1): Seifen sind die wasserlöslichen Kalium- und Natriumsalze der Fettsäuren; Kalk- und Magnesiaseifen stellen hingegen unlösliche Verbindungen ohne Waschwert vor. Beim Arbeiten mit hartem Wasser entfaltet die Seife erst dann ihr volles Waschvermögen, wenn die Härtebildner sich mit Seife umgesetzt haben und Kali- bzw. Natronseife im Überschuß reagieren können. Die durch hartes Wasser vernichteten Seifenmengen sind recht bedeutend. 1 g CaO zersetzt etwa 15 g Kernseife; der Theorie nach macht 1 cbm eines 10° harten Wassers also 1,5 kg Kernseife unwirksam. Bei derartigen Angaben kommt es allerdings sehr auf die jeweilige Art der Seife an.

Nasse Wäsche saugt ungefähr das Zwei- bis Dreifache ihres Gewichtes an Wasser auf. Setzt man also Seife und Soda der Waschmaschine zu, nachdem Wäsche und Wasser eingefüllt wurden, so ist damit zu rechnen, daß die Umsetzung der Waschmittel mit den Härtebildnern zu einem großen Teil in der Faser selbst erfolgt. Da vorwiegend die Seife zuerst reagiert und sich klebrige, schmierige Abscheidungen bilden, sind die Niederschläge schlecht ausspülbar, sie bleiben in der Wäsche haften. Diese Seife geht für die Waschwirkung verloren, und nur die überschüssige Seife oder die durch Mitverwendung von Soda vor einer Vernichtung geschützte Seife gelangt zur vollen Ausnutzung. Wird die mit Schmutz angereicherte Lauge, deren Waschkraft auf Natronseife beruhte, abgelassen, so mag etwa die Hälfte der Flotte in der nassen Wäsche zurückbleiben. Läßt man zum

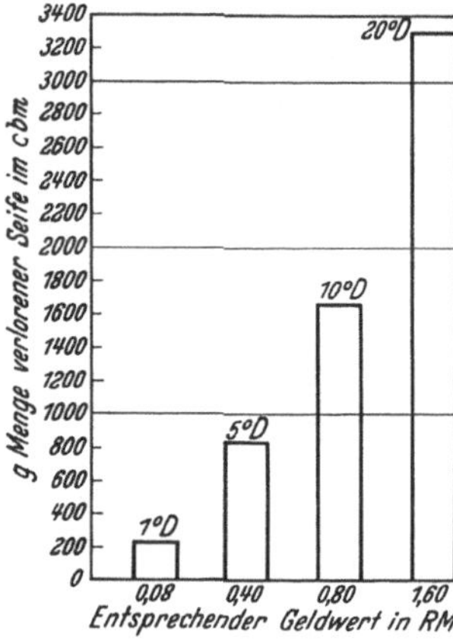

Abb. 2. Verlust an Seife bei Verwendung von hartem Wasser. Nach I. G. Farbenindustrie Aktiengesellschaft.

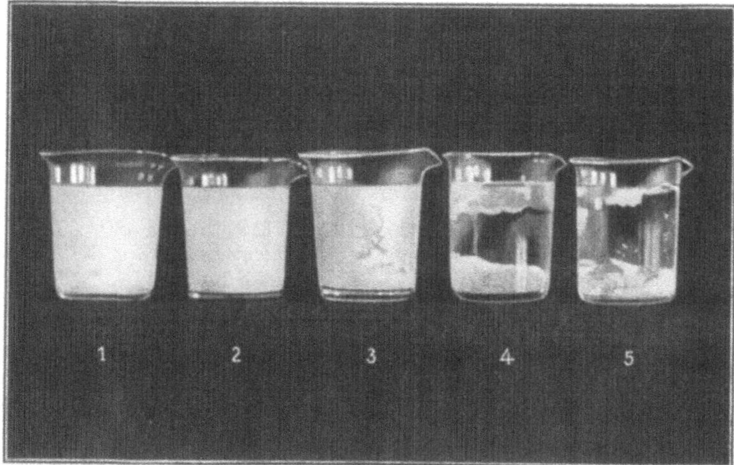

Abb. 3. Kalkseifenbildung in hartem Wasser von 30° D. H.
Nach Versuchen der Chem. Fabrik Stockhausen & Cie., Krefeld.

1 5 g Seife je Liter } überschüssige Seife emulgiert die Abscheidungen.
2 4 g „ „ „
3 3 g „ „ „ Grenzfall
4 2 g „ „ „ } Kalkseifen flocken aus, da kein Überschuß an Seife für die Emulgierung vorhanden.
5 1 g „ „ „

Spülen in die Maschine hartes Wasser einfließen, so werden die von der Wäsche zurückgehaltenen Laugenreste mit den Härtebildnern weiter reagieren, erneut Niederschläge verursachen, überdies kann sich zufolge Abschwächung des Emulgierungsvermögens der von der Waschflotte bereits aus der Wäsche gelöste Schmutz z. T. wieder auf der Wäsche niederschlagen. Die Folge ist ein ungenügender Waschausfall, ein Vergrauen der Wäsche bei schlechtem Griff.

Enthärtung des Wassers in der Maschine vor der Seifenzugabe durch Soda vermag das Niederschlagen von Kalkseife zu vermindern, sofern man der Soda eine gewisse Reaktionszeit gibt; da sich Kalkabscheidungen auf der Wäsche jedoch vor allem beim Spülen bilden, lassen sich die durch hartes Wasser bedingten Mißstände beim Enthärten in der Maschine nicht völlig vermeiden. Bei Fehlen einer systematisch arbeitenden Enthärtungsanlage wäre zur Verbesserung der Waschtechnik in besonderen Bottichen das Wasser für das Ansetzen der Laugen und für das erste Spülen zu enthärten und nur die geklärte oberhalb des Bodensatzes stehende Flüssigkeit in die Waschmaschine zu bringen.

Zu Gl. (2): Die Kalk- und Magnesia-Härtebildner reagieren nicht allein mit Seifen sondern auch mit den Alkalien, also mit Soda, Wasserglas usw.

Abb. 4. Ausfällung der Härtebildner aus Wasser von 30° D. H.
Nach Versuchen der Chem. Fabrik Stockhausen & Cie., Krefeld.
1 Zugabe von Soda
2 ,, ,, ,, und nachträglich Seife.
3 ,, ,, Soda und Seife gleichzeitig.
Die Härtebildner reagieren bei *3* mit der Seife unter Bildung von flockenförmiger Kalkseife.

unter Bildung unlöslicher Niederschläge, die sich gleichfalls auf und in den Geweben festsetzen können. Da die Alkalien gegenüber Seife den Vorzug haben billiger zu sein, wird man anstreben mit ersteren das Wasser weich zu machen, um die Schmutzlösungskraft der Seife nicht durch Abscheidungen von Kalkseife vermindert zu wissen. Im allgemeinen hat von den verschiedenen Alkalien Soda als geeignetstes Enthärtungsmittel zu gelten, da es am billigsten ist. 1 cbm eines durch Gips 10° harten Wassers macht 189 g Soda unwirksam (gegenüber 1500 g Seife!). Es bildet sich bei der Umsetzung unlösliches Calciumkarbonat, nebenbei Natriumsulfat, welch letzteres waschtechnisch keinen großen Einfluß hat. Wenn Soda und Seife gleichzeitig dem Wasser zugesetzt werden, d. h. z. B. in Form von Seifenpulver, ist nicht damit zu rechnen, daß Soda vorab mit den Härtebildnern reagiert, vielmehr werden beide — aber vorwiegend die Seife — sich mit den Härtebildern umsetzen. Soda sollte also vor Zufügen der Seife reagieren können.

Zu Gl. (3): Wie S. 2 geschrieben, unterscheidet man zwischen vorübergehender und bleibender Härte. Auf chemischem Wege läßt sich die temporäre Härte durch Zufügen berechneter Mengen von Ätznatron oder Ätzkalk entfernen. Es ist nämlich Soda nicht für alle Härtebildner das best wirksamste Mittel, es kommt auf die jeweilige Art der Härtebildner an. Die Annahme, man könne mit der theoretisch für eine gewisse Gesamthärte berechneten Menge Soda ein Wasser vollständig weich machen, welches größere Mengen temporärer Härte enthält, ist nicht richtig.

Die folgende Übersicht deutet die Reaktionsmöglichkeiten an:

NaOH	Ätznatron reagiert mit:	Calcium- und Magnesiumbikarbonat, Magnesiumsulfat
CaO	Ätzkalk	Calcium- und Magnesiumbikarbonat
Na_2CO_3	Soda	Calciumsulfat, Calciumchlorid
$Na_2Si_3O_7$	Wasserglas (und Monosilikat)	Bikarbonate und Sulfate von Ca und Mg
Na_3PO_4	Trinatriumphosphat	Bikarbonate und Sulfate von Ca und Mg

Seife reagiert sowohl mit Karbonat- wie mit Nichtkarbonat-Härtebildnern. Enthält ein Wasser viel Karbonathärte, so kann trotz Vorenthärtens mit Soda noch eine größere Abscheidung von Kalkseifen möglich sein, da Soda in erster Linie mit Nichtkarbonathärte, Seife aber mit beiden Härtearten reagiert.

Die großen Nachteile des harten Wassers machen das Enthärten für die sorgsam arbeitende Maschinenwäscherei zu einer der wichtigsten Aufgaben. Es sei nochmals betont, daß das Enthärten des Wassers zweckmäßigst erfolgen soll und zwar am besten außerhalb der Maschine vor der Zugabe von Seife und Wäsche, damit die entstehenden Niederschläge sich bereits absetzen konnten. Für das Waschen mit Seifenpulvern, die den Anpreisungen zufolge selbst beim Arbeiten mit harten Wässern keine Anstände geben sollen, gilt diese Regel gleichfalls. Pflegt es sich ja hier nur um Gemische mit großem Alkaligehalt, vielfach unter Mitverwendung von Wasserglas zu handeln, so daß die Erfolge den Anpreisungen nur bedingt entsprechen werden. Daß Wasserglas die Abscheidung der Härtebildner fördert, sei nicht bestritten. Wenn die

Reklame einer Fabrik aber von „Regenwasser-Erzeuger“ sprach, so handelt es sich um eine nicht ohne weiteres gutzuheißende Reklame. Hartwasserseifen als Stückseifen sind zumeist mit hohem Gehalt an Wasserglas alkalisch abgerichtete Seifen; namentlich Kokosseifen lassen sich hoch füllen und bei 10% Fettsäure noch in fester schneidbarer Form liefern. Es fragt sich bei derartigen Fabrikaten immer, ob man sie nicht an dem eigentlichen Wert der Seife gemessen unter dem besonderen Namen zu hoch bezahlt.

Kalkbeständig sind die neueren Produkte der chemischen Industrie wie die Fettalkoholsulfonate, die in der Textilindustrie bereits ihren Verwendungskreis fanden (vgl. S. 43). Wenn es gelingt, diese Produkte weiter zu vervollkommnen und billiger herzustellen, würden viele Schwierigkeiten, mit denen der Wäscher sich heute auseinanderzusetzen hat, wegfallen.

Eisen und Mangan. Wasser muß möglichst eisen- und manganfrei sein, es soll unter 0,1 mg Fe im Liter und unter 0,05 mg Mn enthalten, denn schon minimale Mengen genügen, um der Wäsche einen unerwünschten gelben Ton zu geben, zumal mit örtlichen Anhäufungen von Niederschlägen zu rechnen ist. Vielfach finden sich im frischgeförderten Wasser Eisen oder Mangan in einer klarlöslichen Form (als Oxydulverbindung der Kohlensäure und von organischen Säuren wie Humussäuren). Aus dem Ferrosalz entsteht jedoch unter Einwirkung des Luftsauerstoffes unlösliches Eisenoxyd, Rost, bzw. bildet sich beim Erhitzen oder stärkeren Alkalisieren aus dem Manganosalz ein Niederschlag von Braunstein. Betriebe, die mit weichem, permutiertem Wasser arbeiten, haben mit weiteren Verunreinigungen durch Eisen zu rechnen, wenn Kessel, Boiler, Rohrleitungen keine Schutzschicht von Kesselstein mehr ansetzen können, welche das darunterliegende Metall der Einwirkung des sauerstoffkohlensäurehaltigen Wassers entzieht. Es unterliegt dann Eisen einem stärkeren Angriff und das erneut rostige Wasser führt zu neuen Schwierigkeiten, nachdem man die störenden Härtebildner beseitigt hatte.

Ein durch Eisen- und Manganverbindungen verunreinigtes Wasser gibt Anlaß zur Bildung von Eisen- und Manganabscheidungen auf der Wäsche und damit zu einer gelben Verfärbung. Zeigen sich hingegen in Wäschestücken einzelne schärfer begrenzte Rostflecken, so ist nicht so sehr an eisenhaltiges Wasser als Ursache zu denken als vielmehr an Rostabscheidungen, die beim Gebrauch des Stückes durch Sicherheitsnadeln, Schlüssel u. dgl. vorweg verschuldet wurden. Zeitweise auftretende stärkere Verfleckungen sind aber auch von einem Wasser zu befürchten, das länger in den Rohren oder Behältern gestanden hat und nun anfänglich den angereicherten Rostschlamm mitführt. Sind doch mitunter Leitungen fast gänzlich durch solchen Schlamm verstopft. Bei stoßweisem Ausfließen wird solcher Rostschmutz mitgerissen. Es empfiehlt sich, bei Arbeitsbeginn nach längerem Stillstand das in den Leitungen stehende Wasser in den Kanal laufen zu lassen. Rostflecken stehen gegebenenfalls in Beziehung mit Algen des Wassers, die Eisen speichern und bei starker Wucherung große Schwierigkeiten verursachen können.

Eisen- und Manganabscheidungen auf der Wäsche geben dieser nicht nur ein unschönes Aussehen, sondern sie gefährden auch die Wäsche-

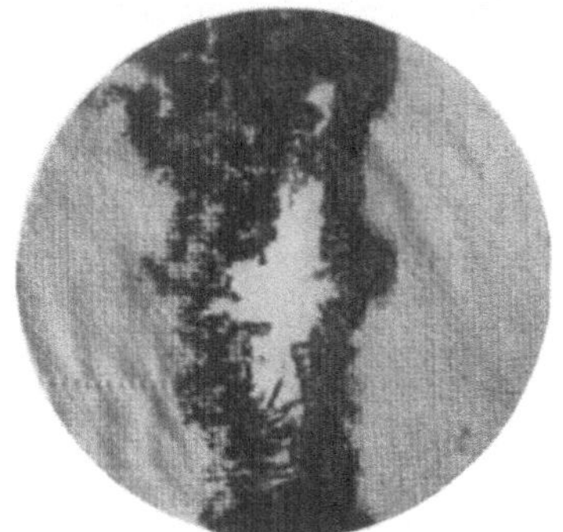

Abb. 5. Gewebsbeschädigung durch Rostflecken. Vergr. 1: 1.

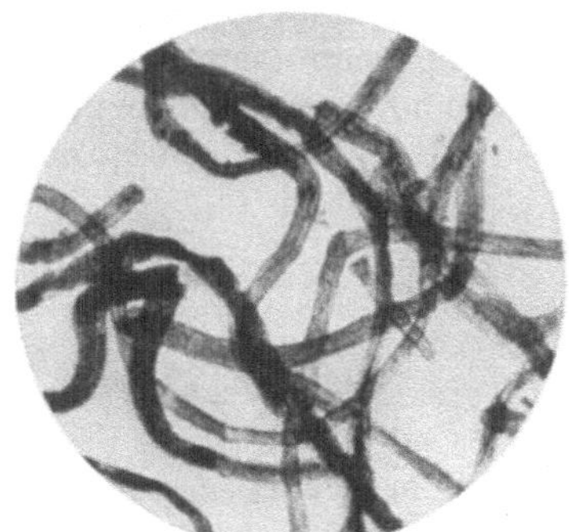

Abb. 6. Faserbeschädigung durch Rost. Vergr. 150 ×.

haltbarkeit, indem mit unmittelbarer starker Rostbildung auf der Faser ein Faserangriff verbunden sein kann, und anderseits beim Arbeiten mit Rostentfernungsmitteln leicht Fehler unterlaufen. Hat ein Betrieb dauernd Schwierigkeiten, so sollte man eine Enteisenungsanlage vorsehen.

Nachweis von Eisen s. S. 175.

Beseitigung vorhandener Rostflecke s. S. 171.

Sauerstoff und Kohlensäure. Wasser ist nicht nur ein ausgezeichnetes Lösungsmittel für Salze sondern gleichfalls für Gase. Es kommen hier vornehmlich in Frage Sauerstoff und Kohlendioxyd, ausnahmsweise wäre an Schwefelwasserstoff zu denken; gelöster Luftstickstoff ist belanglos. Für die Technik des Waschens machen sich diese Gase zwar weniger störend bemerkbar, indirekt werden sie aber die Ursache von rostigem Wasser, da Eisenteile in solchem Wasser verrosten. Stärker kohlensäurehaltiges, weiches Wasser vermag sogar Bleirohre usw. anzugreifen, wenn sich auf denselben kein schützender Überzug von Kalkstein absetzt. Im allgemeinen wird es sich wohl hierbei nur um Spuren von Blei handeln, welche zwar das Wasser für Trinkzwecke bedenklich machen, die jedoch wäschereitechnisch zu vernachlässigen sind.

Kohlendioxydgas CO_2, mit Wasser als Kohlensäure H_2CO_3 formuliert, läßt aus Kreide, Marmor, Kalkstein $CaCO_3$ das wasserlösliche Calciumbikarbonat $Ca(HCO_3)_2$ entstehen, so daß Wasser eine vorübergehende Härte annimmt. Ob die Kohlensäure gegenüber Eisen aggressiv wird, hängt von dem Verhältnis ab, in welchem sich dieselbe neben Bikarbonatsalzen im Wasser findet. Unerwünscht kann freie, aggressive Kohlensäure für die Permutitanlage werden, da gegebenenfalls die Permutitmasse angegriffen wird, zerbröckelt.

Trübstoffe. Beanstandungen durch Schwebestoffe werden weniger beim Arbeiten mit Leitungswasser als bei Verwendung von Brunnen- oder Oberflächenwasser auftreten. Lehmiges Wasser läßt keine reinweiße Wäsche erzielen. Die Verunreinigungen können bestehen aus Sand, tonigem Schlamm, Algen, organischen Verbindungen wie Humussäuren. Städtische Wasserwerke pflegen über Wasserfilter zu verfügen, um den Abnehmern nicht nur klares, sondern vor allem hygienisch einwandfreies Wasser zu liefern. Die Klärung macht mitunter unerwartet große Schwierigkeiten, weil die feinen, kolloidal gelösten Trübstoffe durch die Filtermassen gehen. Es bedarf alsdann besonderer, geregelter Zusätze wie von Tonerdesalzen zum Ausfällen der Verunreinigungen in mehr flockiger Form. So gibt man nötigenfalls schwefelsaure Tonerde zu und arbeitet mit kleinen Zusätzen von Chlorlauge, um das kolloidal gelöste Eisen durch Oxydation zu Rost abscheidbar zu machen. Hervorzuheben sind weiter die Mißstände, die sich beim Arbeiten mit Wasser aus torfigem Boden ergeben. Solches Wasser nahm aus den Humusschichten organische Stoffe und Eisen auf, die Anlaß zu gelber und fleckiger Wäsche werden. Einfache Filtration durch Sand reicht hier nicht aus, die Verbesserung hält mitunter schwer. Den fauligen, muffigen Geruch, welchen Wäsche aus solchem Wasser anzunehmen droht, suchte man erfolgreich zu vermeiden durch Filtrieren über Kohle von besonderer Aktivität, Absorptionsvermögen. Sonst besteht die Füllung aus gewaschenem Quarzkies, wobei Korngröße und Höhe der Filterschicht sich nach der Beschaffenheit und den Anforderungen an die Reinheit zu richten haben. Die sog. Schnellfilter offener oder geschlossener Bauart sind mit Rückspülung auszugestalten, um den angesammelten Schlamm wegbringen zu können, der die Filtriergeschwindigkeit sinken läßt. Bei eigener Wasserstation wären für stärker verunreinigtes Wasser gleiche Anlagen, wie sie die Wasserwerke haben, vorzusehen.

Sonstige Verunreinigungen des Wassers. Neben Kalk- und Magnesiasalzen können in größerem Ausmaße Natriumsalze im Wasser gelöst sein, doch kommt die Verwendung von stark salzhaltigem Mineral- oder Meerwasser praktisch wohl nicht in Frage. Im übrigen wären Kochsalz und andere Natriumsalze im Gegensatz zu den Calcium- und Magnesiumsalzen erst bei größeren Mengen von Einfluß auf die Schaumfähigkeit der Seife. Meerwasser eignet sich schon wegen seines hohen Gehaltes an Magnesiumsalzen nicht für die Wäscherei, so daß man auf Schiffen mit Süßwasser und Kondenswasser wäscht, soweit man nicht vorzieht, das Waschen in den Hafenstädten ausführen zu lassen.

Ausnahmsweise wäre an eine zeitweise Verunreinigung des Bach- und Flußwassers durch industrielle Abwässer zu denken. Es mag dann schwer halten, die Ursache von Schwierigkeiten zu finden, wenn mit solchen Verunreinigungen nur vorübergehend zu rechnen ist. Außergewöhnliche Mißstände sind desgleichen möglich, falls zufolge großer Trockenheit oder Hochwasser die Beschaffenheit des Wassers starken Änderungen unterworfen ist.

3. Enthärten des Wassers.

a) Allgemeines.

Für das systematische Enthärten größerer Mengen von Wasser kommen zwei Wege in Frage: einmal das Ausfällen der Härtebildner mit Alkalien und weiterhin das Austauschverfahren, welches die unerwünschten Kalkmagnesiasalze unter Verwendung besonderer Filtermassen in Natriumverbindungen umwandelt, wobei Kalk und Magnesia im Filter zurückbleiben. Automatisch arbeitende Apparate verdienen erklärlicherweise den Vorzug. Wenn sich das Aufstellen solcher Apparate nicht ermöglichen läßt, so bleibt jedenfalls anzustreben, das Wasser behelfsmäßig in entsprechend großen Behältern vorzureinigen und das geklärte oder filtrierte Wasser zu verwenden. Das Enthärten des Wassers in der Maschine selbst durch Zugabe von Soda u. dgl. hat immer den Fehler, daß sich die Kalkniederschläge z. T. in der Wäsche absetzen und somit die Faser inkrustieren können. Geeignete Arbeitsweisen ermöglichen zwar diesen Fehler einzuschränken, wie an anderer Stelle, S. 21, ausgeführt wird, aber es bleibt dringend anzuraten, das Wasser sachgemäß vorher zu enthärten, denn der Ausfall der Wäsche hängt in erster Linie von der Beschaffenheit des Wassers ab. Auf diese Tatsache kann nicht dringend genug hingewiesen werden. Die größeren gewerblichen Betriebe haben heute zumeist die Bedeutung erkannt, und viele gemeinnützige Anstalten verfügen heute über Enthärtungsanlagen, es muß jedoch solche Erkenntnis eine Selbstverständlichkeit für alle Wäschereien werden, denen kein von Natur aus weiches Wasser zur Verfügung steht. Zumal man behaupten darf, daß derzeit über die in Betracht kommenden Reaktionsmöglichkeiten und ihre technische Auswertung weitgehende Klarheit herrscht, und daher sich die an eine Enthärtungsanlage gestellten Erwartungen besser verwirklichen lassen, als dies in früheren Zeiten mitunter der Fall war. Wenn es ehedem Enttäuschungen bezüglich der Leistung gab und solche vielleicht noch vorkommen, so muß man nicht übersehen, daß z. B. die auf Grund einer Analyse berechneten Ansätze an Chemikalien nicht mehr in Ordnung gehen können, falls sich die Beschaffenheit des Rohwassers zeitweise ändert, oder sogar eine Verschiebung in der Gesamthärte eingetreten ist.

Schwankungen in der Härte. Sowohl Brunnen- wie Flußwasser weisen große Schwankungen mit den Jahreszeiten auf, aber auch bei Entnahme des Wassers aus einem Städtischen Leitungsnetz kann mit Änderungen in der Beschaffenheit des Wassers zu rechnen bleiben, und zwar nicht allein mit den Jahreszeiten, sondern vor allem bei Bestehen mehrerer Wasserwerke. Liefern diese ungleiches Wasser, und werden sie von der Verwaltung bedarfsweise eingeschaltet, sind selbst stundenweise Schwankungen möglich. So hat die Wäschereischule in Sorau mit Wasser von 7—13° Härte zu rechnen, da das Städtische Wasserwerk mit mehreren Brunnengalerien arbeitet. Die nachstehende Kurvenzeichnung gibt die im Laufe des Monats Mai 1932 von der Wirtschafts- und Forschungsstelle des Reichsfachverbandes der Wäschereien und Plättereien Deutschlands beobachteten Härtegrade wieder. Bach- und Flußwasser haben gegenüber Grundwasser im allgemeinen als weicher zu gelten, feststehende Verhältniszahlen lassen sich aber nicht geben, ist ja selbst die Härte des Oberflächenwassers, eines Flusses von den jeweiligen Witte-

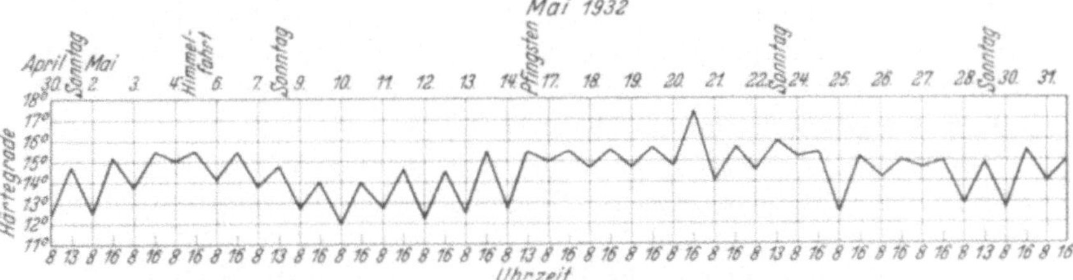

Abb. 7. Schwankungen der Härte.

rungsverhältnissen beeinflußt. Mit Trockenperioden steigt die Härte eines Wasserlaufes mitunter erheblich an. Zufolge plötzlich einsetzender Hochwasserwellen sind größte Schwankungen möglich. Ein Flußwasser in der Nähe von Breslau hatte z. B. im Mai 1920 nur 9° Härte, für April 1919 wurden 27,5 genannt. Hamburger Leitungswasser, das zum größten Teil aus filtriertem Flußwasser besteht, wies 1917 zwischen 8,3 und 17,0, im Mittel 12,5° Härte auf. Hier machen sich die Abwässer der Kaliindustrie in Sachsen-Thüringen auf weite Strecken geltend, die den Vorflutern große Mengen von Magnesiasalzen zuleitet. Wer sich über die chemische Beschaffenheit der Leitungswässer in deutschen Städten unterrichten will, sei auf die Wasserstatistik der Deutschen Gemeinden von Prof. Dr. K. Thumm verwiesen. In einem Sonderdruck der Wochenschrift „Das Gas- und Wasserfach" 1929 sind die Wasseranalysen von über 700 Städten zusammengestellt. Eben dieser Statistik ist z. B. zu entnehmen, daß für Berlin Gesamthärten zwischen 8 und 22° Härte in Betracht kommen — Müggelsee bzw. Wuhlheide. Diese stets zu befürchtenden Schwankungen in der Härte des Wassers lassen sowohl bei einer Enthärtung mit einer Kalk-Soda-Apparatur wie beim Enthärten in der Maschine entweder mit einer restlichen, nicht beseitigten Härte oder mit einer unvermuteten und unerwünschten Alkalität des Wassers rechnen.

Kontrolle der Enthärtungszusätze. Genauere Analysen werden sich in den Wäschereien mangels der erforderlichen Laboratoriumseinrichtungen selten durchführen lassen, es genügt zumeist die Bestimmung der wichtigsten Kennzahlen, wie der Gesamthärte, des etwaigen Überschusses an Chemikalien. So ist die Berechnung der theoretisch erforderlichen Zusätze an Fällungsmitteln fürs erste mehr Sache des Chemikers; bei Aufstellen von Kalk-Soda-Apparaten gibt die Lieferfirma auf Grund der genauen Analyse entsprechende Bedienungsvorschriften. Dem Wäscher liegt es ob, sich durch häufige Kontrollen des Reinwassers zu vergewissern, daß die Reaktionen in erwarteter Weise verliefen. Nur bei ständiger, den jeweiligen Erfordernissen entsprechender Überwachung und bei Anpassen der Zusätze von Kalk und Soda an die ermittelten Härtearten ist es überhaupt möglich, die etwaige garantierte Leistung einzuhalten. Nimmt es der Betrieb in dieser Hinsicht nicht ernst, so lehnt die Lieferfirma mit Recht jegliche Mängelrüge und Ersatzforderung ab. Vgl. Untersuchung auf Härte des Wassers S. 174.

Mangelhafte Umsetzung bei Kalk- und Sodaenthärtung. Leider verlaufen die Umsetzungen zwischen Härtebildnern und Enthärtungsmitteln vielfach nicht in der gewünschten Weise. Die errechneten theoretischen Mengen genügen nicht, um die Reaktionen quantitativ bei kurzer Einwirkungszeit in der Kälte zu beenden. Deshalb werden Überschüsse an Chemikalien erforderlich, damit die Enthärtung besser verläuft. Die Zusätze an Alkalien dürfen dabei nicht zu hoch steigen, denn solch alkalisiertes Wasser bietet zwar für den eigentlichen Waschgang keine Bedenken, sofern man das überschüssige Alkali entsprechend beim Laugenansatz berücksichtigte, es eignet sich jedoch weniger zum Ausspülen der Wäsche. Diese soll alkalifrei zum Trocknen kommen, andernfalls bleibt ein Vergilben zu erwarten.

Enthärtung von erwärmtem Wasser. Glatter vollziehen sich die Umsetzungen unter Anwärmen des Wassers. Ebendeshalb ist man für das Aufbereiten von Kesselspeisewasser mit bestem Erfolg mehr und mehr dazu übergegangen, die Enthärtung unter starkem Anwärmen durchzuführen. Kommen für das Enthärten von Speisewasser grundsätzlich die gleichen Reaktionen in Betracht, so liegen doch die Verhältnisse für das Weichmachen von Wasser für Wäschereizwecke anders. Ist für das Speisen der Dampfkessel ein gewisser Überschuß an Alkali erwünscht — selbst hier begrenzt, um Schwierigkeiten im Betrieb vermieden zu wissen —, so erscheint ebenso ein starkes Vorwärmen angängig, das heiße Wasser findet im Kessel seine Ausnutzung. Die Wäscherei hingegen hätte für heißes Wasser keine volle Verwertung, sie benötigt zum Einweichen und Fertigspülen nur angewärmtes und kaltes Wasser. Es bedarf die Umsetzung sowieso einer gewissen Reaktionszeit und dies vor allem bei einem nicht vorgesehenen Anwärmen, so daß sich die Stundenleistung eines Apparates nur in fraglichem Grade erhöhen, beschleunigen läßt.

Permutitverfahren. Im Gegensatz zu solcher Technik, mit den jeweils erforderlichen Alkalien die Härtebildner in unlöslicher, filtrierbarer Form abzuscheiden, steht das von der Permutit A.-G. eingeführte Austauschverfahren. Die Arbeitsweise des Permutitfilters ist zuverlässiger, da sie nicht von den Schwankungen der Härte und der Art der Härte abhängig ist. Freilich reicht das eingefüllte Natriumpermutit des Filters nur aus, um eine bestimmte Menge Kalk aufzunehmen. Ist dieselbe bei Filtrieren eines härter gewordenen Wassers in einer kürzeren Stundenzahl aufgenommen, so hat das Rückverwandeln der unwirksam gewordenen Füllung in Natriumpermutit mittels Kochsalzlösung frühzeitiger zu erfolgen.

Abb. 8.
Größte Permutitanlage in einem deutschen Kraftwerk.

Anschaffungspreis und die mitunter nicht unerheblichen Kosten für das erforderliche Salz und die zum Rückspülen erforderliche Wassermenge haben den einen und anderen Wäscher noch nicht für solches Enthärten gewinnen lassen. Die Vorteile des Arbeitens mit weichem Wasser, nicht zuletzt die Möglichkeit der besseren Schonung der Wäsche erheischen jedoch dringend, sich mit der Frage der Verbesserung von hartem Wasser zu beschäftigen. Zwar kann auch das Enthärten mit Zeolithen (= Permutit) und das Arbeiten mit Nullwasser mit gewissen technischen Schwierigkeiten verbunden sein. Bedingt kommt ein Vereinigen mit Kalk-Soda bei folgender Entfernung der Resthärte durch Permutitfilter in Betracht. Von den jeweiligen Arbeitsbedingungen und der Beschaffenheit des Rohwassers ist die Wahl des Systems abhängig zu machen, aber grundsätzlich ist der Forderung zu entsprechen: Zum Waschen gehört weiches Wasser.

b) Kalk-Soda-Verfahren.

Die Technik hat dahin zu gehen, Kalk und Magnesia in Form möglichst unlöslicher, leicht absetzbarer oder abfiltrierbarer Niederschläge unter Verwendung nicht zu teuerer Chemikalien abzuscheiden. Alkalioxalate, an sich sehr geeignet zum Ausfällen von Kalk, wie die Verwendung von Ammonoxalat als Reagens für den Nachweis von Kalk beweist, scheiden wegen des Preises aus, nur in Sonderfällen wird man von dieser Reaktion Gebrauch machen, falls etwa schnell eine kleinere Menge Wassers in einem Bottich weich gemacht werden soll. Für die Praxis kommen vorwiegend nur Soda, Ätzkalk und das Reaktionsprodukt beider Ätznatron, Wasserglas, neuerdings weiter Trinatriumphosphat in Betracht. Natriumsilikat-Wasserglas hat in Mischung mit Soda einen großen Abnehmerkreis für die Enthärtung kleinerer Mengen in Bottichen oder in den Maschinen unter dem Namen Bleichsoda, z. B. Henko, gefunden, gleichwie Silikat in anderen Gemischen, so in Sava einen wesentlichen Bestandteil bildet. Natriumphosphat besitzt gleich Alkalioxalat den Vorzug, mit Kalksalzen schnell und weitgehend zu reagieren, sein Preis erschwert leider die allgemeine Anwendung, so daß es wieder in Mischung mit anderen Alkalien in Betracht kommen mag. Für die systematische Enthärtung von Wasser für die Kesselspeisung hat sich das Phosphatverfahren in den letzten Jahren mehr durchsetzen können. Hier soll nur das Arbeiten mit Kalk und Soda eine etwas ausführlichere Darstellung finden.

Berechnung der Kalk- und Sodamenge. Wie S. 6 erläutert, sind die Kalkhärtebildner als $CaCO_3$ abzuscheiden, aus den Magnesiasalzen soll $Mg(OH)_2$ als sehr schwer lösliche Verbindung entstehen, denn $MgCO_3$ wäre noch verhältnismäßig leicht löslich. Für Kalkhärte, die durch Gips = schwefelsauren Kalk $CaSO_4$, bedingt wird, ist Soda der gegebene Zusatz. Handelt es sich dagegen um Calciumkarbonathärte $Ca(HCO_3)_2$, so kommt Ätzkalk bzw. gelöschter Kalk $Ca(OH)_2$ als der Theorie entsprechendes Fällungsmittel in Betracht.

$$CaSO_4 + Na_2CO_3 = CaCO_3 + Na_2SO_4$$
$$Ca(HCO_3)_2 + CaO = 2\,CaCO_3 + H_2O$$

Die Berechnung der sich umsetzenden Mengen ergibt: Ist die Kalkhärte durch Nichtkarbonat (Gips) bedingt, so beträgt theoretisch der Zusatz je Härtegrad in 100 l Wasser 1,9 g Soda, liegt Karbonathärte vor, so verlangen 100 l Wasser je Härtegrad 1,0 g Ätzkalk — sowohl Soda wie Ätzkalk als 100% rein angenommen.

Magnesia findet sich gleichfalls in Form vorübergehender und bleibender Härte, bei letzterer mag neben Sulfat weiter Chlorid beteiligt sein, doch ändert dies wenig an den Umsetzungsreaktionen. Letzten Endes haben wir es mit den aus den Molekülen dissoziierenden Ionen von Ca und Mg zu tun. (Der Einfachheit und Kürze halber können wir hierauf nicht weiter eingehen.) Soll es zu Abscheidungen von $Mg(OH)_2$ kommen, so ist für Magnesiumsulfat neben Ätzkalk weiterhin noch die äquivalente Menge von Soda erforderlich, um das entstehende Calciumkarbonat abzuscheiden, denn den Reaktionsmechanismus bei der Bildung von Calciumsulfat zu belassen, wäre verfehlt. Dies würde ja nur ein Umwechseln der Magnesiahärte in Kalkhärte bedeuten. Die Bikarbonatverbindung des Magnesiums verlangt die doppelte Menge Kalk zwecks gänzlicher Umwandlung in unlösliches $Mg(OH)_2$ und $CaCO_3$. Die nachstehenden Gleichungen sind mit Calciumhydroxyd = gelöschten Kalk formuliert.

$$MgSO_4 + Ca(OH)_2 + Na_2CO_3 = Mg(OH)_2 + CaCO_3 + Na_2SO_4$$
$$Mg(HCO_3)_2 + 2\,Ca(OH)_2 = Mg(OH)_2 + 2\,CaCO_3 + 2\,H_2O$$

Rechnerisch ergibt sich, daß je Härtegrad und 100 l Wasser 1 g Ätzkalk und 1,9 g Soda erforderlich werden, wenn die Härte durch Magnesia und zwar als Nichtkarbonathärte verursacht ist.

Weiterhin werden je Härtegrad 100 l Wasser jeweils 2 g Ätzkalk notwendig, falls die Härte als Magnesiumkarbonat anzusprechen ist.

Von Belang wird weiter, daß die im Wasser gelöste freie Kohlensäure ebenfalls Kalk verbraucht, indem sich kohlensaurer Kalk bildet und abscheidet. Rechnerisch kann solche freie Kohlensäure immerhin 1—2° Härte ausmachen. All diese verschiedenen Möglichkeiten sind bei Berechnung der Zusätze zu berücksichtigen, und somit wird der Chemismus recht verwickelt.

Die chemischen Umsetzungen in der Praxis. Für den Betrieb haben wir keine reinen Chemikalien. Die technische Soda gelangt zwar ab Fabrik mit 98% zum Versand, beim Lagern zieht sie jedoch Feuchtigkeit und Kohlensäure an, so daß ihr Gehalt etwa bei 90% liegen kann. Gebrannten Kalk gibt es in sehr verschiedenen Reinheitsgraden, zudem geht CaO beim Lagern ebenfalls durch Aufnahme von Kohlensäure und Wasser erheblich zurück. Nicht zuletzt wird es sehr fraglich, wieweit der Ätzkalk bzw. der gelöschte Kalk in Lösung zu bringen ist und zur Ausnutzung gelangt. Bei der sehr geringen, zudem von der Temperatur beeinflußten Löslichkeit haben wir bestenfalls 1,3 g CaO im klaren Kalkwasser, vielfach aber liegt der Wert erheblich niedriger und schwankt mit den jeweiligen Arbeitsbedingungen wie Lösezeit, Durchmischung mit dem Wasser, Bildung eines das Lösen erschwerenden Überzugs von $CaCO_3$ auf dem Kalk. Da das Abscheiden der Härtebildner erhebliche Zusatzmengen von Kalkwasser bedingt, so haben die Apparatefabriken große Einrichtungen für die Herstellung des Kalkwassers zu bauen, sofern man nicht vorzieht den Zusatz in Form von Kalkmilch zu machen. Ebenso wie bei Kesselwasser fragt es sich jedoch, ob die Dosierung solcher Kalkmilch gleichmäßig erfolgt. Jedenfalls macht sich eine gute

Überwachung nötig, um durch Nachstellen der Ventile usw. die gleichmäßige Enthärtung zu sichern. Es ist sehr wohl möglich, daß die zunächst gut abgepaßte Einstellung der Zusätze nach wenigen Stunden bereits nicht mehr genügt. Man darf sich nicht darauf verlassen, daß etwa am frühen Vormittage die Analyse in Ordnung ging, sondern prüfe hin und wieder im Laufe des Tages, wie die Apparatur arbeitet, und ob eine einzelne Kontrolle für den laufenden Betrieb Sicherheit bietet. Stimmte die Dosierung nicht, so daß etwa eine unerwünschte Resthärte blieb, so stellt sich zu spät heraus, daß der Vorrat im Reinwasserbassin nicht die verlangte Weichheit besitzt.

Arbeiten mit Ätznatron. Nachdem das Arbeiten mit Ätzkalk + Soda mit solchen Schwierigkeiten verbunden ist, kann es einfacher sein, die äquivalente Menge Ätznatron NaOH zu verwenden:

$$Na_2CO_3 + CaO + H_2O = 2\,NaOH + CaCO_3$$

80 g Ätznatron ersetzen 106 g Soda + 56 g Ätzkalk. Das in Form konzentrierter Natronlauge anwendbare Ätzalkali bleibt den jeweiligen Härtegraden anzupassen, ein größerer Überschuß muß vermieden werden.

Ausmaß der Enthärtung. Nur unter Anwendung eines Alkaliüberschusses gelingt es zwar im allgemeinen die Härte auf einige wenige Grade herunterzudrücken. Es soll jedoch das Wasser nicht zu alkalisch werden, eine Probe hat sich mit Phenolphthalein nur schwach rosa zu färben. Solche Färbung zeigt schwache Alkalität an, ein stärkeres Rot hingegen einen unerwünscht hohen Überschuß an Alkali. Bei der Kalk-Sodareinigung in der Kälte rechnet man damit, eine Durchschnittsresthärte von 4° d. H. zu erzielen, wenn die Reaktionszeit drei Stunden beträgt. Sehr wohl ist die Härte beim Arbeiten in der Wärme weiter herunterzudrücken, anderseits ergibt sich bei Nachprüfungen des angeblich enthärteten Wassers oft noch eine unerwartete hohe Resthärte, da die zugesetzten Chemikalien nicht in gewollter Weise reagierten. Es kommt mitunter zu starken Nachreaktionen beim Stehen des Wassers, die Niederschläge bilden sich erst langsam. Ein geklärtes Wasser zu verwenden, bleibt anzustreben, wenn schon erwartet werden darf, daß einmal erfolgte Trübungen sich weniger in der Wäsche festsetzen, leichter ausspülbar sind.

Die Überprüfung des Wassers auf Härte bzw. Resthärte und auf etwaigen Überschuß an Alkalien kann einmal eine qualitative und dann eine quantitative sein.

Qualitativ: Nachweis von Kalk mit Ammonoxalat: Fällung. Nachweis eines Alkaliüberschusses mit Phenolphthalein: Rosa bis Rotfärbung.

Quantitativ: Härtebestimmung mit Seifenlösung: Eine abgemessene Menge Wassers erfordert x ccm einer Seifenlösung von bekanntem Wirkungsvermögen bis zum Auftreten von Schaum beim Schütteln.

Ermitteln des Alkaliüberschusses: Titrieren einer abgemessenen Menge Wassers mit einer eingestellten Säure von bekanntem Wirkungsgrad unter Verwendung von Phenolphthalein und Methylorange als Indikatoren.

Die für die Bedienung bzw. Überwachung gegebenen Vorschriften sind streng einzuhalten, denn es muß ermittelt werden, ob sowohl Soda wie Kalk in den richtigen Verhältnissen zur Anwendung kamen. Da Soda wie Kalk (oder Ätznatron) beide mit Phenolphthalein eine Rotfärbung geben, reicht die einfache Prüfung mit Phenolphthalein nicht aus. Es sei hier daran erinnert, daß jede analytische Berechnung voraussetzt, daß das Wirkungsvermögen der Titrierlösung je ccm einwandfrei bekannt ist. Sollte die Fabrik, die den Enthärtungsapparat lieferte oder ein Laboratorium die zur Untersuchung benötigten Lösungen nicht genauer bezeichnet haben, etwa nur von einer Säure A die Rede sein, so genügt es keineswegs zu wissen, daß A eine Salzsäurelösung vorstellt, um daraufhin später in einem Chemikaliengeschäft schlechtweg Salzsäure nachzukaufen. Hat solche Säure eine andere Konzentration, so sind alle weiteren Titrationsrechnungen irrig. Man müßte die aufgebrauchten Flüssigkeiten durch die Lieferfirma ersetzen lassen oder erkunden, welchen Titer die Lösungen haben, um die erforderlichen Angaben bei einer Bestellung machen oder die Lösungen in der richtigen Stärke bereiten zu können (vgl. auch S. 174).

c) Permutit.

Im Wege der einfachen Filtration des kalten Rohwassers über Permutit oder Neopermutit ist ein nullgrädiges Wasser erzielbar ohne daß Schwankungen in der Härte eine Abänderung erfordern. Der Vorgang beruht auf einem Austausch der Kalk-Magnesiabasen des harten Wassers gegen die Natriumbase des Permutits. Das Permutit nimmt Kalk und Magnesia unter Bildung von Ca- und Mg-Permutit auf und gibt eine äquivalente Menge Natronbase an das Wasser ab. Es entstehen somit im gereinigten Wasser ausschließlich die drei Salze Natriumsulfat Na_2SO_4, Natriumbikarbonat $NaHCO_3$ und Natriumchlorid NaCl. Nachdem das Permutit eine gewisse Menge von Ca und Mg austauschte, müssen durch Regeneration, Permutierung (permutare = lateinisch: häufig verwandeln) dieser Kalk und die Magnesia aus dem Filter beseitigt werden, um die weitere Enthärtung durchfließenden Wassers zu sichern. Dies geschieht durch Umkehren der Reaktion durch Einwirkenlassen konz. Kochsalzlösung, Natriumchlorid NaCl. Den chemischen Vorgang deuten die Formeln an:

$$\underset{\text{Natriumpermutit}}{PNa_2} + CaSO_4 = \underset{\text{Calciumpermutit}}{PCa} + Na_2SO_4$$

$$\underset{\text{Calciumpermutit}}{PCa} + 2\,NaCl = \underset{\text{Natriumpermutit}}{PNa_2} + CaCl_2$$

Der Vorgang gründet sich auf einem gewissen Überschuß der Massen. Den verhältnismäßig geringen Mengen an Kalk und Magnesia des Rohwassers stehen bei dem Enthärtungsvorgang im frisch regenerierten Permutit große Mengen von Natronbase in wasserlöslicher Form gegenüber, so daß die Reaktion sehr schnell und vollständig verläuft. In gleicher Weise ist beim Auffrischen Kochsalz im Überschuß anzuwenden gegenüber den vom Permutit aufgenommenen Ca- und Mg-Salzen. Die Regeneration des Permutites kann mit Kochsalzlösung bestimmter Konzentration erfolgen, die man während mehrerer Stunden einwirken, langsam durchfließen läßt. Dabei wird das aufgenommene Ca und Mg wieder in wasserlöslicher Form als Calcium- und Magnesiumchlorid freigemacht und in den Abwasserkanal entfernt. Ein folgendes Auswaschen mit Wasser entfernt die dem Permutitkorn noch anhaftende Regenerationsflüssigkeit (Salzlösung), und macht damit den Filter für das weitere Enthärten wieder betriebsfähig. Das Permutieren erfolgt zur Nachtzeit oder im Wechselbetrieb zweier Filter. Die Arbeitsweise ist im übrigen bei der geschlossenen Bauart sehr einfach; es besteht die Möglichkeit unter dem Druck der Pumpe oder der Wasserleitung das enthärtete Wasser nach einem hochliegenden Weichwasserbehälter zu bringen. Die Größe des Filters, die Mengen der Permutitmasse sind der Härte des Wassers und der verlangten Stundenleistung anzupassen unter Berücksichtigung eines Sicherheitsfaktors für etwaige Zunahme der Härtegrade.

Abb. 9. Permutitkleinfilter.

Neopermutit. An Stelle der Kunstmasse Permutit (basisches Aluminiumnatriumsilikat) ist ein grünliches, besonders in Amerika vorkommendes Mineral getreten, welches eine viel größere Reaktionsgeschwindigkeit zeigt und für den bei höherem spezifischen Gewicht trotz feinerer Körnung die Gefahr von größeren Spülverlusten gelegentlich der Rückspülung nicht mehr besteht. Die Verluste sollen unter zwei Gewichtsprozent im Jahre bleiben, während beim ersten Permutit bis zu 5% zu rechnen waren. Die schnelle Reaktionsfähigkeit gestattet sehr wohl eine Momentansteigerung der Belastung für kürzere Zeit, die Regeneration ist einschließlich Vor- und Nachspülen in einer halben bis einer Stunde durchführbar.

Die Permutit A.-G. schreibt die Arbeitsweise mit dem Neo-Permutit derart vor, daß der einen geringen Raumbedarf beanspruchende Filter nach 4—5 Betriebsstunden während einer Betriebspause — also über Mittag —

regeneriert wird, um dann die gleiche Zeit wieder zu arbeiten. Es braucht also die Füllung des Filters nur für eine kleine Stundenzahl vorgesehen werden, wenn man für die Zwischenzeit einen Vorrat an Reinwasser hält. Ein weiterer Vorteil der neuen Füllung ist der geringere Bedarf an Regeneriersalz, für das Regenerieren kommt auch ein Sparverfahren in Betracht, nach welchem man die Salzlösung zweimal verwendet. Nicht zuletzt zeichnet sich Neopermutit durch größere chemische Unempfindlichkeit aus, der Grünsand ist gegen freie Kohlensäure des Wassers nicht mehr empfindlich, wie die ältere Masse, die durch CO_2 angegriffen wurde, so daß zum Abfangen der Kohlensäure eine Vorlage von Marmor erforderlich sein konnte. Dies bedeutete aber in der Praxis, daß zufolge Auflösens des Marmors als Calciumbikarbonat die vorübergehende Härte anstieg. Gleichfalls ist das Neopermutit weniger empfindlich gegen mechanische Verunreinigungen und gegen kleineren Eisengehalt des Wassers, die sonst ein Vorreinigen rätlich machten, um die Filtrationsgeschwindigkeit der Masse zu sichern und einzuschaltende besondere Reinigungen zu vermeiden. Wasser, die Eisen enthalten oder als Flußwasser mechanisch verunreinigt sind, werden zweckmäßig vor der Permutitenthärtung in einem Kiesfilter von diesen Stoffen befreit. Soweit die Eisenmengen nicht erheblich sind, etwa 0,5—1 mg/l maximal, und das Eisen in gelöster Form auf den Permutitfilter gebracht wird, ist eine Enteisenung vorher nicht nötig, da das Eisen in gleicher Weise wie Kalk ausgetauscht wird. Das Gleiche gilt für Mangan. Bei der Regeneration werden die Eisen- und Manganmasse als Chloridsalze entfernt.

Abb. 10. Mittlere Neopermutitanlage in einem rheinischen Hotel.

Verbindung von Kalk-, Soda- und Permutitenthärtung. Das Austauschverfahren läßt aus der vorhandenen Karbonathärte, aus Calciumbikarbonat die äquivalente Menge Natriumbikarbonat entstehen. Nachdem sich aus letzterem beim Kochen Monokarbonat, d. h. Soda bildet — die halbgebundene Kohlensäure entweicht —, kann man bei höherer Karbonathärte die Frage aufwerfen, ob es nicht angebracht wäre, diese Härte zunächst mit Ätzkalk wegzunehmen oder überhaupt eine vorhandene Kalk-Sodaanlage zum Vorenthärten mit zu benutzen. Der Permutit A.-G. zufolge bietet solches Vorenthärten nur selten Vorteile. Es ist nämlich zu befürchten, daß bei etwaigen Nachreaktionen kohlensaurer Kalk auf dem Permutitkorn ausfällt. Ein Verkrusten und Verschlammen und damit eine Verschließung der feinen Poren des Korns ist dann die Folge, die Austauschfähigkeit leidet hierdurch sehr. Als noch gefährlicher ist die chemische Umsetzung der Resthärte im Permutit anzusprechen, wodurch es zu einer völligen Verlagerung der Poren durch kohlensauren Kalk kommt und der Grünstein bald völlig unbrauchbar, wertlos wird. Ein Vorreinigen mit Kalk erfordert genaues Überwachen der Anlage und darf nur bei Ausschluß von Nachreaktionen als zweckdienlich gelten. Von der Verwendung eines mit Soda vorenthärteten Wasser ist unter allen Umständen dringend abzuraten.

Der Salzverbrauch je cbm Wasser und 1° d. H. variiert je nach den Eigenschaften des Wassers und schwankt zwischen 40 und 70 g. Die Enthärtung eines Kubikmeter Wassers von 10 bzw. 20 bzw. 30° d. H. einschließlich Amortisation kostet nach Angaben der Permutit A.-G.:

Kleinanlagen — etwa 5 cbm Stundenleistung — Enthärtungskosten einschl. Amortisation und 70 g Salzverbrauch je 1° d. H. und cbm Wasser:

bei 10°	20°	30°
4,3 Pfg.	7 Pfg.	10 Pfg.

Bei Anlagen von 10 cbm stündlich:

4 Pfg.	6,7 Pfg.	9,5 Pfg.

und bei 20 cbm stündlich:

3,8 Pfg.	6,3 Pfg.	9 Pfg.

Mit zunehmender Größe der Anlage werden also die Gestehungskosten je cbm Wasser niedriger. Es ist eine Verzinsung und Amortisation von 15% eingesetzt, was als hoch angegeben wird. Zu berücksichtigen wären außerdem noch die Kosten der Bedienung und des Wassers zum Rückspülen.

Sehr wesentlich ist für Wäschereien nun noch die Frage, in welcher Zeit sich die Anlage in Betrieben mit großen Wäschebeständen amortisiert. Gewerbliche Wäschereien haben die Ausgaben für die Permutitanlage schon in etwa 1—2 Jahren je nach der Härte des Wassers gedeckt. Die Härte des Wassers beeinflußt die Anlagekosten derart, daß bei größerer Härte diese höher werden, wenn auch nicht im gleichen Verhältnis. Daher erklärt sich, daß Anlagen für kleinere Härte sich schneller bezahlt machen als solche für größere. Es ergeben sich bedeutende Ersparnisse an Waschmitteln, weiterhin ist durchzurechnen wieweit nicht überhaupt das ganze Waschverfahren umgestellt werden muß. Dazu kommen die wesentlichen Ersparnisse an Wäscheneuanschaffung — als ein praktischer Anhaltspunkt sei die Verlängerung der Haltbarkeit eines Wäschestückes um ein Drittel genannt, welche Zahl genügend belegt ist —. Für den Betrieb mit fremder Wäsche muß sich bei geeignetem Vorgehen eine Erhöhung des Rufes ergeben.

Wie groß der Bedarf an hartem gegenüber weichem Wasser ist, hängt ab von der Art des Waschverfahrens. Die Permutit A.-G. empfiehlt vorzusehen, daß ¾ des gesamten Wasserverbrauchs durch weiches Wasser gedeckt wird.

d) Enthärten in der Maschine.

Solange ein Betrieb das Aufstellen einer Enthärtungsanlage nicht ermöglichen kann, sucht der Wäscher sich mit einem Enthärten mit Soda in der Maschine zu behelfen. Das Arbeiten mit vorenthärtetem Wasser läßt den Seifenverbrauch einschränken, es bleibt aber mit einem Umsetzen der in den Geweben zurückgebliebenen Laugenreste beim Spülen mit hartem Wasser zu rechnen. Man mache sich immer klar, daß die Bedingungen für die Umsetzungen der Seifen-Alkali-Lauge in der Maschine ungünstiger liegen als bei der Handwäsche. Hier pflegt man die Schmutzflecke auf dem Waschbrett auszureiben und erst die ausgewundenen Wäschestücke in das Spülwasser zu werfen. Hingegen kann das Spülwasser in Maschinen weitgehender mit den Laugenresten reagieren, da die Wäsche viel mehr Flüssigkeit zurückhält. War der Schmutz in der abfließenden Lauge und in dem von den Fasern aufgesaugten Anteil gleichmäßig verteilt (durch Adsorption ist die Alkalität in den Textilien sogar höher!), so ist die Möglichkeit der Bildung von Niederschlägen in den Wäschestücken größer als bei ausgewundenen Stoffen, so daß sich mit den wiederholten Wäschen Inkrustierungen schneller anreichern. In der Praxis beobachtet man deshalb, daß Stücke, die ständig in Trommelmaschinen gewaschen werden (Anstaltswäsche, Restaurantwäsche) einen härteren Griff zeigen als Hauswäsche. Darum ist die Enthärtung gerade für Maschinenwäschereien so wichtig.

Den Kostenanschlag für eine Enthärtungsanlage sollten nötigenfalls auch kleine Betriebe einholen. Die Permutit A.-G. baut heute sogar Kleinfilter für Haushaltungen. Insbesondere Wäschereien mit eigenen Beständen wie Krankenhäuser, Wäscheverleihgeschäfte müssen unter allen Umständen die Wirtschaftlichkeit einer Enthärtungsanlage durchkalkulieren, schon weil die zu erwartende längere Gebrauchsfähigkeit der Stoffe die baldige Amortisation der Anlage sichert. Aus der Praxis sind derartige Fälle genügend bekannt.

Soweit es nicht angängig ist, eine Enthärtungsanlage aufzustellen, empfehlen wir die nachstehenden Ratschläge zu beachten:

Die örtlich in Betracht kommende Härte ist vom Wasserwerk zu erfragen oder durch das Laboratorium einer Lieferfirma bzw. durch ein Untersuchungsamt zu ermitteln. Dabei wolle man gleich angeben, aus welchem Anlaß das Wasser untersucht werden soll, um unnötige analytische Bestimmungen und damit Kosten zu vermeiden. Der Theorie nach erfordert 1° Kalkhärte — soweit Soda zum Enthärten geeignet ist — je 100 l Wasser 1,9 g Soda, also rd. 2 g, da das technische Produkt nicht als 100proz. anzusehen ist. Durch Multiplikation der Zahl der Liter Wasser in der Maschine und der Zahl der Härtegrade mit 0,02 g ermittelt man die jeweilig theoretisch notwendige Sodamenge. Leider reichen die auf Grund der Analyse errechneten Mengen an Soda oder sonstigem Alkali nicht aus, weil die Abscheidungen des Kalkes (Magnesia) in den verdünnten und kalten Lösungen zu langsam, zu unvollkommen erfolgen. Es ist ein gewisser Überschuß zu nehmen, was hier sehr wohl statthaft erscheint im Hinblick auf das beabsichtigte Einweichen oder Waschen in alkalischen Flotten. Nur muß die Menge dann später berücksichtigt werden! Aber auch wenn man ein vollkommenes Enthärten in Anbetracht der kurzen Zeit und mangels Erwärmen nicht zu erwarten hat, ist die Reaktion doch so weit eingeleitet, daß die Abscheidung der Härtebildner weniger in den Fasern selbst erfolgt sondern abspülbare Niederschläge entstehen.

Die Soda ist vor Einbringen von Wäsche und Seife in die mit der erforderlichen Menge Wasser gefüllten Maschine als konz. Lösung einzubringen oder zu lösen, um die Wäsche erst nach einigen Minuten in das bereits vorenthärtete Wasser einzustecken und die Seifenlauge auf die laufende Trommel nachzusetzen. Das Wasser sei nach Möglichkeit lauwarm. Umrühren des zu enthärtenden Wassers, Laufen der Maschinen trägt zum Beschleunigen des Vorgangs wesentlich bei.

Beim Berechnen der zum Waschen — nicht Enthärten! — erforderlichen Soda muß schon der zum Enthärten vorgesehene Überschuß verrechnet, bzw. kann die Gesamtmenge gleich vorab in die Waschmaschine gegeben werden. Daß ein Zuviel an Alkalien zu einer Fasergefährdung führt und das Ausspülen um so größere Schwierigkeiten macht, weiterhin die Härtebildner des Spülwassers stärkere Niederschläge verursachen, sei immer wieder betont.

Die Lauge muß vor dem ersten Spülen gut abgeflossen sein. Hat der Hauptstrahl nachgelassen, so soll die Trommel noch kurz weiter laufen, damit die Lauge noch besser aus der Wäsche abfließt. Es sollte nur möglichst wenig restliche Seife-Soda mit neu einzuleitendem harten Wasser reagieren können.

Im ersten Spülbad ist mit niedrigem Wasserstande zu arbeiten, damit möglichst wenig Ca- und Mg-Salze mit der von der Wäsche zurückgehaltenen Lauge reagieren. Bei der durch das Rotieren der Trommel bedingten schnellen Durchmischung von alter Lauge und frischem Wasser hätten wir bei Zulauf von viel Spülwasser damit zu rechnen, daß die restlichen Seifen und Alkalien mehr Gelegenheit erhalten, Niederschläge zu bilden als beim Spülen mit wenig Wasser. Es wäre also für die ersten Bäder ein niedriger Wasserstand zu wählen und mit hohem Stande das Spülen zu beenden.

Sorgfältig arbeitende Betriebe ohne Enthärtungsanlage werden die Mühe nicht scheuen, das Wasser für den Wasch-

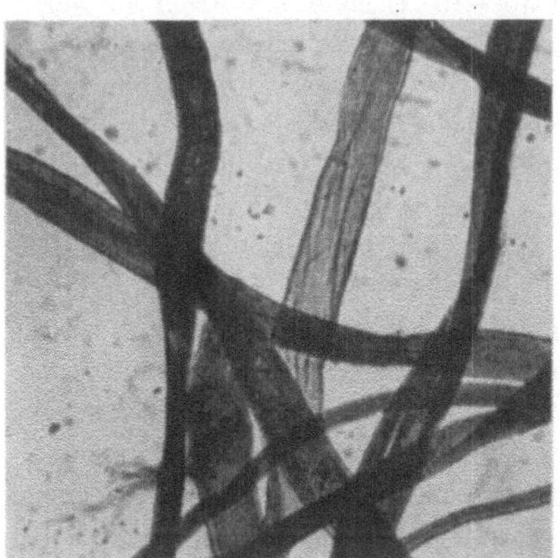

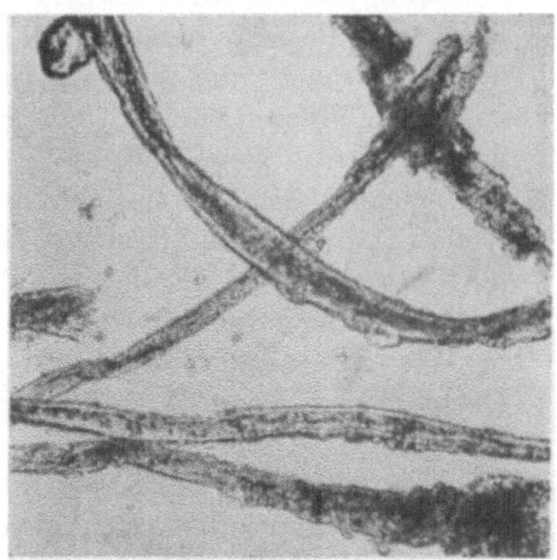

Abb. 11. Baumwollfasern, *a* in weichem Wasser, *b* in hartem Wasser gewaschen. Die Kalkanlagerungen sind deutlich erkennbar. Aus der Sammelmappe der Wirtschafts- und Forschungsstelle des deutschen Wäschereiverbandes.

gang und zum Spülen (das Wasser zum Einweichen konnte vor Zugabe der Wäsche in der Maschine enthärtet werden) in einem Bottich weichzumachen und dieses in Eimern der Maschine zuzusetzen. Sich dieser Mehrarbeit zu unterziehen kann nur dringend empfohlen werden.

An Stelle von Soda kann als Mittel zum Enthärten des Wassers gleichfalls eines der sonst gebräuchlichen Alkalien und Handelsprodukte treten. Soda wird ihrer Billigkeit wegen meist bevorzugt, sie pflegt weiterhin in den Einweichmitteln wie Bleichsoda, Sava-, Typon, einen Hauptbestandteil neben Wasserglas und anderen Beimischungen zu bilden. Daß wasserglashaltige Mittel nicht schlechtweg mit Soda auf eine Stufe zu stellen sind, bleibt S. 68 nachzulesen. Bleichsoda hat die Eigenschaft, insbesondere das Verfärben von Wäsche durch rostige

Abscheidungen hintanzuhalten, die Niederschläge fallen flockiger aus, das Wasser klärt sich schneller. Zu vermeiden bleibt eine Inkrustation der Wäsche durch Kieselsäure. Bei weniger sachgemäßem Arbeiten häufen sich die Abscheidungen von Kalk und Kieselsäure in nicht gut zu heißendem Ausmaße, die Textilien erhalten einen harten sandigen Griff, kalkiges Aussehen und werden spröde, brüchig.

Die Sunlicht A.-G. als Herstellerin von Sava nennt als Zusatz für je 100 l Wasser von 10° Härte 60 g, für andere Härten entsprechende Mengen. Sava ist in gut warmem oder besser heißem Wasser anzurühren, die Lösung dem nach Möglichkeit angewärmten Wasser zuzugeben, um dies Enthärtungsmittel bei bewegter Maschine 6—8 Minuten wirken zu lassen. Bei Anwärmen auf 30—35° C ist das Wasser so weit weich, das die Seife nicht mehr durch Kalk vernichtet wird.

Die Firma Henkel & Cie A.-G. gibt für Typon an: Zur Enthärtung von 100 l Wasser von 10° Härte benötigt man 100 g Typon. Typon wird in Wasser angerührt in die Maschine gegeben. Zufolge einer veröffentlichten Analyse besteht Typon aus 48% Soda, 5% Trinatriumphosphat, 24% Wasserglas 38° Bé — abgesehen vom restlichen Wasser (23%). Solche und ähnliche Produkte sollen besser auf die verschiedenartigen Härtebildner einwirken, als dies Soda allein vermag.

Wie bereits angeführt wurde, wäre nicht zuletzt Ätznatron zum Enthärten verwendbar und zwar zum Abscheiden der Karbonat- und Magnesiahärte. Der Name deutet aber schon an, daß wir es mit einem sehr scharfen Alkali zu tun haben und somit darauf sehen müssen, Überschüsse beim Arbeiten zu vermeiden, damit vor allem nicht die alkaliempfindliche Leinenwäsche durch heiße Lösungen leidet. Wie bei allen Laugen ist bei Lösungen mit freiem NaOH stets nur bedingt von einer zu großen Schärfe zu sprechen, d.h. es kommt hier vor allem auf die Temperatur an. Sofern die Dosierung streng geregelt erfolgt unter Vermeidung eines größeren-Überschusses, darf also Natronlauge zum Enthärten von Wasser in Betracht kommen, es bleibt aber große Vorsicht anzuraten und die Gesamtalkalität heißer Laugen zu begrenzen, zumal wenn solche Flotten als Kochlaugen zur Verwendung kommen. Um die „Schärfe“ zu mildern, hat die Firma Röhm & Haas ihren pulverförmigen Produkten Kalkex und Olifan, die vorwiegend aus freiem Ätzalkali bestehen (neben einem Zusatz von Seife bei Olifan W), ein Schutzkolloid beigegeben. Der Gebrauchsvorschrift zufolge sind von Kalkex je 100 l Wasser je 1° Karbonathärte 3 g zu nehmen, für die Nichtkarbonathärte soll Soda das Enthärtungsmittel bleiben, also 2 g Soda je Härtegrad. Als Beispiel für ein sehr hartes (!) Wasser mit 13° Karbonathärte und weiteren 15° Nichtkarbonathärte errechnen sich somit: 39 g Kalkex plus 30 g Soda.

Im Gegensatz zum Enthärten mit Ätznatron wäre das Arbeiten mit dem milden Borax zu nennen. Mag für Haushaltzwecke Borax ein brauchbares Mittel sein, für den Großbetrieb stellt sich der Preis zu hoch. Dem Vorteil, nie eine zu hohe Alkalität der Laugen befürchten zu müssen, steht die Kostenfrage gegenüber. Von einer begrenzten Beimischung zu Soda oder anderen billigeren Alkalien erhebliche Verbesserungen der Enthärtungsvorgänge zu erwarten, hält schwer einzusehen.

Bewertung der Enthärtungsverfahren. In der Weißwäscherei ist nach Möglichkeit nullgrädiges Wasser zu verwenden, im Gegensatz etwa zur Enthärtung von Kesselspeisewasser, wo eher einige Grad Härte zurückbleiben dürfen. Absolut weiches Wasser wird um so wichtiger, je wesentlicher die Waschabnutzung des einzelnen Stückes im Vergleich zur Gebrauchsabnutzung ist. Letztere ist bei Kragen und Oberhemden größer als bei Bettwäsche, bei dieser wiederum in Pflegeanstalten, in denen die Wäsche nach mehreren Wochen gewechselt werden mag, größer als in Hotels. Die Ansprüche an den Weichheitsgrad können also etwas schwanken. Es sollte aber unter keinen Umständen Wasser von mehr als 5° Härte verwandt werden, am besten nullgrädiges. Vollständig weiches Wasser liefert zuverlässig nur ein Permutitfilter. Bei einigen wenigen Härtegraden des Betriebswassers mag man sich mit einem Enthärten in der Maschine begnügen.

Es ist weiterhin eine Sicherheit in der Enthärtung zu fordern, d. h. der Betriebsleiter muß sich darauf verlassen können, daß stets gleichmäßig enthärtetes Wasser zur Verwendung kommt. Bei dem Kalk-Sodaverfahren und dem Enthärten in der Maschine ist ohne ständige Kontrolle kaum damit zu rechnen, denn die Schwankungen im Rohwasser können groß sein. Auch beim Permutit-Filter ist eine restliche Härte im Betriebswasser möglich, wenn nicht genügend oft regeneriert wird, so bei auftretender größerer Härte in kürzeren Zwischenzeiten. Auf eine derartige mangelhafte Bedienung stößt man mitunter. Jedoch kann solche unvollkommene Enthärtung nur in den letzten Stunden der Arbeitsperiode auftreten, während bei dem Kalk-Sodaverfahren und dem Enthärten in der Maschine jederzeit ein Zuviel oder Zuwenig möglich ist. Die geregelte Betriebsführung verlangt ein Aufschreiben der Stunde, in der das Regenerieren erfolgt, und ebenso der auf der Wasseruhr abgelesenen Kubikmeterzahlen, damit etwaigen Unregelmäßigkeiten nachgegangen wird.

Es wäre weiterhin zu beachten, daß über der dem Enthärten gewidmeten Zeit die für das Bedienen der Waschmaschinen nötige Aufmerksamkeit nicht leidet. Ebendeshalb verdienen automatisch arbeitende Apparate den Vorzug. Soll das Enthärten in Bottichen befriedigen, macht sich ein größerer Aufwand an Arbeit und Zeit erforderlich, wodurch der Wäscher einer aufmerksamen Arbeit an den Maschinen mehr entzogen ist.

In Teil III: Waschtechnik treten wir für das Arbeiten mit mehreren Seifbädern als dem der Trommelmaschine am besten angepaßte Waschverfahren ein. Solange aber eine apparative Enthärtung, die nullgrädiges Wasser liefert, fehlt, bleibt davon meist abzusehen. Somit setzt das Fehlen eines Enthärtungsapparates auch der Einführung neuer Waschtechnik Grenzen.

4. Enteisenung und Entmanganung.

Bringt das Ausfällen von Kalk mit Alkalien meist gleichzeitig ein Enteisenen mit sich, so kommt für weiche aber durch Eisen, Mangan verunreinigte Grundwässer nur ein Entfernen dieser Verunreinigungen in Betracht. Für Permutit-Enthärtungsanlagen werden stärkere Abscheidungen von Eisen unerwünscht, insofern sie die Filterfüllung zu sehr verschlammen, gegebenenfalls die Poren der Körner verstopfen. Vorschalten eines rückspülbaren Kiesfilters erweist sich als zweckmäßig, sofern der Eisengehalt 0,5 mg/l überschreitet. Bei Flußwässern, die mechanische oder organische Verunreinigungen in größerem Maße mitführen, ist stets eine Filtration zu empfehlen.

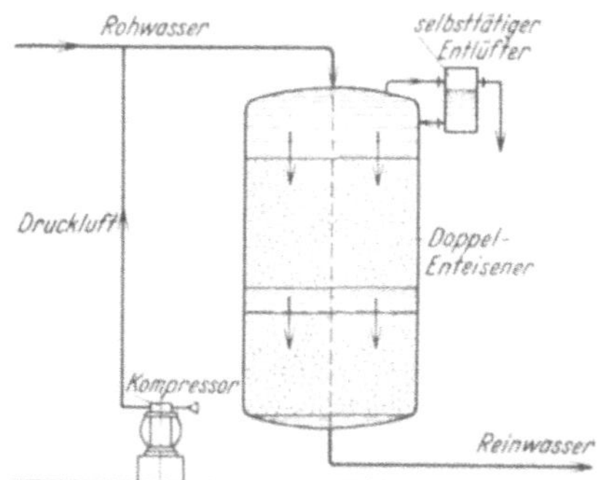

Abb. 12. Permutit-Kleinenteisener.

Bei einem Wasser das weniger als 0,5 mg/l Eisen aber mehr als 0,1 mg/l besitzt, empfiehlt die Permutit A.-G. das für Spülzwecke verwendete harte Wasser zu enteisenen.

Bei Fortleiten und Sammeln eines eisen- und manganhaltigen Wassers scheidet sich das Eisen in Form eines rostfarbenen Schlammes aus, der mehr oder weniger fest an den Wandungen haftet, oder es zeigt sich das Wachstum eisenspeichernder Algen. Dunkle Manganabscheidungen im Rohrnetz haben ebenfalls ihre Ursache im Auftreten solcher Algen. Die Eisen-Manganabscheidungen häufen sich mitunter derart, daß die Rohre zuzuwachsen drohen. Andererseits werden vielleicht bei plötzlichem Steigern der Wassergeschwindigkeit größere Mengen des Schlamms mitgerissen und verschulden fleckige Wäsche.

Die Form der chemischen Bindung von Eisen und Mangan im Wasser ist verschiedenartig. Meist findet sich Eisen mit Hilfe von Kohlensäure als Oxydulsalz gelöst, in Wässern mit hohem Gehalt an organischen Verbindungen aber an diese gebunden. Derartige Wässer lassen sich gegensätzlich zu den ersten meist durch einfache Belüftung, Oxydation mittels

Luftsauerstoff nicht ausreichend enteisenen. Die organische Substanz erschwert teils die Oxydation zum unlöslichen Ferrioxyd, teils wirkt sie als Schutzkolloid, d. h. erschwert das Abscheiden in gröberen, abfiltrierbaren Flocken. Es sind hier Zusätze von Oxydations- oder Ausflockungsmitteln wie schwefelsaure Tonerde erforderlich. Eine Zugabe von Kalkwasser erweist sich als wirksam, wenn Huminsäuren dem Wasser eine saure Beschaffenheit verleihen. Sofern ein Wasser nur Mangangehalt besitzt, ist eine Entmanganung vor der Enthärtung über Permutit nicht notwendig, da das Mangan zugleich mit der Härte aus dem Wasser als Base ausgetauscht wird und bei der Regeneration durch die Kochsalzlösung aus dem Permutit wieder in die Regenerationslösung übergeht.

Oft ist ein Entfernen des Mangans mit der Enteisenungsanlage zu erreichen, so bei Wässern mit hoher Karbonathärte, sonst müßte das vorenteisente Wasser durch weitere Filter mit imprägnierten Lavabrocken und Kies gehen. Auf alle Fälle gelingt die Beseitigung des Mangans mit Manganpermutit, für dessen Auffrischung Kaliumpermanganat zu dienen hat. Bei der Schwierigkeit dieses Fragenkomplexes empfehlen wir dem Wäscher nötigenfalls erfahrene Sachverständige heranzuziehen. Kommt es doch vor, daß die Wirksamkeit der Enteisenungs- und Entmanganungsanlage nachläßt oder aufhört, wenn man zur Bekämpfung der Algenwucherungen dem Wasser Stoffe zusetzt, welche die Lebensbedingungen der Algen, Pilze, Bakterien schädigen sollen. Besonders bei Entmanganungsanlagen ist die Bedeutung der manganspeichernden Kleinlebewesen nachgewiesen worden.

Zum Enteisenen bedient man sich heute vorwiegend geschlossener Apparate, weniger offener Rieselanlagen. In letzteren wird aus einer gewissen Höhe herabfließendes Wasser belüftet, wobei die Kontaktwirkung des bereits auf den porösen Steinen ausgeschiedenen Eisenoxyds die Ausflockung eines abfiltrierbaren Niederschlags begünstigt, solche Filter arbeiten sich ein. Verstäuben durch Düsen bringt das Wasser in eine feinere Verteilung und erleichtert die Einwirkung des Luftsauerstoffs. Saure Wässer bedürfen eines Zusatzes von Kalkwasser, denn wie schon S. 7 ausgeführt, fällt das Ausfällen des Eisens nicht immer leicht. In den Filtern geschlossener Bauart erfolgt die Oxydation des Eisenoxyduls mittels Preßluft oder Schnüffelventils. Die geschlossenen Anlagen arbeiten zuverlässiger und sind im Betriebe billig, sie gestatten auch die Mitverwendung von Chemikalien.

Über die Prüfung des Wassers auf Eisen vgl. S. 175.

5. Beseitigung der Abwässer.

Laugenrückgewinnung. Wir sind der Ansicht, daß mit Anlagen zur Rückgewinnung der Laugen nicht viel zu sparen ist. Die Möglichkeit wurde hin und wieder in der Literatur[1] erörtert und es gibt Betriebe, die über entsprechende Betriebseinrichtungen verfügen. Die gebrauchte Lauge wird aufgefangen um sie etwa noch zum Vorwaschen zu verwenden. Es wären getrennte Ablaßventile, doppelte Kanäle o. ä. vorzusehen, um die noch zu verwendende Lauge gesondert von der stärker schmutzigen und vom Spülwasser auffangen und einem Sammelbehälter zuführen zu können. Bedenkt man die Kosten einer entsprechenden Installation — es machen sich Vorratsbehälter, Pumpen erforderlich — sowie die im Betrieb notwendige Mehrarbeit und anderseits, daß Seife ein optimales Vermögen an Schmutzbindung besitzt, welches in einem ordnungsgemäß durchgeführten Waschverfahren weitgehend erschöpft sein soll, so daß nur noch eine begrenzte zusätzliche Schmutzaufnahme in Frage käme, so kann von einer großen Wirtschaftlichkeit der Laugenrückgewinnung nicht gesprochen werden. Insgesamt sind die prozentualen Kosten für Waschmittel in der Unkostenstatistik einer Wäscherei ja nicht sehr hoch! Unter ungünstigen Verhältnissen wäre sogar daran zu denken, daß aus der gebrauchten Lauge auf der neu zu waschenden Maschinenladung Schmutz niedergeschlagen und das Gegenteil des Gewünschten eintritt.

Abwässerwärmeverwertung. Zu empfehlen bleibt eher eine Ausnutzung der Abwasserwärme zur Erhöhung der Temperatur des Frischwassers. In wärmewirtschaftlich gut geleiteten Betrieben werden die heißen Laugen in eine größere Grube, die abzulassen möglich sein muß, eingeleitet. Es sind dünne Kupferrohrschlangen verlegt, durch die man das Frischwasser leitet. Der Grad der Anwärmung hängt von der Temperatur des Abwassers ab. Derartige Betriebe verwenden gegebenenfalls kaum noch kaltes Wasser sondern nur das lauwarm vorgewärmte und in Boilern höher erhitzte Heißwasser, vgl. Arbeiten mit Heißwasser S. 112. Hat das Wasser seine Wärme durch das Röhrensystem an das Frischwasser abgegeben, so fließt es durch einen Überlauf der Grube in den Kanal ab. Wöchentlich ist einmal das Bodenventil zu ziehen, um die Anlage reinigen, mit einem Schlauch die Kupferrohre abspritzen zu können, da sich sehr schnell ansetzender Schlick die Wärmeübertragung mindert.

Reinigung der Abwässer. Mitunter bestehen polizeiliche Vorschriften über das Ausmaß der Verunreinigungen, den Grad der Alkalität, über Höhe der Temperatur u. a. der in die Kanalisation einzuleitenden Abwässer. Hierzu wäre zu sagen, daß Anlaß zu Beanstandungen von Abwässern aus Wäschereien kaum vorliegen dürfte, denn es pflegt sich um sehr verdünnte Lösungen zu handeln, die zwar schwach alkalisch reagieren und einen gewissen Gehalt an organischen Stoffen zeigen. Ein

---

[1] Vgl. Dtsch. W.-Ztg. 1929 Nr. 42 S. 1330, Nr. 43 S. 1358, Nr. 44 S. 1390.

einheitliches Wassergesetz für das Reich gibt es zunächst nicht, so daß die jeweilige Rechtslage zu erkunden bleibt. Bei etwaigen Schwierigkeiten empfiehlt es sich, die starke Verdünnung durch die Spülwässer zu betonen. Alte erworbene Rechte auf Einleitung des Wassers in den Vorfluter sind gleich den Rechten auf Wasserentnahme in das öffentliche Wasserbuch zur Eintragung zu bringen um späteren Ansprüchen Dritter vorzubeugen. Soweit die Forderung besteht, die Abwässer zu klären, filtriert man sie durch Koks, der nach einer gewissen Anreicherung an Schmutz getrocknet und erneuert bzw. zweckmäßig verfeuert wird. Ein Versickern auf Rieselflächen ist weniger angebracht, da die Faserabgänge und fettigen Abscheidungen vorschnell zu einem Nachlassen der Aufnahmefähigkeit des Bodens führen.

B. Seife.

6. Selbstbereitung von Seife.

Als Waschmittel steht Seife an erster Stelle. Während früher jedoch nur kleine Mengen im Haushalt oder durch den Handwerkerstand herstellbar waren, stieg im 19. Jahrhundert mit dem Aufblühen der Textilindustrie und dem sich daraus ergebenden durchschnittlich höheren Textilverbrauch je Kopf der Bevölkerung zufolge der gesteigerten Ansprüche an die Hygiene auch die Seifenerzeugung gewaltig an. Die industrielle Herstellung von Seife wurde möglich durch die fabrikmäßige Gewinnung von Leblanc-Soda bzw. Ätznatron (Natronseifen), während man früher mehr auf die nur in begrenztem Umfange aus Holzasche auszulaugende Pottasche (Kaliseifen) angewiesen war. An die Stelle des Siedekessels mit Unterfeuerung, in dem der Seifensieder den Ansatz mit einem Scheite rührte, trat der Kessel mit indirekter Dampfheizung und mechanischem Rührwerk. Zahlreiche Spezialmaschinen wie Sprühtürme zur Gewinnung von Seifenpulver, Pilier- und Schneidemaschinen für Seifenflocken, Packmaschinen usw. ermöglichen dem Großbetriebe den gesteigerten Anforderungen zu entsprechen. Weiterhin sichert eine ständige chemische Kontrolle der Ansätze und der Verseifung durch technisch geschulte Fachleute die gleichmäßige und sachgemäße Produktion. Der Ruf der reellen Seifenfirma garantiert für stets gleiche Qualitäten.

Es darf darum bezweifelt werden, daß die Selbstbereitung von Seife in Wäschereien heute Vorteile bietet, sofern es sich nicht um große Betriebe handelt, welche über die nötigen Einrichtungen verfügen und die Rohstoffe preiswert einzukaufen wissen. Soweit dies geschieht, ist es für den Wäscher nicht erforderlich Seife in fester Form zu gewinnen, die Seifenlauge als solche ist verwendbar. Da den Waschflotten zumeist Alkali wie etwa Soda zugesetzt wird, braucht man bei solchem Seifensieden auch nicht auf eine neutral abgerichtete Reinseife hinzuarbeiten, ein gewisser Alkaliüberschuß darf bestehen. Diese Punkte bedeuten zwar eine Vereinfachung der Seifenherstellung in der Wäscherei und die Technik erfährt vor allem eine große Erleichterung, wenn man von käuflicher freier Fettsäure ausgeht, so daß die Seifenfabrikation nur noch auf einem Neutralisieren des Ansatzes beruht. Immerhin bleibt eine gewisse Sachkenntnis und Überprüfung der Seifenlauge notwendig, schon um die Sicherheit zu haben, daß die Verseifung durchgeführt ist und um den Überschuß an freiem Alkali zu kennen und diesen ebenso wie die Menge der Reinseife bei Zugabe in die Waschmaschine in Rechnung zu stellen. Keinesfalls wolle man eine derartige Seifenlauge mit erheblichem Überschuß an freiem Alkali als eine „reine" Seifenlösung ansprechen und noch Soda der Waschlauge in Mengen, wie solche bei einer neutralen Seife üblich sind, zugeben. — Ein Nachteil bleibt, daß derartige Seife nicht so rein herstellbar ist wie die ausgesalzene Kernseife, bei der die Verunreinigungen in die Unterlauge gehen. Es ist deshalb wesentlich, ein gutes Olein zu benutzen.

Unter Verwendung von reinem Olein hat man weiterhin die Seife in der Waschmaschine selbst zu bilden gesucht; nach dem Marwaverfahren wird Olein mit einem reichlichen Überschuß von Soda in der mit Wäsche gefüllten Maschine verkocht. Solche Arbeitsweise bedingt die Verwendung besten Oleins, da sonst die Wäsche leicht einen schlechten Geruch annimmt. Das Verfahren hat nicht den Erwartungen voll entsprochen, die auf das Entstehen und Wirken der Seife in statu nascendi gesetzt wurden.

Wenn das Selbstkochen der Seife nicht empfohlen wird, so sollte doch jeder Wäscher über gewisse Kenntnisse der chemischen Merkmale der Rohstoffe und Fabrikation von Seife verfügen, damit er beim Einkauf sich ein eigenes Urteil bilden kann, wie eine Seifenart zu bewerten ist.

7. Chemie der Seife.

Seifen sind Natrium- oder Kaliumverbindungen der verschiedenartigen Fettsäuren. Die Seifen werden gewonnen durch Erhitzen von Neutralfetten und -ölen mit Natron- oder Kalilauge, bzw. durch Neutralisieren von Fettsäuren mit Natrium- oder Kaliumkarbonat. Man erhält auf diesem Wege aus dem wasserunlöslichen Fette eine wasserlösliche Verbindung.

$$\underset{\text{Glyzerid der Stearinsäure}}{(C_{17}H_{35}COO)_3C_3H_5} + \underset{\text{Natronlauge}}{3\,NaOH} = \underset{\text{Seife Stearinsaures Natrium}}{3\,C_{17}H_{35}COONa} + \underset{\text{Glyzerin}}{3\,C_3H_5(OH)_3}$$

Bei der Verseifung von Neutralfett mit Natronlauge bildet sich also neben Seife Glyzerin, das beim Auslaugen des Sudes in die Unterlauge geht.

Will man mit Natriumkarbonat arbeiten, so ist das Neutralfett vorher zu spalten, um die vom Glyzerin abgetrennte Fettsäure nur noch neutralisieren zu müssen:

$$2\,C_{17}H_{35}COOH + Na_2CO_3 = 2\,C_{17}H_{35}COONa + CO_2 + H_2O$$

Stearinsäure	Soda	Seife Stearinsaures Natrium	Kohlendioxydgas

Für das Arbeiten in der Wäscherei ist es gleichgültig, ob Natronlauge oder Soda zum Verseifen genommen wurde, sofern eine völlige Verseifung durchgeführt ist. In Deutschland dürften die Fabriken heute wegen der niedrigen Glyzerinpreise und der vielfach dunkleren Farbe, die aus Fettsäuren gewonnene Seifen zeigen, meist Neutralfett mit Natron- bzw. Kalilauge verarbeiten. — Gewisse Fette wie Kokosfett lassen sich durch Einrühren von konzentrierter Natronlauge schon kalt verseifen.

Alkalien. Bei der Mehrzahl der gebräuchlichen Seifen, so bei Kernseife, Seifenpulver, Seifenflocken, Toiletteseife handelt es sich um Natronseifen. Die Kaliseifen werden im Gegensatz zu jenen durch Verseifen der Fette und Öle mit Kali- anstatt Natronlauge hergestellt. Hauptvertreter dieser Seifenart ist die weiche Schmierseife. Neuerdings weiß die Technik jedoch auch feste und halbfeste Kaliseifen zu liefern. Kaliseifen gelten wegen ihrer leichteren Löslichkeit und Auswaschbarkeit bei niedrigeren Temperaturen als besser geeignet, wenn heiße Laugen zu vermeiden sind. Dieser Vorteil mag sie für Sonderzwecke, so für das Waschen von Wolle trotz höherem Preise wirtschaftlich erscheinen lassen. Für den Betrieb schlechtweg bleiben aber Natronseifen das Gegebene, da wir nicht mit der Seife allein sondern unter Zugabe von Soda arbeiten und eben dadurch sich aus der Kaliseife durch Umsetzung wieder fettsaures Natron zurückbilden kann.

Fettsäuren. Während bei den Alkalien nur zwischen den Hydroxyden und Karbonaten von Kalium und Natrium zu wählen war, ergibt sich an Fetten und Ölen für den Seifensieder eine weit größere Mannigfaltigkeit. — Wir nennen nach dem Sprachgebrauch die bei Zimmertemperatur festen Rohstoffe „Fette", die flüssigen „Öle". Ob ein Glyzerid oder Ester einer Fettsäure (= Neutralfett) flüssig oder fest ist, also Öl oder Fett genannt wird, richtet sich im großen und ganzen nach der Länge der Kohlenwasserstoffkette, bzw. der Zahl der Wasserstoffatome. Grundsätzliche Unterschiede in der chemischen Konstitution sind mit den beiden Begriffen nicht verbunden. Die einfachste organische Säure ist die Ameisensäure mit einem Kohlenstoff HCOOH. Es folgt mit zwei Kohlenstoffen die Essigsäure CH_3COOH. Über CH_3CH_2COOH, Propionsäure, gelangen wir zur Buttersäure und ihren Homologen. Um einige wesentlichste Verbindungen zu nennen:

Gesättigte einwertige Säuren:

$CH_3(CH_2)_2COOH$	Buttersäure	$= C_3H_7COOH$
$CH_3(CH_2)_{10}COOH$	Laurinsäure	$= C_{11}H_{23}COOH$

$CH_3(CH_2)_{14}COOH$ Palmitinsäure $= C_{15}H_{31}COOH$
$CH_3(CH_2)_{16}COOH$ Stearinsäure $= C_{17}H_{35}COOH$
$CH_3(CH_2)_{18}COOH$ Arachinsäure $= C_{19}H_{39}COOH$.

Es sind dies gesättigte Verbindungen, eine Anlagerung von weiteren Wasserstoffatomen ist nicht möglich. Gegensätzlich haben wir ungesättigte Verbindungen, in denen die Gruppe — HC = CH— vorkommt. Diese Doppelbindung ist durch die Möglichkeit einer Anlagerung von Wasserstoff, Jod, Chlor gekennzeichnet (Jodzahl). Eine solche ungesättigte Fettsäure ist die Ölsäure $CH_3(CH_2)_7CH = CH(CH_2)_7COOH$, die sich von der festen Stearinsäure durch ein Minus von zwei Wasserstoffen unterscheidet. Die flüssige, halbflüssige Ölsäure $C_{17}H_{33}COOH$ macht in den technischen Ölen und Fetten einen großen Prozentsatz aus. Sie wird jedoch heute in großem Umfange durch Hydrieren — Anlagerung von Wasserstoff — bei Gegenwart von Nickel als Katalysator (Überträger) gehärtet, solche gehärteten Produkte erlangten größte Bedeutung in der Industrie — ursprünglich also „Öle", die durch technisch-chemische Verfahren in „Fette" verwandelt werden. Die Doppelbindungen können nun auch mehrfach vorkommen, hierhin gehören die Linol- und Linolensäure. An die Stelle eines Wasserstoffatoms vermag weiterhin die Hydroxylgruppe (OH) zu treten, wobei dann von einer Oxyverbindung zu sprechen ist. Derartig mannigfache Gruppierungsmöglichkeiten lassen es erklären, daß wir Dutzende von verschiedenen Fettsäuren haben.

Die Naturprodukte stellen Gemische solcher Fettsäureglyzeride dar; sie enthalten überdies meist gewisse Mengen unverseifbarer Anteile, die also mit den Alkalien keinen Verband eingehen, wie z. B. Eiweißsubstanzen. So finden wir in den Wachsarten alkoholartige Körper, die nicht gleich Fettsäuren verseifbar sind. Mineralöle, Paraffine stellen Kohlenwasserstoff-Verbindungen vor, denen die für die Verseifbarkeit charakteristische COOH'-Gruppe abgeht. Den verseifbaren Fetten nahe stehen jedoch gewisse Harze. Kolophoniumharz z. B. eignet sich zwar nicht als solches zur Herstellung von Seife, findet aber in Mischung mit Fetten große Verwendung zum Sieden von Haushaltseifen.

Gebräuchlich ist die Einteilung der Fettrohstoffe in solche pflanzlichen und tierischen Ursprungs. Erstere sind größtenteils fest, die pflanzlichen Öle hingegen mehr ölartig, doch gibt es Ausnahmen. Das tropische Palmöl z. B. hat einen verhältnismäßig hohen, der Fischtran hingegen einen niedrigen Schmelzpunkt. Nachstehend folgt eine Übersicht über die Zusammensetzung verschiedener Fette und Öle[1].

Fett	Prozentsatz von		
	Palmitin- und Stearinsäure	Ölsäure	Myristin-, Laurin-, Linolsäure
Japanwachs	100	—	—
Palmöl	90	10	—
Talg	40	60	—
Olein von Talg	20	80	—
Cottonöl	25	75	—
Olivenöl	3	97	—
Sojaöl	15	65	20
Palmkernöl	16	4	80
Kokosöl	10	5	85
Leinöl	7	—	93

[1] Nach Jackman, D. N.: The Chemistry of Laundry Materials. London 1931. S. 51.

Seifen aus Fetten von höherem Schmelzpunkt entfalten ihr Reinigungsvermögen erst voll bei höheren Temperaturen und so eignen sich Seifen aus tierischen Fetten — mit Ausnahmen wie aufgezählt — gegensätzlich zu Seifen aus pflanzlichen Ölen mehr für das Waschen mit heißen Laugen. Da die in der Natur vorkommenden Öle und Fette Gemische verschiedener Fettsäureglyzeride sind, finden wir meist keinen scharfen Schmelzpunkt, derselbe liegt innerhalb gewisser Grenzen. Den Erstarrungspunkt der Fettsäuren nennt man Titer. Von dem Titer der verarbeiteten Rohstoffe hängt in gewissen Grenzen die günstigste Temperatur für die Waschwirkung der Seifen ab. Insofern ist der Titer für den Wäscher von Belang und er sollte über diese Zusammenhänge unterrichtet sein. Der Trübungstemperatur, bei der eine Seifenlauge beginnt durch Abscheiden von Seife undurchsichtig zu werden, ist gleichfalls Aufmerksamkeit zu schenken, da bei hohem Trübpunkt das Auswaschen der Lauge schwer hält.

Der Seifensieder pflegt verschiedenartige Fette und Öle für den Ansatz zu nehmen, da abgesehen von der jeweiligen Verseifbarkeit nicht zuletzt der Preis der verschiedenen Rohstoffe mitspricht. Die Auswahl der Rohstoffe trifft man vor allem nach den mit den Seifen gemachten Erfahrungen, um den Ansprüchen an Löslichkeit, Schaumvermögen, Lagerbarkeit (Verfärbung?) zu genügen. So macht ein Harzgehalt die Haushaltseifen gut schäumend und leichter löslich, die Wäsche soll frischer riechen. Harzseife als solcher spricht man jedoch ein geringeres Waschvermögen zu, die mit hartem Wasser entstehenden Niederschläge sollen die Wäsche eher vergilben lassen. Man begrenzt deshalb solchen Zusatz. Kernseifen pflegen maximal 15% Kolophonium zu enthalten. Letzte Entscheidungen müssen dem sachverständigen Seifensieder überlassen bleiben, man wolle diesem keine engherzigen Vorschriften machen.

8. Pflanzliche und tierische Rohstoffe der Seifenfabrikation.

Die wichtigsten pflanzlichen und tierischen Öle und Fette für die deutsche Seifenindustrie ergeben sich aus der nachfolgenden Übersicht. Die meisten Rohstoffe dienen übrigens auch zur Margarinefabrikation.

Pflanzliche Rohstoffe. Olivenöl. Hauptproduktionsländer sind die Mittelmeerländer. Das Öl wird aus dem Fruchtfleisch der Oliven gewonnen, es ist farblos bis goldgelb, die technischen, unter Verwendung von Fettlösern gewonnenen Öle sind jedoch durch Blattgrün — Chlorophyll — dunkelgrün. Es werden daraus bzw. in Mischung mit anderen Rohstoffen hergestellt: Toiletteseife, Seifenflocken, Kernseife; insbesondere ist grüne Marseillerseife als milde Waschseife bekannt. Ursprünglich wohl in Marseille aus Olivenöl hergestellt, bedeutet der Ortsname heute keineswegs mehr die Herkunft aus Marseille, und es mag fraglich sein, ob für Marseiller Seife ausschließlich Olivenöl zur Verwendung gelangt. Die grüne Farbe ist ebensowenig ein sicheres Merkmal, es läßt sich eine gelbe Seife durch Einrühren von Farbstoff grün färben.

Kokosöl. Das Kokosöl wird aus der sog. Kopra, dem getrockneten Fruchtfleisch der Kokospalme teils durch Pressen, teils durch Extrahieren gewonnen. Außer in der Nahrungsmittelindustrie (Palmin) findet das vorzügliche Fett in großem Umfange Verwendung zur Herstellung von Seifen.

Palmkernöl und Palmöl. Das aus den Kernen der Ölpalme, die in den zur Zeit nicht deutschen, den englischen und französischen Kolonien Westafrikas wächst, gepreßte Öl hat gelbliche, das extrahierte Öl weiße Farbe. Das Palmöl wird aus dem Fruchtfleisch der in Westafrika heimischen Ölpalme durch Pressen gewonnen und weist eine dunkelgelbe bis rötliche Farbe auf. Beide finden bei der Fabrikation von Seifenpulver und Kernseife in großem Umfange Verwendung und stellen neben Talg den wichtigsten Fettrohstoff der deutschen Seifenindustrie dar.

Sojabohnenöl. Der Samen der in der Mandschurei, China usw. angebauten Leguminose liefert ein Öl, das bei seiner Billigkeit Leinöl stark zurückdrängen konnte. Farbe hellgelb bis goldgelb. Gleich Leinöl wird es für Kaliseifen verwandt.

Leinöl. Wie von Sojabohnen werden gewaltige Mengen von Leinsaat (aus Argentinien, Indien usw.) eingeführt. Die deutsche Erzeugung ist demgegenüber gering. Lein und Raps sind die einzigen in größerem Umfange in Deutschland kultivierten Ölpflanzen. In der Seifenindustrie wird Leinöl vorwiegend zu Kaliseifen verarbeitet.

Sonstige für die Seifenherstellung in Frage kommende Pflanzenöle sind: Mohnöl, Sonnenblumenöl, Baumwollsaatöl (Cottonöl), Sesamöl, Erdnußöl.

Harze. Kolophonium ist der Rückstand der Trocken- oder Dampfdestillation der Rohharze von Tanne und Fichte. Der technische Wert von Harzseife ist umstritten gewesen, jedenfalls ist ein Harzgehalt nicht nur als Füllmittel zu bewerten. Harzkernseife, wie die sog. Oranienburger Seife, eine auf Leimniederschlag abgesetzte Kernseife besteht z. B. aus 90% Fettsäure und 10% Harz.

Tierische Rohstoffe. Talg. Die inländischen und besseren ausländischen Talgarten sind reinweiß, die geringeren von unangenehmem Geruch und gelblicher Farbe. Talg wird verarbeitet für Kali- und Natronseifen aller Art und ist neben Palmkernöl der wichtigste Rohstoff.

Knochenfett wird aus den auf den Schlachthöfen angesammelten Knochen durch Auskochen gewonnen. Farbe weiß bis hellgelb. Vor der Verarbeitung muß es desodorisiert werden.

Trane. Man gliedert sie in Leberöle und Fischöle. Trane, an sich durch unangenehmen Geruch gekennzeichnet, finden zur Herstellung von Schmierseife und Riegelseifen große Verwendung, insbesondere in Form gehärteter Trane. Die heutige Technik vermag die Öle derart zu verbessern, daß sie weitgehenden Ansprüchen genügen.

Olein. Als Stearin bezeichnet man die festen, vorwiegend für die Kerzenfabrikation verwendeten Fettsäuren, die man in Gemisch mit Olein, den flüssigen Anteilen, beim Spalten der natürlichen Fette erhält. Für die Seifenherstellung hat Olein große Bedeutung, das man beim kalten Abpressen des Stearins gewinnt. Technisches Olein enthält wechselnde Mengen von Stearin, der Titer ist dementsprechend verschieden von 0—10° C. Saponifikatolein, ohne Destillation gewonnen, enthält wenige unverseifbare Kohlenwasserstoffe, aber bis 10% Neutralfett. Destillatolein enthält kein Neutralfett, hingegen bei schlecht geleiteter Destillation entstandene unverseifbare Kohlenwasserstoffe in erheblichen Mengen. Weißes Olein (doppelt destilliert) ist gelblich weiß bis dunkelgelb und sollte 98—99% Fettsäure enthalten. Wenn Olein in der Wäscherei zur Herstellung von Seife dienen soll — Marwa-Verfahren —, so ist eine hohe Verseifbarkeit und helle Farbe zu fordern. Man hat zu vermeiden, daß sich die Fettsäuren in eisernen Behältern durch Bildung dunkler Eisenseifen verfärben.

Weiter wäre hier zu verweisen auf Schweinefett, Wollfett. Letzteres enthält jedoch einen hohen Prozentsatz von unverseifbaren Bestandteilen und eignet sich deshalb nicht für die Herstellung von Seifen.

Der Gesamtverbrauch der deutschen Seifenindustrie an pflanzlichen und tierischen Ölen und Fetten wurde im Jahre 1928 auf 230 000 t geschätzt. Hiervon war die reichliche Hälfte pflanzlichen Ursprungs. Die bisherige Weiterentwicklung schien eine gesteigerte Bevorzugung der pflanzlichen Rohstoffe zu bringen.

9. Herstellung der Seife.

Damit der Wäscher weiterhin in etwa weiß, welche Bewandnis es mit den Begriffen Kernseife, Schmierseife, Seifenflocken usw. hat, wird hier in Kürze auf die Herstellungsverfahren eingegangen.

Kernseife. Die Fette und die erforderliche Menge Natronlauge werden aus den Vorratsbehältern in den Siedekessel gebracht, um in diesem den Ansatz bis zum völligen Verseifen zu kochen, was stunden- und tagelang dauern kann. Die Fette und die Natronlauge gehen nach und nach einen Verband ein, es bildet sich ein stark wasserhaltiger „Seifenleim". Durch Zugabe von Kochsalz sondert sich Glyzerinwasser ab, es scheidet sich die in Salzwasser unlösliche Seife als wasserarmer Kern aus der Unterlauge mit dem Schmutz, dem abgesonderten Glyzerin und der überschüssigen Alkalilauge ab. Nach genügend langem Absetzen läßt man die Unterlauge ab und verwandelt die ausgekernte Seife durch Wasserzusatz nochmals oder wiederholt in Seifenleim und salzt erneut aus, um auf diese Weise zu einer reinen und nicht zu alkalisch eingestellten Kernseife zu gelangen. — Die erkaltete und erstarrte Seife schneidet man mit Drähten in Riegel und prägt mit Stanzen die gewünschten Formen, Firmenzeichen usw. ein. Nicht ausgesalzene Seifen sind Eschweger- und Kokosseife. Auf Einzelheiten ist hier nicht näher einzugehen. Schmierseife ist eine nicht ausgesalzene Kaliseife. Vgl. auch gefüllte Seifen.

Da sich größere Stücke von Kernseife nicht glatt lösen, darf man nur geschnitzelte Seife in die Maschinen geben, besser noch gelangt eine Stammlauge zur Verwendung. Einzelne Wäschereien stellten besondere Mühlen auf um die Seifen in zweckdienliche Form zu bringen. Die Seifenfabriken liefern jedoch heute ihrerseits Seifen in leichtlöslicher Form.

Seifenflocken. Kernseife wird in Schuppenform übergeführt und bis auf ungefähr 80% Fettsäuregehalt getrocknet und dann auf einem wassergekühlten Mehrwalzwerk mit Schneidevorrichtung in die gewünschte Flockenform von Rhomben, Bändern, Quadraten gebracht. Bei Seifenflocken handelt es sich um eine technisch veredelte Form von Seifenschnitzeln von gleichmäßigerem Aussehen, die sich leichter in

Wasser lösen sollen. — Die Fabriken stellen heute direkt aus der flüssigen Seife das Fertigprodukt her. Handelsüblich haben wir unter Seifenflocken weiterverarbeitete Kernseifen ohne Beimengungen und mit geringem Wassergehalt zu erwarten.

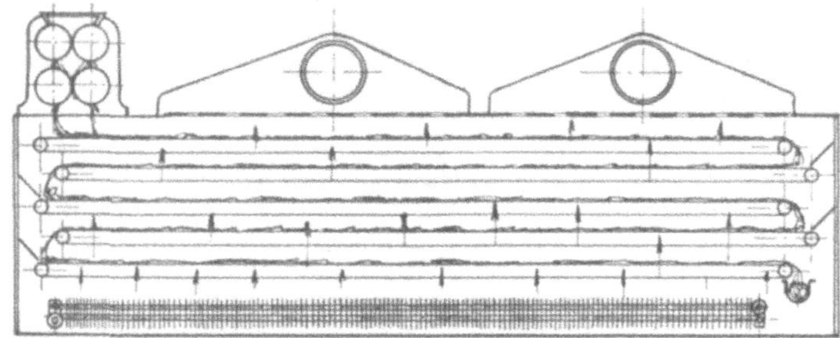

Abb. 13. Schema einer Anlage zum Trocknen von Seifenflocken, MIAG., z. B. für Nurpur der Sunlicht Gesellschaft A.-G.

Abb. 14. Krauseturm zur Herstellung von Seifenpulver durch Zerstäuben. Henkel & Cie., Düsseldorf.

Seifennadeln. Der Fabrikationsgang ist ähnlich dem der Seifenflocken, doch wird die auf dem Mehrwalzwerk pilierte Seife durch eine Strangpresse mit siebartig durchlöchertem Boden geschickt. Die Gleichmäßigkeit und die Wasserlöslichkeit soll dadurch erhöht sein. —

Seifenschuppen, Seifenspäne gleichen in etwa Seifenflocken, sie gehen aber nicht über die Piliermaschine. Der Wassergehalt ist weit geringer als bei Kernseife. Diese Seifenart ist besonders geeignet für Wäschereien und sie wird ihnen auch in erster Linie von den Seifenfabriken geliefert, wenn man Kernseife verlangt.

Seifenpulver. Seifenleim oder Reinseife werden mit Soda und vielfach mit Wasserglas vermischt und die erstarrte Masse gemahlen bzw. die

Mischung zerstäubt. Gegenüber Kernseife und Seifenschnitzeln kommt ein zusätzlicher, oft sehr bedeutender Gehalt an wasserhaltiger Soda und anderen Begleitstoffen in Frage. Unter Seifenpulver ist handelsüblich keineswegs eine gepulverte Seife zu verstehen, etwa wie Seifenschnitzel eine geschnitzelte Kernseife darstellen.

Selbsttätige Waschmittel. Dem Seifenpulver ist ein Bleichmittel, vorwiegend Natriumperborat, beigegeben. Selbsttätige Waschmittel, die zufolge ihres Gehalts an Bleichmittel ohne weiteres, ohne Reiben usw. Flecken beseitigen sollen, pflegen einen Gehalt an Wasserglas aufzuweisen, der als Stabilisator des Bleichmittels dient. Selbsttätige Waschmittel sind also Kernseife plus Soda plus Natriumperborat plus Wasserglas. Der Seifengehalt kann wie bei Seifenpulvern beliebig eingestellt werden.

Schmierseife. Die bisher genannten Seifen sind Natronseifen. Bei Schmierseife werden die Fette mit Kalilauge oder mit Pottasche verkocht, der Sud wird nicht ausgesalzen. In der Schmierseife bleiben deswegen etwaige Verunreinigungen des Fettansatzes und der Laugen zusammen mit dem überschüssigen Alkali und dem Glyzerin zurück. Schmierseifen sind üblicherweise schärfer alkalisch abgerichtet und deshalb mitunter für das Waschen empfindlicher Stoffe und Färbungen weniger geeignet, während anderseits die Pastenform solcher Produkte zum Einseifen, Einreiben von Flecken besser verwendbar ist, ebenso ergibt sich eine bessere Löslichkeit. Der Wassergehalt ist gegenüber den festen Natronseifen höher.

Füllen der Seifen. In dem Bestreben, Seifen zu niedrigen Preisen auf den Markt zu bringen, suchen die Hersteller den Sud durch Zusätze zu vermehren, die geringen oder gar keinen Waschwert besitzen. So kann Seifenleim geeigneter Art erhebliche Mengen von Salzwasser, Wasserglas, Sodalauge u. dgl. aufnehmen. Unlösliche Zusätze wie Talkum, Kaolin wird man in größeren Mengen weniger für Seife nehmen, da sich die unlöslichen Rückstände zu leicht beim Auflösen verraten. Gefüllte Leimseifen können bei nur 10% Fettsäure noch immer eine schneidbare Form aufweisen, die Riegel trocknen aber beim Lagern an der Luft schnell stark aus, sie schrumpfen ein, sie wittern aus, d. h. sie beschlagen von außen durch kristallisierende Salze. Um anzudeuten, welcher Ansatz für solche, besser als Schwindelseife zu bezeichnenden Erzeugnisse in Betracht kommt, sei eine Vorschrift genannt:

100 kg Kokosöl,
100 „ Natronlauge 25 Bé,
550 „ Wasserglas, abgerichtet mit
110 „ Natronlauge 25 Bé,
270 „ Salzwasser 22 Bé,
100 „ Kokosöl geben also 1130 kg „Seife“!

Zu verwerfen ist auch die Herstellung von seifenarmen Pulvern, sofern man diese zwar für Scheuerzwecke u. dgl. geeigneten Gemische als Seifenpulver für die Wäscherei bezeichnet. Diese werden meist mit kristallwasserhaltiger Soda und Wasserglas in großem Umfange vermischt, um billiger zu werden. Ein gewisser Prozentsatz von Wasserglas ist insoweit angebracht, weil es, wie später noch gezeigt wird, die Eigenschaften hat, das in Waschwässern vorhandene Eisen in eine für die Wäscherei unschädliche Form überzuführen, also Ablagerungen, die bei vielen Waschgängen sonst zum Vergilben führen, zu vermeiden. Anzustreben bleibt ein Deklarationszwang und das Verbot, Pulver mit weniger als 10% Fettsäure Seifenpulver zu nennen.

Die in der Kriegszeit notwendig gewordenen Streckungen der Waschmittel durch Ton (Kaolin), Glaubersalz usw. sind noch unrühmlich bekannt (K.A.-Seife und K.A.-Seifenpulver). Das nach Vorschrift des Kriegsausschusses für Öle und Fette hergestellte Seifenpulver enthielt nur 5% Fettsäure, einschl. Harz, daneben Kristallsoda als wirksamen Bestandteil. Die Ersatzmittel waren vielfach überhaupt fettfrei, es waren Gemische aus Soda, Wasserglas mit irgendwelchen Füllsalzen oder auch mit Ton. Andere Zusätze waren bei der Preislage und Knappheit nur sehr bedingt möglich. Da die Füllsalze und der Ton, dem ein gewisses Adsorptionsvermögen nicht abzusprechen ist, vielfach noch durch Eisen verunreinigt waren, vergraute und vergilbte die Wäsche mehr und mehr. Der geringe Gehalt an Seife kam beim Arbeiten mit hartem Wasser kaum zur Geltung.

Bereits vor dem Kriege viel verbreitet war das Füllen der Schmierseife, die man mit einem stark alkalischen Kleister aus Kartoffelstärke weitgehend zu vermehren wußte. Im Handbuch der Seifenfabrikation von Ubbelohde-Goldschmidt war 1930 über das Füllen von Schmierseife zu lesen:

„Die nach dem üblichen Siedeverfahren hergestellte Seife hat einen Fettsäuregehalt von 42,45%. . . ., diese reine Seife wird bei der heutigen Lage des Seifenhandels leider nur in seltenen Fällen, in denen Garantien der Reinheit und des Fettsäuregehalts verlangt werden, dem Konsum übergeben. Die meisten Handelsprodukte werden aus dieser reinen, als „Grundseife“ bezeichneten Seife durch Füllen mit mehr oder weniger wertlosen Substanzen hergestellt, um das Fabrikat zu billigeren Preisen an den Markt bringen zu können.“

In der Kriegszeit lieferte die Ersatzmittelindustrie sogar Kunstschmierseifen, die überhaupt keine Seife mehr enthielten, sondern nur Pasten aus Wasserglas (durch Zugabe von Säure oder Kalk verdickt) waren. Derartige Produkte, denen man eine gelbe Farbe, Schaumpulver (Saponin) und etwas Talkum beimischte, um das bei stearinhaltigen Seifen bekannte Glitzern ausgeschiedener Seifenteilchen vorzutäuschen, die man mit Bittermandelöl parfümierte, hatten mit Schmierseife nur noch das Aussehen und eine sehr große Schärfe gemeinsam. Um den Mißbräuchen zu steuern, mußten diese Produkte späterhin den Namen Bohrpasta führen, da beim Bohren der Granaten als Seifenersatz bedingt verwendbar.

Für den Wäscher haben derartige Füllstoffe keinen oder fraglichen Wert. Man wolle darauf achten, nicht durch solche scheinbar billigen Seifen übervorteilt zu werden.

Deutsche Seifenproduktion. Um ein Bild zu geben, in welchem Umfange die einzelnen Seifenarten in Deutschland hergestellt werden, seien die Angaben der Enqueteausschußsitzungen angeführt:

Schätzungen für das Jahr 1927/28.

	Überwiegende Fettarten in 1000 t	Seifenproduktion Menge 1000 t	Seifenproduktion Wert Mill. RM
Schmierseife	Leinöl 26 Tran 8	100	50
Feinseife	Feintalg 25 Tran 8	40	60
Seifenpulver Kernseife einschl. Seifenflocken und Seifenschnitzel Industrieseifen	sonst. Fette 140—150	300—350	280—300
		440—500	rd. 400

10. Seifennormen[1].

Die Unsicherheit mancher für die Erzeugung wie für den Handel gleichwichtiger Begriffe und die Notwendigkeit einer Vereinheitlichung führte zu Bestrebungen nach festgesetzten Begriffsbestimmungen und nach Normung technischer Liefervorschriften. Zunächst ist man jedoch über gewisse durch den Seifenwirtschaftsbund für verbindlich erklärte Handelsgebräuche und Vorschläge des RKW für einheitlich technische Liefervorschriften nicht hinausgekommen. Nachstehend sind diese im Auszuge wiedergegeben. Durch Verordnung vom 3. Oktober 1932 ist der Begriff Kernseife und die Verwendung von Harzen in Kernseifen im Sinne der Lieferbedingungen amtlich festgelegt worden. Der amtliche Wortlaut ist in § 2 in Sperrdruck wiedergegeben.

Die oben beschriebenen Verfahren zur Herstellung der verschiedenen Seifenarten sind also für den Seifenfabrikanten durchaus nicht bindend. Es ist in Deutschland üblich Seifenflocken ohne Zusätze zu liefern, technisch stände jedoch nichts im Wege ihnen ähnlich wie bei Seifenpulvern Wasserglas und andere Chemikalien, die in Grenzen beigegeben, den Wascherfolg steigern sollen, einzuverleiben. Der Wäscher sollte sich als Seifen-Großverbraucher mit den Normvorschlägen vertraut machen und ihre Einführung fördern, um damit auch den reellen Seifenfabrikanten zu unterstützen. In diesem Sinne sind sie hier abgedruckt. Die Richtlinien bringen Angaben, welchen Fettsäuregehalt usw. die einzelnen Seifenarten haben sollten und suchen weitere an Seifen zu stellende Anforderungen festzulegen.

[1] Nach Fertigstellung des Manuskriptes traten Vorschriften in Kraft, welche nicht erörtert sind.

Handelsgebräuche, betr. den Verkehr mit Seifen oder seifenhaltigen Reinigungsmitteln.

§ 1. Die Bezeichnung „Seife“ oder eine das Wort „Seife“ in einer Wortverbindung enthaltende Bezeichnung soll nur in solchen Reinigungsmitteln vorkommen, welche tatsächlich fettsaure, einschl. harzsaure Salze in einer für den Waschgang oder die technische Verwendung wirksam in Erscheinung tretenden Menge enthalten.

Die Bewertung von Seifen oder seifenhaltigen Waschmitteln erfolgt, unbeschadet der speziellen Angaben spezifischer Zusätze, handelsüblich nach Prozenten Fettsäurehydrat, auch kurz als Fettsäure bezeichnet. Wertangaben, wie die in Frankreich übliche nach „Reinseifengehalt“, Prozenten Öle und Alkali oder Prozenten „Fett“gehalt, sind als nicht handelsüblich und nicht maßgebend zu betrachten.

§ 2. Als Kernseifen dürfen im Handel nur solche Seifen bezeichnet werden, die auf Unterlauge gesotten und aus ihren Lösungen ausgeschieden sind. Kernseifen müssen in frischem Zustande mindestens 60% Fettsäuren in Hydraten enthalten. Ein Harzsäuregehalt wird dem Fettsäuregehalt gleichgestellt[1].

Zusätze, welche den Gehalt an Fettsäure nicht unter 60% herunterdrücken, sollen nicht als Verunreinigungen betrachtet werden, sofern sie durch spezifische Wirkung zur Verstärkung oder Verbesserung der Waschwirkung beitragen (z. B. Boraxkernseife u. a.).

§ 3. Die Bezeichnung „reine Schmierseife“ dürfen nur solche Seifen führen, welche mindestens 38% Fettsäurehydrat enthalten und in denen der überwiegende Teil der darin enthaltenen Fettsäuren an Kali gebunden ist.

Ein Harzgehalt wird als mit dem Fettsäuregehalt gleichwertig betrachtet.

Zusätze, welche den Gehalt an Fettsäurehydrat nicht unter 38% herunterdrücken, sollen nicht als Verunreinigungen betrachtet werden, sofern sie durch spezifische Wirkung zur Verstärkung oder Verbesserung der Waschwirkung beitragen (z. B. kohlenwasserstoffhaltige Schmierseifen).

§ 4. Als „Gemahlene Seife“ oder als „Kernseifenpulver“ darf nur ein Erzeugnis betrachtet werden, welches bei technischer Reinheit mindestens 60% Fettsäurehydrat enthält.

Zusätze, welche den Gehalt an Fettsäurehydrat nicht unter 60% herunterdrücken, sollen nicht als Verunreinigungen betrachtet werden, sofern sie durch spezifische Wirkung zur Verstärkung oder Verbesserung der Waschwirkung beitragen. Zusätze von Soda oder Wasserglas sollen bei diesen gemahlenen Kernseifen jedoch als unzulässig betrachtet werden.

§ 5. Handelsübliche „Seifenpulver“ dürfen als unterste Grenze 5% Fettsäurehydrat (!) enthalten. Ein Harzgehalt wird als mit dem Fettsäuregehalt gleichwertig betrachtet. Sie sollen von anorganischen Verbindungen nur solche Stoffe enthalten, welche wasserlöslich sind und eine schwache Alkaliwirkung besitzen, z. B. Soda, Natriumkarbonat, Persalze, Borax, Wasserglas, Ammoniaksalze u. a. m.; Kochsalz, Chlorkalium oder Natriumsulfat dürfen aber in Mengen, welche den üblichen Gehalt der verwendeten Materialien an technischen Verunreinigungen mit diesen Stoffen übersteigen, in Seifenpulvern handelsüblicher Art nicht enthalten sein. Fettlösemittel sind zulässig.

Neben diesen 1925 auf einer Generalversammlung des Wirtschaftsbundes der Seifenindustrie für bindend erklärten Handelsgebräuchen

[1] Die Verordnung hat Anlaß gegeben zu Erörterungen, warum nur diese Technik der Herstellung erlaubt sein solle, da eine 60proz. Seife auch auf anderem Wege herstellbar sei. Es bleibt hier nur auf die Fachpresse der Seifenindustrie zu verweisen.

gibt es die durch das RKW. ausgearbeiteten einheitlichen, technischen Liefervorschriften für Seife, auf die hier verwiesen sei und die weit mehr Einzelheiten festzulegen suchen als die hier wiedergegebenen Handelsgebräuche, deren Abdruck hier aber zu weit führen würde.

11. Spezialwaschmittel.

Unter Seife sind nach den unter „Seifennormen" wiedergegebenen Handelsgebräuchen nur solche Reinigungsmittel zu verstehen, „welche tatsächlich fettsaure, einschließlich harzsaure Salze in einer für den Waschgang oder die technische Verwendung wirksamen und in Erscheinung tretenden Menge enthalten". An dieser Begriffsbestimmung ist festzuhalten. Dem Abschnitt Seife ist die Besprechung jener Spezialwaschmittel anzufügen, welche nicht nur einen Ersatz der Seife bilden, sondern dieser gegebenenfalls technisch überlegen sein können.

Sulfonierte Öle. Ein großer Nachteil der Seife ist ihre Kalkempfindlichkeit, d. h. die beim Waschen in hartem Wasser sich bildende Abscheidung unlöslicher Kalk-Magnesiaseifen. Entweder ist also anzustreben, hartes Wasser zu verbessern oder aber die Fettseifen durch nicht mehr kalkempfindliche Waschmittel zu ersetzen.

Als weniger empfindlich wie Seife erweist sich schon Türkischrotöl, eine Art flüssiger Seife, deren Grundstoff ein durch Behandeln von Rizinusöl mit Schwefelsäure gewonnenes Sulfonat bildet. Vom Sulfonierungsgrad hängen die jeweiligen Eigenschaften ab; mit der Vervollkommnung dieser Technik gelang es der Hilfsmittelindustrie mehr und mehr in Form hochsulfonierter Produkte der Textilveredelung und der Wäscherei völlig kalk- und säurebeständige Waschmittel zu liefern. Als Spezialmittel wurde schon vor dem Kriege die Monopolseife (Stockhausen & Cie., Krefeld) bekannt. Diese gelblich-bräunliche, in Wasser klar lösliche Seife von weicher Beschaffenheit besitzt neutrale bis schwach saure Reaktion. Der Fettgehalt beträgt, auf Sulfofettsäuren bezogen, etwa 80%. Es ist hier nicht am Platze auf die verwickelten Reaktionen einzugehen, die sich bei Behandlung von Rizinusöl mit Schwefelsäure abspielen, im wesentlichen tritt eine Spaltung des Öles in freie Rizinolfettsäure und Bildung von Schwefelsäureestern ein. Der Verbraucher muß wissen, daß bei Rotölprodukten handelsüblich der Prozentsatz an sulfoniertem und gewaschenem Rizinusöl angegeben wird, nicht aber der Gehalt an Fettsäure, wie solche bei der Analyse durch Zerlegen mit Salzsäure abscheidbar ist. Ein 50proz. Öl wird z. B. aus 50 kg Sulfonat für 100 kg Handelsware hergestellt. Da der Fettgehalt des Sulfonats zwischen 72 und 78 % schwankt, läßt ein 50proz. Türkischrotöl 36—39% Fettsäure finden. Es kommen heute mancherlei sulfonierte Produkte unter verschiedensten Namen in den Handel. Für ihre Bewertung ist neben dem Gehalt an Fettsäure bzw. Sulfonat die Höhe des Sulfonierungsgrades wesentlich. War der letztere bei Türkischrotöl mit etwa 20% anzunehmen, so betrug er bei Monopolseife und ähnlichen Erzeugnissen 30—40%.

Nach dem Kriege hat die Sulfonierungstechnik große Fortschritte gemacht, so gelang es zu Produkten mit einem Sulfonierungsgrad von 50 bis über 90% zu gelangen, z. B. Prästabitöl (Stockhausen), Avirol (H. Th. Böhme), Flerhenol (Flesch, Frankfurt a. M.). Weiterhin dienten nicht allein Rizinusöl bzw. Fettsäuren — wie sie auch für die Seifen den Rohstoff liefern — als Ausgangsmaterial, man stellte unter Verwendung von Isopropylalkohol u. a. synthetisch Textilhilfsmittel von größter Säure- und Kalkbeständigkeit und einem starken Netzvermögen her, z. B. Nekal (I. G. Farbenindustrie). Das Wasch- und Emulgierungsvermögen ist jedoch hier geringer als bei Seife, deren kolloidaler Charakter fast ganz fehlt.

War bereits von Türkischrotöl bekannt, daß seine Mitverwendung weniger unangenehme Kalkseifen in hartem Wasser entstehen läßt, so wächst mit steigendem Sulfonierungsgrad nicht nur die Unempfindlichkeit, sondern durch die Zugabe solcher Mittel bleiben Ausscheidungen von Kalkseife fein verteilt, es gelingt sogar erfolgte Abscheidungen wieder zu lösen, also eine trübe Lösung von Fettseife in hartem Wasser zu klären. Dies bedeutet, daß es theoretisch möglich ist, Seifprozesse in hartem Wasser ohne Abscheidungen von Kalkseife durchzuführen. Um dieses Verhalten zu verwerten, hat die beteiligte Industrie Fettseifen mit Beigabe von sulfonierten Produkten oder anderen Stoffen hergestellt, die ein Ausflocken verhüten sollen. So vermag auch ein Zusatz von Leim die Bildung zäher Kalkschmieren hintanzuhalten. All diese Erzeugnisse, wie Hydrosan, kommen eher für die Textilveredlung als für die Weißwäscherei in Betracht. Die Abscheidung von Seifenschmieren ist weniger im Seifbade zu befürchten, denn hier hält die im Überschuß vorhandene Reinseife die Abscheidungen in fein verteilter Form. Die Mißstände treten vielmehr beim Spülen ein, wenn das Suspendierungsvermögen nachläßt und nicht mehr ausreicht. Um das Ausspülen zu erleichtern, wurde deshalb die Zugabe geringer Mengen hochsulfonierter Hilfsmittel — so von Intrasol, Stockhausen — empfohlen. Die Technik des Spülens mit hartem Wasser beeinflußt die Höhe der Faserinkrustierungen. Diese reichern sich um so mehr an, je größer die Menge des harten Wassers für die ersten Spülbäder ist. Es ist dies ein Grund, bei den ersten Spülbädern mit niedrigem Wasserstande zu arbeiten, vgl. S. 23. Die Verwendung von hochsulfonierten Hilfsmitteln beim Spülen hat sich in Weißwäschereien bislang noch nicht so eingebürgert, wie man erwartete. Handelt es sich hier mehr um Hilfsmittel, mit welchen man die mangelhaften Eigenschaften der Seife verbessern will, so sollen die hochsulfonierten Fettalkoholate des Types Gardinol und Produkte vom Typ Igepon als Waschmittel an Stelle der Fettseife treten.

Nachdem der Anlaß zur Bildung von Kalkseife in der COOH-Gruppe erkannt ist, stellte man erfolgreich aus den Fettsäuren unter „Blockierung" der COOH-Säuregruppe und weiterer Sulfonierung kalkbeständige Waschmittel, wie Igepon, Neopol, sog. Fettsäure-Kondensationsprodukte her. Bei den Fettalkoholsulfonaten, wie Gardinol von H. Th. Böhme wurde die COOH-Gruppe zur Alkoholgruppe —$CH_2 \cdot OH$ reduziert, das Wort Sulfonat deutet die Einführung des Schwefelsäurerestes in das Molekül an. Die Fabrikation all dieser Mittel erlangte innerhalb weniger Jahre sehr große Bedeutung, wie schon ein Blick in die Fachpresse lehrt. Man hat von den neuen Errungenschaften der Chemie erwartet, sie könnten zufolge ihrer ausgezeichneten Netz- und Emulgierungskraft der Seife mehr und mehr ihre Vormachtstellung nehmen, weil ja vor allem eine Bildung von Kalkseife nicht mehr in Betracht kommt. Kann man doch mit solchen neuen Waschmitteln — theoretisch — sogar in Meereswasser „waschen", das wegen hohen Gehaltes an Magnesiasalzen sonst ganz unverwendbar ist. In der Praxis haben sich aber Schwierigkeiten ergeben. So steht zunächst ein höherer Preis (das Vier- bis Fünffache von Seife) der Ausbreitung entgegen. Wie wir in der Weißwäscherei ohne einen Zusatz von Alkali zur Seifenlauge nicht auskommen, die Flotte eine gewisse Alkalität besitzen muß, so bedürfen Lösungen von Gardinol oder Igepon und anderer moderner Erzeugnisse einer Zugabe von Alkali um den p_H-Wert auf 9 bis 10 zu erhöhen, sie zeigen zwar schon bei dem p_H-Wert 7 (Neutralpunkt) im Gegensatz zu Seife einen Waschwert, es erscheint aber angebracht die Lösung zu alkalisieren. Mitverwendung von Soda führt jedoch in hartem Wasser zu Calciumkarbonatniederschlägen, so daß wir aus der Kalkbeständigkeit der neuen Waschmittel nur bedingt Nutzen ziehen können. Die Abscheidungen von Kreide verleihen nämlich den Wäschestücken einen kalkigen, rauhen Griff. Wir haben weiterhin anzunehmen, daß die typische Waschwirkung von Seife nicht allein mit ihrem Emulgierungsvermögen, der Schaumkraft zu erklären ist, die „fettende" Wirkung einer Seifenlauge hält die Textilien weich.

Weitere Verbesserungen der synthetischen kalkbeständigen Waschmittel sind zu erwarten, — das gleiche gilt für die Waschtechnik, so daß diese Erzeugnisse allergrößte Bedeutung für die Wäscher erlangen dürften. Die Hersteller haben bislang vorwiegend in der Textilindustrie, namentlich in der Wollveredelung weitgehende Erfolge zu verzeichnen gehabt. In der Wäscherei fanden die Produkte fürs Erste zum Waschen von Wolle und Seide Aufnahme, da sie sich wegen ihrer Neutralität für diese alkaliempfindlichen Fasern eignen. In Kleinpackungen ist Fewa der Chemischen Fabrik H. Th. Böhme A.-G., Chemnitz, bekannt geworden.

Fettlöserseifen. Daß man die fettlösende Wirkung der Seifenlaugen durch Zugabe von Benzin, Petroleum, Terpentinöl u. dgl. steigern kann, ist altbekannt. Von kleinen Zusätzen ist freilich nicht viel zu erwarten. Wenn z. B. Waschpulver mit 1—2% Terpentinöl hergestellt wird, so kann die Beimischung zwar nicht schaden, aber auch nicht viel helfen. Der Wäscher wolle sich überlegen, welche unbedeutenden Mengen auf ein Liter Waschflotte selbst bei einem Auflösen von 10 g/l kommen. Solche Beimischungen möchten wir mehr als eine Parfümierung ansprechen, bei der es sich fragt, ob nicht bereits ein Teil beim Lagern und Auflösen verdunstet. Nachdem Fettlöser nicht leichtflüchtig sein sollten, erscheinen Zusätze von Benzin u. dgl. weniger geeignet, denn es wäre beim Entweichen größerer Mengen sogar an die Bildung brennbarer Dämpfe und explosiver Gasgemische zu denken. Ebendeshalb kamen mehr in Aufnahme Fettlöser mit hohem Siedepunkt und nicht brennbare chlorierte Kohlenwasserstoffe wie Trichloräthylen und andere. Ein hoher Siedepunkt schließt jedoch eine Verflüchtigung beim Arbeiten nicht aus, denn beim Verdampfen des Wassers gehen von den betreffenden Produkten Dämpfe mit über. So kann der Chemiker bei der Analyse eines Gemisches mit Tetralin vom Siedepunkt 200—210°C diesen Kohlenwasserstoff im Wasserdampfstrom überdestillieren. Nachdem die Mehrzahl der sog. Fettlöser wasserunlöslich ist, bedarf es einer gewissen Technik die Fettlöser wasserlöslich zu machen. Dies gelingt durch Einrühren in konzentrierte Seifenlösung, am besten unter Verwendung höher sulfonierter Öle und Netzmittel. Man kann völlig klare Lösungen herstellen, die sich auch bei stärkerer Verdünnung nicht leicht entmischen sollen. Nach und nach tritt jedoch eine Trübung ein, die Fettlöser sondern sich als feinste Tröpfchen ab, rahmen auf oder fallen zu Boden, wenn ihr spezifisches Gewicht höher als das des Wassers ist. Die Beständigkeit hängt von der Art des Emulgators und den Arbeitsbedingungen ab, so fragt es sich, ob nicht hartes Wasser das Verteilungsmittel beeinträchtigt, so daß sich bald große Tropfen abscheiden, die möglicherweise sich in Nähten festsetzen, und es nicht ausgeschlossen erscheint, daß auf diese Weise Flecke entstehen. W e n n   z u g e g e b e n e r m a ß e n   d i e M i t v e r w e n d u n g   e i n e s   F e t t l ö s e r s   v o n   W e r t   s e i n   w i r d   f e t t i g e   W ä s c h e   z u   r e i n i g e n ,   s o   w o l l e   d e r   W ä s c h e r   v o n   m i n i m a l e n   Z u s ä t z e n   n i c h t   z u v i e l   e r w a r t e n . Es gab eine Hochflut von Fettlöserseifen (Beuchölen für die Textilindustrie). Dem Ansehen nach sind solche Mittel nicht zu beurteilen, es bedarf einer größeren Analyse. Einzelnen Fettlösern, so auch Terpentinöl, will man ein Bleichvermögen — womöglich beim späteren Trocknen — zuschreiben. Diese Wirkung ist unseres Erachtens unter den üblichen Anwendungsbedingungen gering. Auf der anderen Seite steht die Frage, ob Fettlöser nicht die Schaumbildung der Flotten mindern.

Da den Fettlösern ein starker Geruch eigentümlich, werden mitunter Klagen der Arbeiter über Kopfschmerzen u. dgl. laut. Es ist nicht zu bestreiten, daß das eine und andere Mittel narkotische Nebenwirkungen äußern kann und einzelne Personen hier empfindlicher sind. Dies bleibt zu beachten, wenn man die Fettlöserseifen als solche zum Putzen von Flekken verwenden läßt, wofür sie sich recht bewähren können — Schmutzflecke von Wagenschmiere, Stiefelwichse u. dgl. — Daß der Eigengeruch nicht mehr in der Fertigwäsche sich zeigen darf, sofern es nicht ein Mittel wie Terpentinöl wäre, versteht sich.

Das erste dieser wertvollen Hilfsmittel war Tetrapol von Stockhausen, anfänglich aus Monopolseife plus Tetrachlorkohlenstoff hergestellt. Da sich Tetra weniger eignete, ging man zu anderen Fettlösern über. Eine vergleichende Bewertung der vielen Mittel ist nicht möglich. Es seien als typische Vertreter weiter genannt: Cycloran und Perpentol (Oranienburger Chemische Fabrik), Lanadin (H. Th. Böhme), Laventin (I. G. Farben), Verapol (Stockhausen).

12. Fermente als Einweichmittel.

Ein neuartiges Verfahren den Schmutz zu lösen oder zu lockern, brachte Dr. Otto Röhm mit der Einführung der Enzyme der Bauchspeicheldrüse als Einweichmittel. Eiweißartige Verunreinigungen, die sich ganz besonders in der Kranken-, Lazarett-, Schlachthof-, Metzgerwäsche usw. finden und mit Blut und Eiter zum Teil Staub und Ruß einschließen, lassen sich durch Seife-Soda mitunter schwer entfernen. Benzin und andere Fettlöser sind keine Lösungsmittel für Eiweiß. Die enzymhaltigen Produkte vermögen Eiweiß abzubauen, es gewissermaßen zu verdauen und in Lösung zu bringen, so daß auch die von dem Eiweiß mit eingeschlossenen sonstigen Verunreinigungen gelöst oder ausspülbar gemacht werden. Wir haben in den tierischen Bauchspeicheldrüsen, die man in den Schlachthöfen sammelt, mehrere Fermente anzunehmen. Die bisher noch nicht künstlich herstellbaren Fermente sind ihrerseits Substanzen, die bei Einhalten gewisser Arbeitsbedingungen abbauend auf Eiweiß, Stärke, Fette einwirken. Das heißt, jedes Enzym besitzt nur gegenüber bestimmten Stoffen eine Wirkung. So baut Tryptase nur Eiweißsubstanzen ab, die Amylase-Diastase vermag Stärke löslich zu machen und über dextrinartige Körper letzten Endes in Zucker überzuführen. Wie ein einziger Schlüssel viele Schlösser der gleichen Art — jedoch nur der gleichen Art — zu schließen vermag, so ist den Enzymen eine große Wirksamkeit — als Katalyt ? — zuzuschreiben. Dieselbe hängt jedoch von den Begleitumständen stark ab, es können Temperatur und Reaktion entscheidend sein. Bei Überschreiten einer günstigen Temperaturzone geht das Abbauvermögen zurück und verloren, gleichwie Hühnereiweiß nur in lauwarmem Wasser löslich ist und bei höherer

Temperatur gerinnt. Enzymhaltige Einweichmittel dürfen nicht mit heißem oder sogar kochendem Wasser gelöst werden, andernfalls geht ihre Wirksamkeit sofort verloren, das Enzym wird abgetötet. Die Optimaltemperaturen, welche bei den einzelnen Produkten nicht gleich liegen, so für Diastase gegen 60° C, sind nach Möglichkeit einzuhalten, ebenso wie die Reaktion der Flotte, der p_H-Wert zu beachten bleibt, denn von stärker alkalischen Lösungen kann die Wirksamkeit aufgehoben und völlig vernichtet werden. An sich vermögen hochaktive, an wirksamen Fermenten angereicherte Präparate das Vielhundertfache des Substrates abzubauen.

Die Enzyme der Bauchspeicheldrüse erlangten zufolge ihres Gehaltes an Tryptase als Hilfsmittel (Beize) zunächst in der Ledergerberei große Bedeutung, während des Krieges kamen sie als Einweichmittel unter dem Namen Burnus in Aufnahme. In neuerer Zeit fand in den Maschinenwäschereien Enzymolin mehr Eingang. Für die Wäschereitechnik kommt nicht nur die Beeinflussung von eiweißartigen Verunreinigungen, sondern ebenso der Abbau von Stärke durch Diastase in Betracht. So konnten die in der Textilindustrie schon länger eingeführten, aus Malz hergestellten diastatischen Fermente, die man zur Bereitung von weniger dicken Appreturmassen aus Kartoffelstärke und zum Entschlichten der Rohware vor dem Bleichen und Färben schätzen gelernt hatte, in der Weißwäscherei Dienste leisten, um aus Stärkewäsche den Appret wieder zu lösen. Derartige Malzprodukte sind z.B Diastafor, Amylit. Eine nach Art von Hefe gezüchtete Pilzart ist Biolase.

Die Bewertung von Enzymprodukten hat nach anderen Gesichtspunkten zu erfolgen als sonst für Wasch- und Bleichmittel zutreffend, es läßt sich die Wertigkeit nicht analytisch in Prozenten erfassen derart, wie wir bei einem Seifenpulver den Gehalt an Fettsäure ermitteln und bei der prozentualen Zusammensetzung vorwiegend die Menge an Reinseife als wertbestimmenden Faktor ansehen. Wir haben bei Enzymen uns Aufschluß über das jeweilige Abbauvermögen zu verschaffen, z.B. eine Diastase zu prüfen auf ihre Fähigkeit in einer Zeiteinheit einen Stärkekleister zu verflüssigen und letzten Endes zu verzuckern. Wenn Stärke in charakteristischer Weise mit Jodlösung eine Blaufärbung gibt, so daß geringste Spuren von Stärke in Wäschestücken durch den beim Betupfen mit Jodlösung erkennbaren blauen Fleck erkennbar sind, so liefert „lösliche“ Stärke ein mehr rötliches Blau und mit fortschreitendem Abbau zu dextrinartigen Körpern tritt ein Violett und Rot auf, weiterhin reagiert die verzuckerte Stärke überhaupt nicht mehr mit dem Reagens. Jodlösung ist demnach geeignet die Einwirkung von Diastase auf Stärke zu verfolgen. Je weniger von einem Ferment erforderlich bzw. je kürzer die Einwirkungsdauer ist, um eine gegebene Probe der Stärke abzubauen, um so wertvoller das Mittel. Entsprechende Versuche haben Aufschluß zu geben über die enzymatische Wirkung von Tryptase gegenüber Eiweißverbindungen.

Nachdem solche Untersuchungen größere chemische Kenntnisse und das Vorhandensein einer Laboratoriumseinrichtung voraussetzen, kommt für den Wäscher neben der leicht ausführbaren qualitativen Prüfung des Stärkeabbaues mit Jod der Betriebsversuch in Betracht, d.h. es ist praktisch zu erproben, inwieweit der Ausfall der Wäsche durch Mitverwendung von enzymhaltigen Mitteln zu verbessern war. Man achte auf die Sauberkeit der stark verschwitzten Teile von Hemden, prüfe das Vorhandensein restlicher Stärke in Plättwäsche wie Kragen. Im übrigen hält es sehr schwer alle Stärke soweit wegzubringen, daß Jod nur noch schwach reagiert. Die Einwirkung wird dadurch erschwert, daß dem Appret zugesetzte Fette, Seifen die Stärke einschließen und die Fermente keinen Zutritt haben oder auch die alkalische Reaktion ein Hindernis bildet. Nachdem wir es bei diesen Hilfsmitteln nicht mit chemisch reinen, wohl definierten Substanzen, sondern mit Gemischen zu tun haben, die mit Neutralsalzen wie Kochsalz oder anderweit eingestellt, verdünnt sind, können wir den Gebrauchswert keineswegs nach dem Augenschein beurteilen, also nicht erkennen, ob etwa die Wirksamkeit durch ungünstiges Lagern, Altern verloren ging. Eine übliche chemische Analyse läßt sozusagen nur die nebensächlichen Begleitstoffe wie die Salze finden, die organische Substanz, die Eiweißverbindungen brauchen gegebenenfalls nur einen Bruchteil auszumachen und die Analyse lehrt nicht, ob und wieweit die Eiweißverbindungen enzymatisch wirksam sind.

13. Wahl einer geeigneten Seife.

Vorwiegend kommen Natronseifen zur Verwendung, die zwar leichterlöslichen Kaliseifen wegen ihres höheren Preises nur in Sonderfällen. — Wenn schon dunkel gefärbte Seifen nicht empfehlenswert erscheinen, so hat doch die Farbe hell bis gelblich keinen entscheidenden Wert. Um gewissen Wünschen der Verbraucherkreise entgegenzukommen, tönt der Seifensieder mitunter seine Seife ab. Die früher zum Entfernen von Flecken hochgeschätzte Gallseife verdankte ihre grüne Farbe auch entsprechenden Zusätzen von Farbe. Dies gilt nicht zuletzt für die grüne Schmierseife. Bunt marmorierte Seifen, wie solche für Toilettezwecke bekannt sind, bieten nur dem Auge etwas. Große technische Bedeutung hat heute das Bleichen der von Natur aus dunklen Fette vor der Verarbeitung und während des Seifesiedens, denn das Verlangen der Verbraucherschaft geht mehr und mehr nach weißen oder doch nach hellen Seifen. Eine dunklere Seife aus gleichem Fettansatz würde zwar den gleichen Waschwert aufweisen, ob eine Verfärbung der Wäsche durch Seifenreste eintritt, hängt von den jeweiligen Umständen ab. Jedenfalls kann eine dunkle Färbung nicht als Empfehlung gelten. Ob eine helle

Seife, die ihr Weiß einem Bleichen des Fettansatzes verdankte, nicht wieder nachdunkelt, kann fraglich sein, das hängt wie bei gebleichter Wäsche von der Fertigkeit der Technik ab.

Seifenreste dürfen der Wäsche keineswegs einen unangenehmen Geruch verleihen. Solche Beeinflussung hängt mit davon ab, ob sich die Seife leicht ausspülen läßt. Gegebenenfalls tritt nachträglich zufolge Oxydationsvorgängen durch den Luftsauerstoff ein schlechter Geruch auf, der vor allem bei heißem Trocknen und längerem Lagern auffällt. Man wolle beachten, daß eine stärkere Parfümierung vielleicht einen unerwünschten Geruch nach Tran überdecken sollte, fraglicherweise sich aber z. B. der Duft des beigesetzten Bittermandelöles schneller verliert. Wenn bei frischer Seife zunächst nichts auffiel, so schließt dies nicht aus, daß spätere Anstände bei der Wäsche an der Verwendung weniger geeigneter Rohstoffe zu suchen sind. Um den Eigengeruch der Seife zu erkennen, knete und verreibe man eine Probe längere Zeit in der Hand, die Eigenschaften der Fette werden sich hierbei nach und nach auffallender geltend machen.

Dem Hinweis, daß eine Seife vorwiegend aus pflanzlichen oder tierischen Fetten hergestellt sei, ist nur ein bedingter Wert beizulegen. Daß gewisse Unterschiede bestehen, ist zuzugeben, doch wesentlicher bleibt stets die jeweilige Art des Öles oder Fettes. Man verbindet vielfach mit Eigennamen bestimmte Begriffe. So erwartet der Praktiker bei der Marseiller Seife als Rohstoff Olivenöl und somit eine sehr gute Löslichkeit und Auswaschbarkeit, vgl. im übrigen betr. Titer S. 33.

Die Wahl zwischen Kernseife, Seifenflocken, Seifenschuppen, Seifenpulver oder Schmierseife möchten wir innerhalb gewisser Grenzen dem Gutdünken des einzelnen Wäschereileiters überlassen. Einzelne Richtlinien sind jedoch angebracht. Wenn z. B. Schmierseife im Vergleich zu Kernseife einen niedrigen Preis hat, so ist die Preiswürdigkeit anders zu beurteilen. Man darf nicht übersehen, daß erstere nur etwa 36—42% Fettsäure enthält gegenüber 40% Wasser, und bei ganz billigen Erzeugnissen weiterhin Beimischungen von geringem oder fraglichem Waschwert den Preis erklären. Als typisch kann gelten, daß sie gegenüber anderen Reinseifen alkalischer eingestellt ist. Schmierseife hat bei weitem nicht mehr die frühere Bedeutung. Es dürfte sich das übertriebene Füllen der Seife und das scharf alkalische Abrichten gerächt haben, scharfe Schmierseife kam dadurch in Mißkredit. Weiterhin wird das weniger saubere Hantieren mit solchen Pasten, sowie die erforderlich werdende festere Verpackung den Wettbewerb erschwert haben. Die leichtere Löslichkeit wiegt solche Mängel nicht auf. — Beim Bezuge von Schmierseife wäre also zu beachten: Wassergehalt, Alkalität, Menge der Füllstoffe. Weiterhin wäre zu überlegen, wieweit die Verwendung einer pastenförmigen Seife praktisch ist.

Da wir Kernseife nicht in großen Stücken in die Maschine geben sollen, ist sie zu schnitzeln. Besser wird der Betrieb eine konzentrierte Stammlauge in einem Lösekessel mit Dampfleitung zum Erhitzen ansetzen. Gute Seifenschuppen, Seifenspäne, Seifenflocken sind soweit gleichwertig. Auf den Gehalt an Fettsäure ist bei Kernseife und den anderen genannten Seifenarten in erster Linie zu achten, die Art der Fette spricht außerdem mit wegen der Löslichkeit, des Geruches, der Farbe. An sich ist der Fettsäuregehalt bei Kernseife niedriger — der Wassergehalt höher — als bei den anderen genannten Seifenarten, die auch den Vorzug einer handlicheren Anwendung in der Maschinenwäscherei haben.

Viele Betriebe legen die Frage vor, ob sie Seifenpulver oder Seife und Soda sowie gegebenenfalls andere Alkalien getrennt beziehen sollen. Ohne persönlichen, begründeten Urteilen von Wäschereileitern entgegentreten zu wollen, möchten wir sagen, daß für den Kleinbetrieb der Bezug von Seifenpulvern, für den Großbetrieb der getrennte Bezug vorzuziehen ist, da letzteres wirtschaftlicher sein wird.

Bei Verwendung von Seifenpulver gehen die Vorteile der einfacheren Arbeitsweise, nämlich des Lösens eines fertigen Gemisches, wieder verloren, wenn man noch zusätzlich Soda und andere Alkalien nimmt, — soweit nicht ein Vorenthärten des Wassers erforderlich war. Man wird darauf sehen, ein Pulver zu beziehen, das nun auch als solches beim Waschen zu verwenden ist. In vielen Fällen ist jedoch der Sodagehalt sehr reichlich bemessen, so daß zu überlegen bleibt, ob nicht weitere Reinseife der Lauge zugesetzt werden soll. Ein Zusatz von Soda kommt bei den im Handel befindlichen Erzeugnissen kaum in Frage! Zu erwägen bleibt, ob nicht der Art des Waschgutes und seiner Verschmutzung die Zusammensetzung der Flotte jeweils anzupassen ist und man kommt dann zu der Frage: warum noch Seifenpulver kaufen? Ein Seifenpulver erfüllt die ihm gestellten Aufgaben nur, wenn es für die Hauptmenge der Schmutzwäsche ohne weiteres verwendbar ist. Dies trifft auf die billigen Waschpulver nicht zu.

Die Zusammensetzung eines Seifenpulvers muß bekannt sein. Es geht in keinem Falle an, mit einem in der Zusammensetzung unbekannten Pulver arbeiten zu wollen. Die führenden Firmen geben in ihrem chemischen Aufbau bekannte und erprobte Erzeugnisse von dauernd gleichbleibender Art heraus, so daß der Wäscher sehr wohl die Möglichkeit hat, stets die gleiche Ware zu erhalten und nicht auf irgendwelche Anpreisungen hin billige Produkte fraglicher Beschaffenheit zu kaufen. Auf diesem Gebiet wird leider vom Wäscher sehr viel gesündigt. Es ist zwecklos, sich der Selbsttäuschung hinzugeben, daß man beim Bezuge eines billigen Seifenpulvers, das naturgemäß nur wenig Seife enthalten kann, dieselben Wascherfolge erzielt wie beim

Waschen mit Seife. Ebenso ist es eine förmliche Täuschung der Kundschaft, zu behaupten, man wasche mit Seifenflocken, wenn der Wäscher zu je 1 kg Waschpulver, das hauptsächlich aus Soda besteht, noch eine Handvoll Seifenflocken zusetzt. Es war — ist? — leider bezeichnend für manche Wäschereien, daß in allergrößtem Ausmaß nur die billigsten Waschmittel gekauft wurden, obgleich die einschlägige Industrie Seifenpulver mit höherem Fettgehalt anbietet. Dies ist um so unverständlicher, als sich die durch die Verwendung des Waschmittels entstehenden Unkosten nur in einem so minimalem Ausmaße bei der Gesamtgestaltung der Kostenrechnung auswirken, daß man von einem Sparen an falscher Stelle sprechen muß, denn der naturnotwendig eintretende Mindererfolg steht in keinem Verhältnis zur erzielten Einsparung, insbesondere bleibt an die ungleiche Schonung der Wäsche zu denken.

Aus diesem Grunde wäre zu wünschen, daß Gemische mit nur geringem Prozentsatz an reiner Seife die Bezeichnung „Waschpulver" führen müßten, um irrigen Auffassungen und falschen Anwendungen zu begegnen. Es ist verfehlt, beim Kaufe des Seifenpulvers den Preis zur Richtschnur zu nehmen, denn es ist selbstverständlich, daß das billigere Erzeugnis immer weniger von der im Verhältnis zur Soda teureren Seife enthalten kann. Leider gibt die Feststellung des „Enqueteausschusses zur Untersuchung der Seifenindustrie" Anlaß zum Nachdenken: „Namentlich die für Großwäschereien eigens angefertigten Waschmittel, die nicht im Einzelhandel erscheinen, sind häufig sehr fettarm."

In diesem Zusammenhange sei noch auf die Bedeutung des Wasserglases als Zusatz in Seifenpulvern hingewiesen. Man ist heute allgemein der Auffassung, daß hohe Prozentsätze an Wasserglas, besonders vereint mit gleichzeitig großen Mengen Soda, für die Wäsche ungünstig sind. Dies besagt jedoch nicht, daß eine Mitverwendung völlig verfehlt erscheint. Wie im Abschnitt Alkalien, S. 68, ausgeführt, bildet Wasserglas eine kolloidale Lösung, die ein Abscheiden von Eisenverunreinigungen aus dem Wasser auf der Wäsche hintanhält. Weiterhin spricht man Wasserglas eine Verbesserung der Netzwirkung und ein schnelleres Enthärten zu, in den Pulvern mit Perborat soll Wasserglas stabilisierend die Entwicklung des Aktivsauerstoffs regeln. Zur Erzielung dieser Wirkungen genügen zufolge den Analysen der bekannteren selbsttätigen Pulver 6—8% der Gesamtmenge an Waschmittel. Wie an der früheren Stelle schon ausgeführt, bleibt aber eine Inkrustierung der Wäsche zu vermeiden, und diese hängt wieder stark von der Härte des Wassers bzw. der Technik des Waschens und Spülens ab.

Als besondere Gruppe stehen neben den Seifenpulvern die selbsttätigen Waschmittel, die außer Seife und Soda noch ein Bleichmittel, meist Natriumperborat, enthalten. Der Bezug eines Markenartikels gibt Gewähr für eine stets gleichartige Lieferung, doch sollte auch in diesem

Falle der Abnehmer über die prozentuale Zusammensetzung unterrichtet sein. Solche Mittel vereinfachen die Arbeitsweise, da sich nicht nur die Mischung von Seife und Alkali erübrigt, sondern die Waschlauge gleichzeitig auch eine genau dosierte Menge Bleichmittel enthält, die zur Erzielung eines „Schneeweiß" ausreichen wird. Versehentlich zu starke Zugabe eines Bleichmittels, Vergessen eines Stabilisierungsmittels oder aber Anwendung einer zu hohen Bleichtemperatur, die besonders bei Chlor ganz außerordentlich gefährlich ist, sind bei Verwenden von selbsttätigen Waschmitteln nicht möglich. Daß es keine Seifenpulver mit „Chlor" gibt, hier nur nebenbei.

Um welche Seifenart es sich handeln mag, in jedem Falle sollte beim Einkauf grundsätzlich beachtet werden:

Löslichkeit und Titer, Geruch, Farbe,

Gesamtfettsäure, gegebenenfalls unverseiftes Neutralfett und unverseifbares Fett und Harz,

Gesamtalkali, gebundenes Alkali, freies Alkali, Wasserglas.

Der Wert einer Seife berechnet sich in erster Linie nach dem Gehalt an reiner Seife, bzw. Fettsäure. Je größer der Gehalt an Fettsäure, um so geringer kann der Gehalt an Wasser — und umgekehrt — sein. Kommen bei stark ausgetrockneter Seife nur noch unbedeutende Reste von Wasser in Frage, so haben wir bei Kernseife schon mit 30% zu rechnen. Insbesondere gefüllte Seifen weisen einen höheren Gehalt an Wasser auf, gleichwie bei Seifenpulvern der Wassergehalt mitunter einen großen Betrag ausmacht, denn Soda vermag viel Kristallwasser zu binden (Kristallsoda besteht zu 63% aus Wasser!). Das Frischgewicht von Kernseife wird beim Lagern nicht unerhebliche Rückgänge zeigen. Um sich über den Gehalt an Wasser ungefähr zu unterrichten, trockne man eine Probe von 10—20 g (Briefwage) in der Nähe der Heizung solange, bis sich das Gewicht nicht mehr ändert. Das Durchtrocknen größerer Stücke fällt schwer. Es bilden sich harte Schalenkrusten, die das Wasser aus dem Inneren nicht mehr verdunsten lassen. Die Seife wäre möglichst fein geschnitzelt zu trocknen. Keinesfalls wolle der Wäscher den Trockenrückstand immer gleich Reinseife setzen, denn bei einem Waschpulver wird der Rückstand vorwiegend als Soda und Wasserglas zu verrechnen sein. Anderseits kann bei dem flüchtigen Anteil ein Fettlöser beteiligt sein wie Alkohol, Trichloräthylen u. dgl. Gegebenenfalls stelle der Wäscher den Gehalt an Fettsäure unter Verwendung eines Sapometers fest.

Schon die Probenahme für eine Analyse ist nicht so ganz einfach, denn fraglicherweise trocknet ein Riegel aus dem Oberteil der Kiste mehr aus als einer aus der Mitte der Kiste. Die Riegel als solche weisen in ihren Teilen vielleicht Unterschiede auf. Seife aus dem mittleren Teil des Riegels mag einige Prozent feuchter sein als die ausgetrockneten

Schalen. Bei Pulvern ist nicht nur an ein ungleiches Austrocknen, sondern ebenso an eine Entmischung zu denken, weil sich die schwereren Teile nach unten absondern. Eine Entmischung ist z.B. leicht möglich, wenn geschnitzelte Seife mit pulverförmiger Soda als Seifenpulver geliefert wird. Die analytische Untersuchung der Waschmittel den Fachlaboratorien zu überlassen, empfiehlt sich für die Mehrzahl der Betriebe, da ihnen die nötigen Einrichtungen und Erfahrungen fehlen. Um aber eine einwandfreie Analyse zu erhalten, bleibt Voraussetzung das Einsenden eines Musters, das dem Durchschnitt der Lieferung entspricht. Solche Probe von 20—100 g darf nicht nachträglich oder beim Versand austrocknen. Das Muster ist sofort in ein Glas oder ein geeignetes Gefäß zu füllen und zu verschließen. Der Antrag auf Untersuchung bringe zum Ausdruck, welche Bestandteile festgestellt werden sollen, um unnötige analytische Prüfungen und entsprechende Kosten zu vermeiden. Mit den ermittelten chemischen Kennziffern wird der Praktiker nämlich vielfach nichts anzufangen wissen?! Auskünfte über die Zusammensetzung der Waschmittel pflegen die Lieferfirmen zu geben, es empfiehlt sich bei Abschlüssen sich die Analysenwerte schriftlich geben zu lassen[1]. Einen gewissen Einfluß auf den Ausfall der Prüfung auf Gehalt an Fettsäure kann das jeweilige analytische Verfahren haben, so findet der Chemiker bei der Ausätherungsmethode meist etwas höhere Werte als nach dem volumetrischen Verfahren. Etwaige Abweichungen von 1% und selbst mehr bei Analysen in zwei verschiedenen Laboratorien dürfen daher nicht befremden.

Was die Alkalität und Schärfe der Seifen und seifenhaltigen Mittel anbetrifft, so erscheint der Begriff „scharfes Waschmittel" verschieden auslegbar. Ursprünglich hatte man hierunter zu scharf alkalisch abgerichtete Kernseifen zu verstehen. Die Schärfe solcher Seifen macht sich bei Verwendung als Toiletteseife auffallend bemerkbar. Ebenso werden manche Färbungen und vor allem Textilien aus Wolle und Seide gegen konzentriertere und heiße Lösungen empfindlicher sein. Kernseife für textile Zwecke soll gegebenenfalls — Seidenfärberei — nur 0,1 % freies NaOH aufweisen. Für Zwecke der Weißwäscherei lassen sich die Grenzen weiter ziehen, da hier die Mitverwendung von Alkalien wie von Soda erforderlich wird. Der Alkaligehalt der Seife ist eher bei Buntwäsche zu berücksichtigen. Entscheidend ist die Technik der Anwendung. Ein Arbeiten mit heißen Kochlaugen wirkt sich anders aus als ein Wa-

[1] Einzelheiten über Probeentnahme und Untersuchungen sind im übrigen der Schrift: „Prüfverfahren für Seifen und seifenhaltige Waschmittel", Reichsausschuß für Lieferungsbedingungen beim RKW, Berlin NW 6, Luisenstr. 58. RAL-Schrift Nr. 871 A2 zu entnehmen. Diese Prüfverfahren wurden unter Vermittlung des RAL von Vertretern der Erzeuger-, Händler- und Verbraucherorganisation einschl. der Behörden und Wissenschaft aufgestellt.

schen bei mittleren Temperaturen. Nur dadurch versteht es sich, daß gefüllte, scharfalkalische Faßseifen verkäuflich waren und hin und wieder die Mitverwendung von Natronlauge als solcher — für baumwollene Stoffe oder für sehr fettige Wäsche — zur Erörterung steht. Will der Wäscher eine „neutrale“ Seife verwenden, so kauft er Marseiller Seife, Seifenflocken und ähnliche Erzeugnisse.

Jeder Wäscherei sei angeraten mit Seife von der stets gleichen Beschaffenheit weiter zu arbeiten, zumal wenn eine Lieferung als gut erkannt wurde. Ein Drücken des Preises mag sich in schlechteren Nachlieferungen auswirken, so daß sich später Unzuträglichkeiten herausstellen, etwa die Wäschestücke einen schlechten Geruch wegen Verarbeitung geringerer Fette annehmen, weil die Seife sich jetzt mangelhafter ausspülen läßt. Bei Übergehen zu einem neuen Produkt wird die genauere Überwachung einiger Wäscheposten empfehlenswert sein, ob sich eine gleiche klare Wäsche bei denselben Konzentrationen, Temperaturen, Zeiten erreichen läßt oder diese zu ändern sind. Man wolle nicht auf Grund eines Einzelversuches vorschnell ein Urteil fällen, im Zweifelsfalle sind mehrere Versuche angebracht.

14. Anwendung der Seife.

Der Seifenverbrauch hängt mit von dem Verschmutzungsgrad der Wäsche und den Ansprüchen an den Weißgrad ab. Ferner sind von Einfluß die Art und Weise des Waschverfahrens. Normvorschriften für die Verwendung von Seife lassen sich kaum geben, sondern nur Richtlinien. Die nachstehenden Erörterungen setzen ein Arbeiten mit weichem Wasser voraus, soweit nicht auf die durch Härtebildner bedingten Abänderungen eingegangen ist.

Seife findet in der Weißwäscherei immer zusammen mit Soda oder einem anderen Alkali Verwendung, da Zusatz von Alkali das Reinigungsvermögen der Seife erhöht. Die günstigsten Bedingungen dürften an Ort und Stelle zu erproben sein. Das geeignete Verhältnis von Seife zu Soda mag zwischen zwei Teilen Seife zu einem Teil Soda bis zu einem Teil Seife zu zwei Teilen Soda liegen. Die Berechnungen sollten nie unter dem Gesichtspunkte erfolgen an Seife sparen zu wollen. Seife ist bis heute als das Waschmittel anzusprechen. Sofern man von ihr zu wenig nimmt, wird um so schärfer und länger gekocht und um so stärker gebleicht werden müssen, um den gleichen Reinheitsgrad der Wäsche zu erzielen. Von der wirtschaftlichen Seite aus gesehen vermag also ein Sparen an Seife eine Erhöhung anderer Kostenfaktoren zu bringen, wobei sich das Gesamtergebnis teuerer stellen kann (Zeit- und Kohlenverbrauch!). Eine zu starke Verwendung von Alkali, insbesondere bei längerem Kochen, wie wir dies in wenig gut geführten Wäschereien finden, hat nicht zuletzt einen größeren Wäscheverschleiß zur Folge. Daß ein Übermaß an Bleichmitteln für die Wäsche Gift ist, ist altbekannt. Jede Hotel- und Anstaltswäscherei, bei denen möglichste Schonung der Wäschebestände sich direkt bezahlt machen muß, soll allein aus diesem Grunde nicht zu wenig Seife nehmen. Gewerbliche Wäschereien, deren Ruf sich in erster Linie auf schonendem Waschen begründet, handeln kurzsichtig, wenn sie an Waschmitteln sparen, die doch einen relativ niedrigen Kostenfaktor innerhalb der Gesamtkosten darstellen und dementsprechend prozentual geringe Ersparnismöglichkeiten bedeuten.

Auf den Ausfall der Wäsche hat jedoch nicht nur das Verhältnis von Seife zu Alkali Einfluß, sondern auch das Verhältnis von Waschmittel- zu Wassermenge (Konzentration). Es ist nicht gleichgültig, ob das gleiche Sodagewicht in einer Konzentration von 3 g/l oder von 12 g/l auf die Textilien einwirkt. Nur ausnahmsweise sollte die Gesamtalkalität höher als 4 g/l sein. Es kommt also zum einen darauf an, nicht nur die Zugabe der Waschmittel zur Waschmaschine zu kontrollieren, sondern gleichfalls die Mengen des Wassers, und zum anderen soll der Wäscher nicht glauben, daß er um so besser handele, je mehr er von den Mitteln nehme. Der Satz „Viel hilft viel" wirkt sich gegebenenfalls übel aus, man denke z. B. an die Folgen eines übergroßen Zusatzes von Bleichlauge!

Eine weitere Vermehrung des Seifengehalts steigert nicht die Wirksamkeit der Waschflotte, sondern läßt sogar ein Abfallen beobachten, abgesehen davon, daß bei zu starkem Schäumen die Trommel überläuft. Die von verschiedenen Seiten veröffentlichten Werte über zweckmäßigen Gehalt an Seife stimmen allerdings nicht genau überein, was verständlich erscheint, wenn wir bedenken, daß Art und Stärke der Verschmutzung einen nicht gleichen Verbrauch an Seife bedingen. Eine Konzentration von 0,2—0,4% gilt als zweckentsprechend, d.h. also 2—4 g Reinseife im Liter. Der Zugabe von Seife sind beim Waschen mit weichem Wasser in den üblichen Maschinen niedrigere Grenzen gesetzt, wenn die Maschine anfängt überzuschäumen. Eine gewisse Schaumbildung soll anderseits auf der laufenden Trommel stets zu beobachten sein, als Zeichen, daß Seife im Überschuß zur Schmutzbindung in der Maschine ist. Denn falls man zu wenig Seife nahm, so daß sauer reagierende Schmutzstoffe die Seife zersetzten, brachen, oder die Textilien Bestandteile der Seife adsorbierten und nicht zuletzt bei einem Arbeiten mit hartem Wasser durch Bildung von Kalkseifen die Schaumbildung verloren ging, wird der Ausfall der Wäsche nicht befriedigen. Schäumende Lauge bedeutet Gewähr dafür, daß wir genügend Seife in der Maschine haben. Die Zugabe der Soda hat in einem der Seifenmenge angepaßten Verhältnis zu erfolgen; zu reichliche Sodazugabe verringert gegebenenfalls die Schaumbildung.

Die Frage, ob man die Seife ungelöst als Pulver, bzw. in Form von Schnitzeln auf die Trommel streuen soll, oder dieselbe als konzentrierte Lösung zusetzen soll, ist je nach der Art der Waschmittel im einen oder anderen Sinne zu beantworten. Seifenschnitzel u. dgl. dürfen trocken auf die Trommel gegeben werden, jedoch wird darauf zu achten sein, daß keine Klumpen entstehen, die sich schwer lösen. Der Wäscher hat die Seife deshalb bei laufender Trommel über die ganze Trommelbreite zu verteilen. Soda wird zweckmäßig nicht in gleicher Weise in die Maschine gegeben, da die vom Wäscher meist bevorzugte und billigere kalzinierte Soda dazu neigt, an ihrer Oberfläche schnell etwas Kristallwasser zu binden und dann sich schlechter zu lösen. Es empfiehlt sich deshalb für den Betrieb durch langsames Einstreuen unter dauerndem Rühren Seife und Soda in einem Eimer mit heißem Wasser zu lösen oder zumindest sehr gut anzurühren und so in die Maschine zu geben. Dies erfordert allerdings einen etwas größeren Aufwand an Zeit, bietet aber die Gewähr für völlig gleichmäßige Verteilung des Waschmittels in der Flotte und gleichmäßige Berührung und Reinigung des gesamten Wäscheansatzes. Setzen sich ungelöste Waschmittel wie Soda in der Wäsche fest, so bedeutet dies eine örtliche Gefährdung der Wäsche, so bei unvermutetem Stillstand der Maschine. Das gleiche gilt für alle selbsttätigen Waschmittel mit Gehalt an aktivem Sauerstoff. Da dieser aktive Sauerstoff bei höherer Temperatur entbunden wird, also eine reinigende und bleichende Wirkung nicht erst bei Siedetemperatur, sondern schon beim Erwärmen der Waschlauge einsetzt, ist hier besonders darauf zu achten, das Waschmittel kalt-lauwarm aufzulösen, was wiederum zweckmäßig in einem Eimer, nicht aber in der Maschinentrommel zu erfolgen hat. Das Waschmittel wird angeteigt bzw. aufgeschlämmt und in diesem Zustande in die vorbereitete, d. h. also mit enthärtetem Wasser gefüllte Maschine gegeben. Bezüglich der Verbrauchsmengen werden sich keine Unterschiede herausrechnen, ob man die Materialien als solche zusetzt oder zuvor Stammlösungen vorbereitet, sofern die benötigten Gefäße zum Abmessen bereit stehen. Eine zuverlässige Bedienung gehört zu den Selbstverständlichkeiten.

Vor allem größere Betriebe tun gut für die Laugen auf die einzelnen Waschmaschinen eine Zentrallaugenbereitung mit einem Rohrnetz, an das die Waschmaschinen angeschlossen sind, vorzusehen.

15. Wirkung der Seifen- und Waschlaugen, Prüfung des Waschwertes.

Das Waschvermögen der Hilfsmittel ist nicht einheitlich zu erklären, vielmehr kommen immer gleichzeitig mechanisch-physikalische und chemische Vorgänge in Betracht. Eben dadurch hält die Einschätzung von Verfahren nicht leicht, da es nicht möglich erscheint alle Faktoren auf einen gemeinsamen Nenner zu bringen. Bei der Bestimmung des Waschwertes ist zudem nicht nur das Entfernen der Anschmutzungen zu berücksichtigen, sondern auch die damit etwa verbundene Beeinflussung der Fasern. Ein zwar gut wirksames, aber scharfes Waschmittel, mit dessen Anwendung eine größere Gefährdung der Fasern droht, ist niedriger einzustufen, gleichwie kaum jenes Bleichmittel ohne weiteres den Vorzug verdient, das als das wirksamste, bleichkräftigste zu gelten hat.

Große Schwierigkeiten in der Bewertung der Waschverfahren bezüglich des Reinigungsvermögens bringen die in der Praxis gegebenen verschiedenartigen Anschmutzungen. Es liegt auf der Hand, daß für das Entfernen eines fettigen Schmutzes bestgeeignete Chemikalien wie Fettlöser, weniger in Betracht kommen, wenn es gilt Ruß, Staub u. dgl. zu beseitigen. So können Enzyme ihre Wirksamkeit auch nur entfalten, sofern die Substrate vorliegen, denen gegenüber sie ein spezifisches Abbauvermögen besitzen, wie z. B. die Diastase gegenüber Stärke.

Wenn man vielfach versucht hat die Waschmittel unter Verwendung von besonders angeschmutzten Probelappen (fettiger Lampenruß, Indigo usw.) im Laboratorium zu prüfen, so fragt es sich immer, wieweit man die Bedingungen der Praxis hierbei erreichte. Es ist zugegeben, daß es zahlenmäßig kaum möglich ist, die etwaigen Unterschiede beim Waschen von nur schwach angeschmutzter Gebrauchswäsche herauszufinden und solche Grundlage für ein Werturteil zu unsicher ist, selbst bei Benutzen optischer Apparate, weshalb das Streben, mit präparierten Stoffen zu arbeiten, verständlich erscheint. Letzten Endes mögen sich größere Unterschiede erst nach wiederholtem Waschen zeigen (Reihenversuche!), so mag z. B. der ohne Verwendung irgendwelcher Bleichmittel erreichbare Weißgrad nach einer Wäsche bei an sich gut durchgebleichten Textilien nicht zurückstehen. So wird die Verbesserung des Aussehens bei Mitverwendung von Bleichmitteln nur augenfällig, wenn bleichbare Anschmutzungen vorlagen, namentlich dunkelfarbige Flecke, und umgekehrt wäre die Zwecklosigkeit von Bleichmitteln an Probelappen beweisbar, die man mit Kohle anschwärzte, denn letztere ist durch Bleichflotten nicht zu entfärben, hier muß ein Mittel zur Anwendung gelangen, das den unlöslichen Schmutz abspülbar macht.

Nicht zu unterschätzen in einem Waschverfahren ist die jeweilige mechanische Bearbeitung des Waschgutes durch Reiben, Bürsten usw., die Zirkulation der Flotte, das Ausspülen. Schon das Wasser als solches ohne jeden Zusatz bringt manche Substanzen in Lösung oder es lockert den Schmutz, doch bedarf die Wäsche der weiteren mechanischen Bearbeitung, damit die Schmutzteilchen vom Gewebe abgetrennt und fortgespült werden. Beim Waschen in Maschinen reiben sich die Wäschestücke gegenseitig, vor allem fällt die Wäsche immer wieder in die Lauge hinab, nachdem sie durch die Trommelwulste mitgenommen wurde. Die Wirksamkeit der Waschmittel erfährt hierdurch eine Steigerung, soweit ein Lockern und Abschwemmen der Schmutzteilchen in Betracht kommt. Weniger wesentlich wird die mechanische Bearbeitung dagegen sein, wenn es sich um reine Lösevorgänge und ein Ausbleichen handelt.

Nachdem wir einen Normalschmutz nicht kennen, um an entsprechend stark imprägnierten Probestücken die Waschwirkung der verschiedenartigen Hilfsmittel zu verfolgen, die Anschmutzung mit Kohle oder mit Fett oder mit ausbleichbaren Substanzen wie Obstsaft, Rotwein u. dgl. immer etwas einseitig ausfällt, und da die mechanische Seite des Waschvorganges bei Versuchen in kleinen Laboratoriumsapparaten unvollkommen der Praxis entsprechen wird, erwachsen an sich bei Vergleichen von Waschmitteln Schwierigkeiten und es wollen oft die Werturteile nicht mit den Erfahrungen der Praxis übereinstimmen. Eher kann man mit Versuchsapparaten des Laboratoriums eine einzelne Wirkung von Hilfsmitteln gleicher Art zahlenmäßig festlegen, so das Bleichvermögen gegenüber einer Standardanfärbung oder das Emulgierungsvermögen bei Stoffen, die mit Ruß und Öl geschwärzt wurden, die wir dann später mit optischen Einrichtungen auf den erzielten Weißgrad messen, eine wieder nicht so einfache Technik, vgl. S. 181. Derartige Messungen wurden von Bedeutung für die systematische Durchprüfung neuer synthetischer Produkte. Wir können durch Wägungen ermitteln, wieviel ein — präparierter — Stoff jeweilig an Gewicht, an Schmutz verliert. Wenn aber aus solch angeschmutztem Stück bereits durch Waschen mit Wasser ein größerer Teil entfernbar ist, wie z. B. Stärke, Zucker, oder wenn eine Sodalösung vier Fünftel und mehr entfernt, so wird entscheidend, wie die letzten Reste sich beseitigen lassen um zum vollen Reinheitsgrade, zum etwa geforderten Hochweiß zu gelangen. Erst die letzten wenigen Prozente entscheiden vielfach über den Gebrauchswert, wenigstens über das Aussehen, die geringen Reste farbiger Verunreinigungen machen vielleicht das Bleichen erforderlich. So wäre weiterhin daran zu erinnern, daß ein kalkbeständiges Waschmittel für Betriebe mit hartem Wasser eine andere Bedeutung hat als für solche, die mit weichem Wasser arbeiten.

Nicht zuletzt muß die Bewertung von der Schonung der Wäsche bedingt sein. Eine alkalischere, schärfere Lauge gefährdet Leinen oder Kunstseide mehr als Baumwollwäsche. Die glattere Struktur der ersteren Fasern erleichtert anderseits das Waschen, der Schmutz setzt sich weniger fest, ist demnach leichter abspülbar. Hier taucht die Frage u. a. auf, wieweit durch Mitverwendung von Bleichmitteln das mechanische Bearbeiten der Wäsche einschränkbar oder entbehrlich ist, ob eben dann Konzentration, Temperatur und Einwirkungsdauer der Waschlaugen herabsetzbar werden, so daß hiervon eine Schonung der Wäsche zu erwarten ist, oder ob eine chemische Schädigung überwiegt. Wie man das

Reinigungsvermögen nicht durch „Waschen“ von weißen, unbeschmutzten Probelappen ermitteln kann, so genügen auch nicht eine einmalige Behandlung oder wenige Wiederholungen für die Überprüfung der Festigkeit, vgl. im übrigen bezüglich Festigkeitsprüfungen S. 183.

Auf die vorgeschlagenen, verschiedenartigen Verfahren zum Messen des Reinigungsvermögens genauer einzugehen, würde zu weit führen, der Leser wolle wissen, daß eine anerkannte Standardmethode fehlt. Um in der Praxis zu einem Werturteil zu kommen, sind die Verfahren betriebsmäßig zu erproben, die örtlichen Arbeitsbedingungen einzuhalten, wie diese für die spätere Technik gelten werden. Es hat keinen Zweck ausnahmsweise längere oder kürzere Zeit zu waschen, mit warmem und weichem Wasser zu spülen, wenn man dies später nicht beabsichtigt, und etwa anormal schmutzige Wäsche zu wählen, um den Ausfall zum Vergleich mit einer leicht zu säubernden Partie zu stellen. Bei Vergleichen müssen alle Arbeitsbedingungen gleich sein. Nach dem Waschen hat man sich nicht mit dem Abmustern einzelner Stücke zufrieden zu geben, sondern den Gesamtausfall zu bewerten. Zu Wertzahlen gelangt man am besten beim Waschen großer einheitlicher Posten, z.B. von je einigen hundert Mundtüchern aus Gaststätten. Hier sortiert die Arbeiterin, der diese Arbeit zu überlassen ist, da sie ganz unbeeinflußt sein wird, nach Reinheitsklassen und ein ungleich großer Ausschuß von unbrauchbar gebliebenen Stücken gestattet entsprechende Folgerungen. Es sei bezüglich Abmustern auf die Ausführungen „Weißmessung“ S. 181 verwiesen. Solchen Versuchsposten kann man einige verschiedenartig befleckte Probestücke beigeben um die Entfernbarkeit von Kaffee, Kakao, Bratentunke, Obst- und Gemüsesäften u. a. zu ermitteln. Immer empfiehlt es sich, mehrere Partien zum Vergleich heranzuziehen, bei einem einzelnen Posten mag ein Zufall das Ergebnis beeinträchtigen.

Die Zusammensetzung des Schmutzes schwankt erklärlicherweise, eine fettige Küchenwäsche ist nicht vergleichbar mit Badewäsche, Leibwäsche. Zufolge Angaben der Firma August Jacobi, Darmstadt, liefern Vorwaschlauge und Kochlauge von 100 kg normal beschmutzter Haushaltwäsche 1,5—4,0 kg Wäscheschmutz. 100 kg Wäsche gaben in runden Zahlen 300 g Eiweiß, 150 g flüchtige Fettsäuren, 300 g Fett und 900 g eiweißfreie organische Substanzen verschiedener Zusammensetzung. Normen aufzustellen geht nicht an. Eine quantitative Bewertung der Gewichtsänderungen — Zunahme durch Kalkabscheidungen! ? — wird nicht genügen, es ist zu berücksichtigen, ob die Verunreinigungen ungleich schwer zu entfernen sind, in welchem Maße die Reste die Wäsche „schmutzig“ erscheinen lassen.

In der Seife sind die wesentlichsten Eigenschaften mehr oder weniger vereint, die ein gutes Waschmittel auszeichnen. Netzvermögen. Während eine fettige Faser beim Aufbringen auf Wasser lange schwimmt, da das Wasser abgestoßen wird, sinkt dieselbe in einer Seifenlösung bald unter. Seifenlauge erweist sich als weit wirksamer gegenüber einer Sodalösung. Die chemische Industrie stellt heute Netzmittel für textile Verwendungszwecke her, welche nicht auf Fettbasis aufgebaut sind, sondern aus Produkten des Steinkohlenteers gewonnen werden, diese finden vielfache Verwendung, da sie sich z. T. für saure Flotten eignen. Zum Messen der Netzkraft wird unter anderem die Oberflächenspannung durch Zählen der Tropfen bestimmt, die sich beim Ausfließen aus einem Rohr mit feiner Öffnung bilden. Je größer die Tropfenzahl einer Lösung im Vergleich zu Wasser, um so besser ist das Netzvermögen. Ein Wassertropfen sucht auf einer fettigen Oberfläche die Kugelform beizubehalten, die Lösung eines Netzmittels breitet sich aus, die Lösung ist gewissermaßen beweglicher und dringt deshalb leichter in die Textilien ein. Durch das Aufquellen der Fasern tritt dann eine Lockerung der Schmutzteilchen ein, soweit keine direkte Lösung erfolgt.

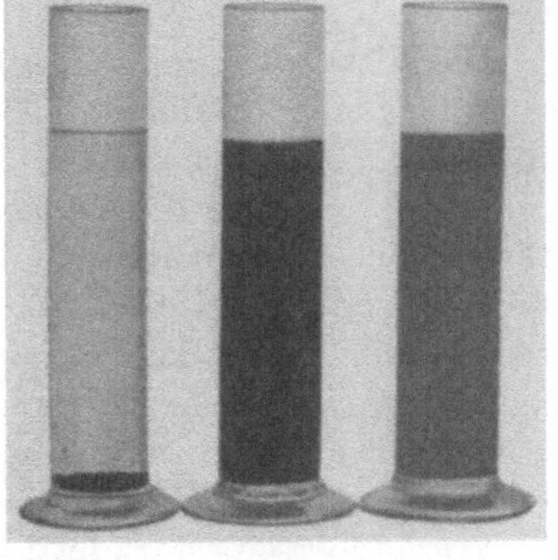

Abb. 15. Emulgierung von Braunsteinpulver. *1* Sodalösung. *2* Seife. *3* Seife + Soda. Aus der Sammelmappe des Deutschen Wäschereiverbandes.

Emulgierungs- und Dispergierungsvermögen. Fette wie Mineralöl sind unverseifbar, sie können also nicht durch Alkali in eine wasserlösliche Form gebracht werden, wie dies mit Pflanzenölen, Talg u. dgl., möglich ist. Ebensowenig lassen sich Staub und Ruß lösen. Um solche Verunreinigungen aus den Textilien auszuwaschen, sucht man sie in feinste Verteilung zu bringen, zu dispergieren, bzw. die Fette in die Form einer Emulsion, d. h. in eine Milch zu verwandeln, um die in der Schwebe gehaltenen Teilchen fortspülen zu können. Die Seife hat die ausgezeichnete Eigenschaft solche Verteilung bewirken zu können, die Teilchen werden gewissermaßen von Seifenhäutchen eingepackt, auseinandergehalten. Es ist für die Wirksamkeit sehr wesentlich, ob solche Emulgierung genügend beständig, nicht vorschnell ein Entmischen eintritt, sich größere Tropfen bilden, die wieder in der Wäsche hängen bleiben. Es handelt sich hier um kolloidale Vorgänge.

Dem Wasserglas als kolloidaler Lösung kommt deshalb auch ein besseres Waschvermögen zu als etwa einer Sodalauge. Eiweiß- und stärkehaltige Flotten besitzen wegen ihrer kolloidalen Natur gleichfalls ein gewisses Verteilungsvermögen für Schmutz, fein geschlämmter Ton gehört hierhin. Abb. 15 zeigt wie Braunsteinpulver in ungleicher Weise von verschiedenen Lösungen in Suspension gehalten wird.

Beim Entfernen von verseifbaren Fetten tritt fraglicherweise auch ein direktes Verseifen durch das aus der Waschseife zufolge Dissoziation abgespaltene Alkali hinzu, vorwiegend haben wir jedoch mit einem Emulgieren zu rechnen, die geringe Menge freien Alkalis genügt schwerlich zum Verseifen. Wohl ist mit einem Verseifen von Fetten, insbesondere der freien Fettsäuren zu rechnen, wenn die Seifenlauge einen Zusatz von Alkali, also von Soda usw. erhalten hat. Solche Zugabe ist zumeist notwendig, da die Waschwirkung bei einer gewissen Alkalität am besten ist. Den neueren Untersuchungen zufolge zeigen die Seifenlaugen erst meist ihre optimale Waschkraft bei einem p_H-Wert von 10,7.

Die Mitverwendung von Alkali ist schon deshalb mit erforderlich, da sauer reagierende Schmutzteile Alkali verbrauchen und die Fasern Alkali speichern. Die Höhe des Zusatzes an Alkali bleibt zu begrenzen, mit zunehmender Schärfe der Laugen nimmt die Gefährdung der Fasern zu. Einen Höchstwert vorzuschreiben, geht wieder schlecht an, da die Einwirkung von der Temperatur abhängt. Zudem bezweckt häufig die Mitverwendung von Alkali ein Abscheiden von Kalkseife zu verhindern. Sodalauge ohne Seife kann nicht das gute Reinigungsvermögen zeigen, es mangelt an Netz- und Emulgierungskraft, wohl bildet sich aus dem Fettschmutz beim Waschen Seife, doch reicht diese schwerlich aus.

Wird anderseits stark fettige Wäsche mit einer nicht genügend alkalischen Seifenlauge behandelt, so bricht gegebenenfalls die Lauge, d.h. es kommt zur Abscheidung von Fetteilchen, die durch Schmutz verfärbt auf der Wäsche sog. Fettläuse bilden. Solche Verschmutzung ist dann nur schwieriger durch eine scharf alkalische Behandlung wieder zu verseifen. Um die Wirksamkeit der Seifen gegenüber fettigen Verunreinigungen zu steigern, hat man den Seifen Fettlöser einverleibt. Da diese meist wasserunlöslich, bedürfen sie ihrerseits einer guten Emulgierung, vgl. S. 44.

Eine weitere Eigenschaft der Seifenprodukte ist ihre S c h a u m k r a f t. Wieweit Schaumbildung das Waschvermögen fördert, ist etwas strittig. Wir haben wohl anzunehmen, daß Schaum das Eindringen der Flotte in das Waschgut erleichtern hilft, der Schaum wirkt zudem beim Fallen der Wäsche in der Maschine als eine Art Polster, trägt somit zur Schonung bei. Der Praktiker erkennt am Auftreten von Schaum die Gegenwart von genügend Seife, verschwindet der Schaum, so fehlt es an Seife, die Wäsche wird weniger rein ausfallen, es droht die Bildung von Seifenläusen. Ausgezeichnet durch starkes Schäumen sind die kalkbeständigen Produkte vom Typus des Gardinols oder Igepons. Je nach der Art des Fettansatzes, der Löslichkeit der Seifen schäumen dieselben schon bei niedriger oder erst bei höherer Temperatur, so daß also die Schaumkraft einer Seife keinen sicheren Rückschluß auf ihren Wert zuläßt.

C. Alkalien.

16. Bedeutung der Alkalien in der Weißwäscherei.

Neben Seife wird Soda oder ein anderes Alkali zum Waschen benötigt, es wäre falsch — von Ausnahmen wie Waschen von Wolle und Seide abgesehen — ohne Alkalizugabe arbeiten zu wollen, Seife allein „greift" nicht genügend. — Der Gebrauch von Alkalien zum Waschen ist alt. Wenn früher z. B. Holzkohle in einem Säckchen in Waschwasser ausgelaugt wurde, so erhielt man eine Kaliumkarbonat- — K_2CO_3 — Lösung (Pottasche). Heute ist an ihre Stelle Natriumkarbonat — Na_2CO_3 —, Soda getreten. Eine Schädigung der Wäsche ist bei zweckdienlichen Zusätzen, geregelter Einwirkungszeit und bei nicht zu hohen Temperaturen keineswegs zu befürchten, wohl aber darf man nicht an der teureren Seife zugunsten der billigeren Soda sparen wollen. Soda als solche besitzt keine ausreichende Waschwirkung, und im Übermaß verwendet beeinflußt sie leider nur zu oft die Faserfestigkeit, wobei sich Baumwolle als weniger empfindlich erweist als Leinen und namentlich Wolle und Seide. Soda dient nicht zuletzt zum Enthärten des Wassers, wenn kein Permutitapparat vorhanden ist. Die Alkalien bedeuten unentbehrliche Hilfsmittel des Wäschers.

17. Was sind Alkalien?

Für die Wäscherei kommen vorwiegend Natriumsalze in Frage, Kalium- und Ammoniakverbindungen wären teurer ohne entsprechend wirksamer zu sein. Alkalisch reagierende Salze sind die Verbindungen einer starken Base, so hier des Ätznatrons (NaOH), mit einer schwachen Säure (z. B. Kohlensäure H_2CO_3, Phosphorsäure H_3PO_4).

An Alkalien haben wir zu berücksichtigen:

Ätznatron, kaustische Soda, Natronlauge	Natriumhydroxyd NaOH
Doppelkohlensaures Natron	Natriumbikarbonat $NaHCO_3$
Soda	Natriumkarbonat Na_2CO_3
Wasserglas	Natriumsilikat $Na_2Si_3O_7$
Natriummetasilikat	Natriummonosilikat Na_2SiO_3
Natriumphosphat	Trinatriumphosphat $Na_3PO_4 \cdot 12\,H_2O$
Borax	Natriumtetraborat $Na_2B_4O_7 \cdot 10H_2O$.

Als Merkmale dieser Alkalien seien aufgeführt: Blaufärben von rotem Lackmuspapier, laugenhafter Geschmack und ein seifiges Anfühlen der Lösung; Alkalien neutralisieren saure Lösungen. Das chemische Kennzeichen aller alkalischen Lösungen ist die Hydroxyl-OH-Ionengruppe, die sich abgesehen von Ätznatron allerdings erst durch hydrolytische Dissoziation der Lösungen ergibt.

Je Gewichtseinheit sind die verschiedenen Alkalien von sehr unterschiedlicher „Schärfe", es entscheidet der Grad der Dissoziation. Es gilt zu trennen zwischen der Stärke eines Alkalis als solchem (d. i. OH'-Ionenkonzentration in einem gewissen Volumen) und der Konzentration einer Lösung (d. i. Grammzahl je Liter Flüssigkeit). Von einer gegebenen Zahl von Molekülen dissoziiert ein unterschiedlicher Prozentsatz, es stellt sich ein für die einzelnen Verbindungen charakteristisches Gleichgewicht zwischen dissoziiertem und undissoziiertem Anteil ein, je größer die absolute Zahl von OH-Ionen, um so schärfer ist die Lauge. Natronlauge, in Na - und OH'-Ionen weitgehend dissoziiert, bezeichnen wir als ein scharfes Alkali. Bei Soda und anderen alkalischen Salzen ist von einer hydrolytischen Umsetzung mit Wasser H_2O ($H^\cdot + OH'$) zu sprechen, bei der dann gleichfalls OH'-Ionen entstehen.

$$Na_2CO_3 + H_2O \leftrightarrows NaHCO_3 + Na^\cdot + OH'$$

Das hier formulierte Natriumbikarbonat $NaHCO_3$ kann weiterhin zerfallen:

$$NaHCO_3 + H_2O \leftrightarrows H_2CO_3 + Na^\cdot + OH'$$

Vom dissoziierten Anteil hängt die Arbeitsenergie ab, der undissoziierte steht gewissermaßen in Reserve. Während ein stark dissoziierendes Alkali sofort sehr angriffskräftig ist, nach Verbrauch von Hydroxylionen aber die OH-Ionen-Konzentration bei Fehlen von weiter dissoziierbaren Molekülen (Reserve) nicht aufrecht zu erhalten ist und die „Schärfe" entsprechend nachläßt, sind bei einer schwächer reagierenden, demnach weniger dissoziierenden Verbindung die verbrauchten Ionen aus dem anfänglich molekularen Vorrat ergänzbar. Um die Bedeutung der Dissoziation, der Bildung von Ionen, verständlicher zu machen, hat man die Ionen als arbeitsbereite Pferde bezeichnet, während der nicht ionisierte Teil gewissermaßen Reservepferde im Stall vorstellt. Wenn beispielsweise von 10 000 Pferden 8000 arbeitsbereit sind, im anderen Falle aber nur 40, so ist die augenblickliche Leistungsfähigkeit im letzteren Falle weit schwächer. Es steht jedoch eine große Reserve zur Verfügung, letzten Endes wird die gleiche Arbeit geleistet werden können, denn für jedes Pferd, das seine Arbeit tat, tritt ein frisches aus der Reserve. Bei einer anfänglichen verfügbaren Zahl von 8000 standen als Reserve nur 2000 zurück.

Der Grad der Dissoziation bei den einzelnen Alkalien, die jeweilige Menge der OH-Ionen, hängt ab von Konzentration und Temperatur. Die konzentriertere Lösung ist schärfer — wobei Konzentration und Schärfe nicht parallel ansteigen —. Eine heißere Alkalilösung reagiert ebenfalls schärfer, bei Temperaturminderung kehrt sie wieder auf den früheren Schärfegrad zurück, wir haben es bei Dissoziationen mit umkehrbaren Reaktionen zu tun, das Massenwirkungsgesetz spielt eine Rolle.

Nach Jackman[1] geben Lösungen mit 1 g und 10 g im Liter folgende Werte:

Alkali	Prozent des hydrolysierten Alkalis		p_H-Wert	
	1 g/l	10 g/l	1 g/l	10 g/l
Kaustische Soda .	100	100	12,4	13,4
Natriumtriphosphat (kristallisiert) .	33	25	11,5	12,5
Calcinierte Soda .	7	2	11,1	11,6
Seife (trocken) . .	8	2	10,5	10,8
Borax (kristall.). .	0,5	0,05	9,1	9,2
Natriumbikarbonat	0,02	0,002	8,4	8,4

Den OH-Ionengehalt einer Lösung drückt der Chemiker mittels der p_H-Skala, die von 0 bis 14 zählt, aus. Während der Praktiker nur schlechtweg aus der Rot- oder Blaufärbung von Lackmus die saure oder alkalische Reaktion einer Lösung folgert, gibt die p_H-Skala die Möglichkeit, den Grad der Alkalität genauer festzulegen. Der Wert p_H 7 entspricht dem Neutralpunkt, Werte über 7 bezeichnen die alkalische Seite, unter 7 die saure Seite. Änderung des Wertes um je 1 bedeutet einen Unterschied in der Ionenkonzentration um das Zehnfache. Der p_H-Wert 9 gibt also an, daß die OH-Ionenkonzentration 10mal so groß wie bei p_H 8 ist, p_H 11 wäre die 1000fache Menge. Aufschluß über die Ionenkonzentration geben Leitfähigkeitsmessungen des elektrischen Stroms oder Beobachtungen des Farbumschlags von Indikatorlösungen ungleicher Empfindlichkeit. Nur letztere sind genügend einfach, daß sie der Wäscher ausführt. Damit ein Farbstoff umschlägt, ist gegebenenfalls eine gewisse OH-Ionenkonzentration erforderlich, die Änderung des Tones läßt somit auf den p_H-Wert schließen. Man benötigt mehrere Indikatoren und vergleicht mit der ausprobierten Farbskala. In der Wäschereipraxis hat sich solche Kontrolle noch wenig eingebürgert, obschon derartige Messungen nicht allzu schwer sind. Wohl aber liest der Wäscher von solchen Zahlen in der Fachpresse, bei Vorführungsversuchen durch Wäschereichemiker hört er von der p_H-Skala, diese Begriffe in etwa zu kennen und zu verstehen, erleichtert die Bewertung der Waschmittel.

Die verschiedene Dissoziation der einzelnen Alkalien zu verstehen, hilft die folgende Übersicht. Nimmt man als Vergleichszahl in der Lösung von 1 g NaOH im Liter 10 000 dissoziierte Teile (Pferde) Ätznatron an, so wären in der Lauge mit 10 g 100 000 Teile NaOH arbeits-

[1] Jackman: Chemistry of Laundry Materials.

bereit, für andere alkalische Lösungen mit der „Schärfe" sinkende Mengen. Es ergeben sich folgende Vergleichszahlen:

	1 g/l	10 g/l
Kaustische Soda . .	10 000	100 000
Trinatriumphosphat .	1 000	8 000
Soda	500	1 500
Seife	100	250
Borax	5	5
Bikarbonat	1	1

In den praktisch als neutral anzusprechenden Lösungen von Natriumbikarbonat wäre gewissermaßen momentan nur 1 NaOH-Pferd verfügbar, in den Boraxlösungen jeweilig nur 5, das bedeutet, eine Boraxlösung von 10 g/l ist praktisch nicht schärfer als eine Lösung mit 1 g/l. Die Lösung einer reinen Seife von 10 g/l hat eine etwa 2½fache Alkalität gegenüber der Flotte mit 1 g/l. Soda 1 g/l erscheint 100 mal so scharf als die Vergleichsflüssigkeit Borax 1 g/l, Soda 10 g/l dagegen schon 300 mal so scharf. Zu beachten bleibt, daß wegen der sehr ungleichgroßen „Reserve" an Arbeitspferden auch schwach dissoziierenden Alkalien eine größere Wirkungsmöglichkeit zukommt, denn die verbrauchten OH-Ionen werden sofort aus dem Vorrat ersetzt. Wie bereits erklärt, regelt sich der Dissoziationsgrad stark nach der Temperatur, weshalb die Schärfe der Laugen beim Erwärmen ansteigt. Eine Sodalauge bestimmter Konzentration mag bei kalter Anwendung, so zum Einweichen als unbedenklich gelten, — ebendiese Lösung kann jedoch beim Kochen die Wäsche stark gefährden! Weiterhin beeinflussen manche Fremdsubstanzen die Laugenwirkung, indem z. B. Eiweißverbindungen Alkali adsorbieren. Man spricht von Schutzkolloiden, die eine scharfe Lauge mildern können. So bewirkt die gleichzeitige Gegenwart von Seife eine Änderung, wir haben mit recht verwickelten Vorgängen zu rechnen und ebendadurch wird es erklärlich, warum die Meinungen über den Wert und die Schärfe der Waschmittel und Arbeitsverfahren oft wenig einheitlich ausfallen.

An der p_H-Skala gemessen kam Vail[1] zu den folgenden Gegenüberstellungen von Konzentrationen und p_H-Werten: Um den gleichen p_H-Wert 10,2 zu erhalten, wären im Liter reinen Wassers zu lösen:

Kaustische Soda . .	0,003 g
Natriummetasilikat .	0,01 „
Soda.	0,02 „
Trinatriumphosphat .	0,025 „

Umgekehrt fand Vail für Lösungen von je 1 g/l die p_H-Werte:

Kaustische Soda NaOH	11,8
Natriummetasilikat $Na_2SiO_3 \cdot 5\,H_2O$.	11,2
Trinatriumphosphat $Na_3PO_4 \cdot 12\,H_2O$.	10,9
Soda Na_2CO_3.	10,7

[1] Sodium Metasilicate as an Industrial Alkali. Philadephia Quartz Co.

Neutrale Seifen sind als sehr milde Alkalien anzusprechen, da sie in Wasser nur schwach dissoziieren, der p_H-Wert neutraler Seifen liegt zwischen 9,0 und 10,0. Neben den OH-Ionen entsteht eine äquivalente Menge von „saurer“ Seife.

Abb. 16. Zu scharf gewaschenes leinenes Handtuch. Aufnahme: Dipl.-Ing. Reumuth-Böhme, Chemnitz.

Für den Wäscher ergibt sich als praktische Nutzanwendung: In der Waschtechnik kommt es sehr auf eine bestimmte Schärfe der Laugen, einen bestimmten p_H-Wert an. Wenn wir jedoch einen als zweckmäßig erkannten p_H-Wert für Waschlaugen schaffen wollen und dementsprechend für die Einstellung auf Grund obiger Zahlen etwa den sechsten Teil an Natronlauge gegenüber calcinierter Soda nehmen möchten, so lehrt die Erfahrung, daß solche Laugen in ihrer Wirkung keineswegs gleich sind. Durch Verbrauch an Alkali, so zum Neutralisieren der sauren Schmutzbestandteile der Wäsche und ihrer Abbauprodukte, durch Adsorption von Alkali seitens des Waschgutes verschwindet Alkali, werden also OH-Ionen verbraucht. Haben wir keinen Ersatz aus neu dissoziierenden Molekülen, so sinkt die Alkalität so weit, daß sich die saure Seife, Fettsäure unlöslich abscheidet, die Seifenlauge wird gebrochen, der emulgierte Schmutz fällt wieder aus, es entstehen sog. Fettläuse, das sind durch Schmutz verfärbte fettige Schmieren. Die Wirksamkeit der Alkalien allein nach dem

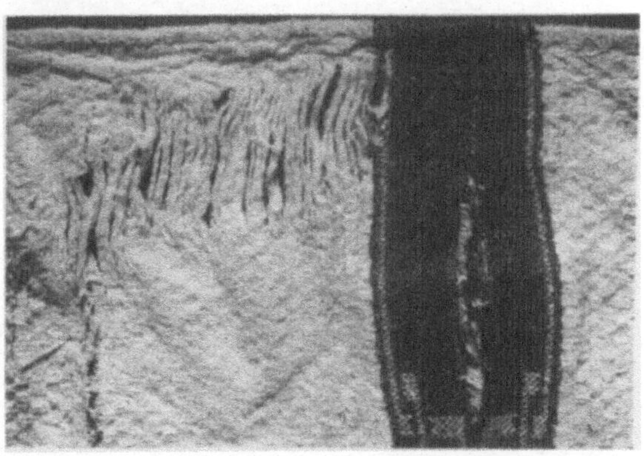

Abb. 17. Zu scharf gewaschenes leinenes Handtuch. Aufnahme: Dipl.-Ing. Reumuth-Böhme, Chemnitz.

p_H-Wert beurteilen zu wollen, geht nicht an, jedoch sollte der Wäscher sich das Wesen der Alkalien klar zu machen suchen. Soda ist nicht das alleinige Hilfsmittel, die verschiedenen Alkalien haben außer der „Schärfe" weitere Eigenschaften, die für die Weißwäscherei von Bedeutung sein können. Nochmals sei hervorgehoben, daß eine Fasergefährdung durch Waschlaugen um so mehr zu befürchten ist, je größer die OH-Ionen Konzentration ist. Diese hängt ab von der gelösten Menge je Liter, der Art des Alkalis und der Temperatur.

Wie angegeben, waren dissoziiert bei 1 g/l kaustischer Soda 10 000, bei 10 g/l 100 000 Vergleichseinheiten, bei Soda jedoch bei 1 g/l 1500, bei Borax sowohl bei 1 g/l, wie bei 10 g/l 5 Einheiten. Wenn man in der

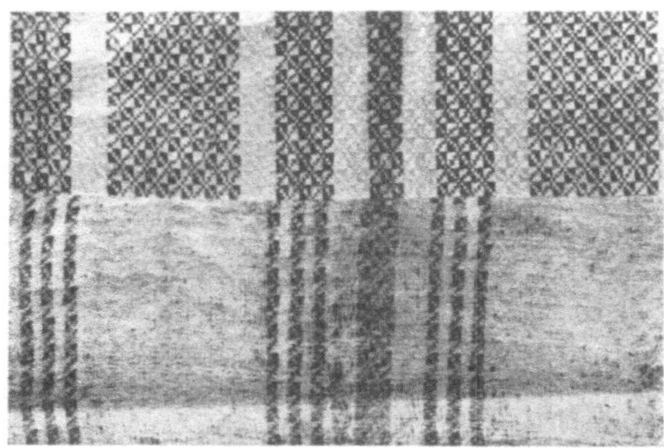

Abb. 18. Zu scharf gewaschenes Gewebe aus Leinen und Baumwolle. Aufnahme: Dipl.-Ing. Reumuth-Böhme, Chemnitz.

Textilindustrie sogar konzentrierte Natronlauge verwendet zum Mercerisieren, so geschieht die Behandlung in der Kälte, für Kochlaugen in der Baumwollbleiche ist Natronlauge der übliche — dosierte — Zusatz, bezüglich Verwendung in der Leinenbleiche ist aber der Fachmann vorsichtig. Wir haben weiterhin in der Textilveredelung nur mit vereinzelten Wiederholungen des Kochens zu rechnen, während in der Weißwäscherei häufige Behandlungen in Frage stehen, so daß auch kleine Fehler sich summieren werden.

In dieser Hinsicht haben die fettlosen Waschmittel der Kriegsjahre eine eindeutige Lehre gezeitigt. Daß man mit seifenfreien Laugen bis zu einem gewissen Grade waschen kann, zumal nicht stark schmutziges Gut wie etwa Hotelbettwäsche u. dgl., darf an der vorsichtigen Einschätzung nichts ändern. Die Tonwaschmittel enthielten neben Ton als Alkali Soda, der Ton sollte fettigen Schmutz aufsaugen und somit in eine ausspülbare Verteilung bringen. Fraglicherweise setzte sich jedoch solcher Ton auch in der Wäsche an, und wenn nun der Ton oder andere derartige Zusätze noch eisenhaltig waren, so war es verständlich, wie solche Wäsche mit den Wiederholungen unansehnlicher wurde. Daß fetter Ton, Kieselsäure, Magnesiumhydroxyd bei kolloidaler Verteilung eine gewisse Adsorptionskraft besitzen, trifft zu, ebenso können Zusätze von Stärkekleister, Leim, Gummi zu Alkalien in begrenztem Umfange ein Waschvermögen zeigen. Gallertartig ausgeschiedene Kieselsäure — aus Wasserglas — mußte in den Kriegsjahren den Abnehmern Seifenersatz vortäuschen, da die Beschaffenheit an Schmierseife erinnerte, wenn man die Gallerte geblich anfärbte, mit einem Schaummittel versetzte und dann noch nach Bittermandeln riechend aufmachte. Im Physiol der Polydinwerke Prag — Dr. Zakarias — haben wir wohl das fettlose Waschmittel der Nachkriegszeit zu erblicken.

18. Wahl eines geeigneten Alkalis.

Soda, Natriumkarbonat, kohlensaures Natron Na_2CO_3. Soda hat schon mit aus Preisgründen eine Sonderstellung. Bei der früher nach dem Le Blanc-Verfahren oder durch Umkristallisation von Solvay-Soda hergestellten Kristallsoda mit 10 Molekülen Kristallwasser kommen auf 37,1% Natriumkarbonat 62,9% Wasser. Diese Kristallsoda verwittert an der Luft, sie zerfällt zu Pulver und verliert einen großen Teil ihres Wassers, durch Calcinieren wird sie wasserfrei. Kleinbetriebe bevorzugen vielleicht noch heute die wasserhaltige Soda, weil sie sich leichter lösen läßt als calcinierte, die beim Lösen oft harte, schwer lösliche Klumpen bildet. Aber man darf nicht übersehen, daß bei Berechnung auf gleiche Alkalität rd. 270 Teile Kristallsoda nur 100 Teilen kalzinierter Soda gleichwertig sind. In heutigen Vorschriften bedeutet „Soda" stets wasserfreies Natriumkarbonat. Für die Handelsware garantieren die Fabriken 98%, den Rest bilden Verunreinigungen durch Kochsalz, unlösliche Bestandteile. Soda zieht aber aus der Luft Kohlensäure und Wasser an, länger gelagerte Ware geht bis auf etwa 88% zurück. Eine etwaige Beanstandung wird jedoch dann nicht anerkannt, denn das Sodawerk garantiert die genannten 98% nur ab Fabrikhof. Vor der Analyse ist Soda auszuglühen um etwa aufgenommene Kohlensäure und Wasser wieder zu verjagen. Eine unerwünschte Verunreinigung bedeutet Eisen. Ebendeshalb fand früher durch Umkristallisieren gereinigte Soda mitunter den Vorzug. Die heutigen Lieferungen pflegen nur unbedeutende Mengen an Eisen aufzuweisen, erforderlichenfalls empfiehlt es sich konzentrierte Lösungen zu bereiten, die man absetzen läßt. Solvay-Soda führt auch den Namen Ammoniaksoda, weil bei der Fabrikation mit Ammoniak zu arbeiten ist. In der technischen Soda befindet sich jedoch kein Ammoniak mehr.

Ätznatron, Natronlauge, Natriumhydroxyd NaOH. Ätznatron, in

Lösung als Natronlauge bezeichnet, ist unser schärfstes Alkali. Ätznatron kann erhalten werden durch Umsetzen von Soda mit Ätzkalk, daher der Name kaustische Soda. In den Handel kommt Ätznatron als geschmolzene weiße Salzmasse, neuerdings auch in Pulverform oder als konzentrierte Lauge von 37—43° Bé. Abgesehen von der bedingten Verwendung für Enthärtungszwecke, vgl. frühere Ausführungen S. 16, darf Natronlauge nur vorsichtig zugesetzt werden, wenn es starkfettige Wäsche wie Küchen-, Metzgerwäsche, Monteuranzüge zu reinigen gilt, wo das Fett zu verseifen ist. Um die Schärfe zu mildern hat man Kolloide wie Stärke, abgebauten Leim zugesetzt. Gewisse fettlose Waschmittel der Kriegszeit waren reich an Alkalilauge. Starkalkalische Waschlaugen liefern auch die gefüllten Schmierseifen, da sich in diesen „freies" Alkali findet. Das Trona-Thor-Waschverfahren, welches man nach dem Kriege in den Wäschereien großer Krankenhäuser einzuführen bestrebt war, sah ein Arbeiten mit Natronlauge unter Mitverwendung von Seife vor. Die Erfahrungen, namentlich bei Leinen, waren laut gewordenen Mitteilungen zum Teil katastrophal.

Wasserglas, Natriumsilikat, kieselsaures Natrium $Na_2Si_3O_7$. Festes Wasserglas, glasklare Stücke bildend, löst sich in Wasser schwierig auf, die Technik bevorzugt die konzentrierte Handelslösung. Natriumsilikat wird durch Schmelzen von Sand, Kieselsäure SiO_2 mit Alkalien gewonnen. Je nach dem Mengenverhältnis von Natron und Kieselsäure haben wir ein, zwei, drei (und darüber) Moleküle SiO_2 auf ein Natriumoxyd; das technische Wasserglas entspricht in etwa dem Trisilikat. Durch Zugabe von Natronlauge lassen sich das Di- und Monosilikat herstellen, welch letzteres neuerdings in Pulverform als Metasilikat, Silovo von Henkel & Cie., dem Wäscher bekannt wurde. Monosilikat ist demnach eine schärfer alkalische Verbindung. Da Wasserglas stärker als Soda hydrolysiert und neben dem gebildeten NaOH Kieselsäure frei wird, die ihrerseits in Wasser schwer bzw. unlöslich ist, kommt es leicht zu Abscheidungen in der Lösung oder auf der Faser. Die Kieselsäure fällt nicht sofort aus, sondern bleibt zunächst kolloidal gelöst (colla, lateinisch = Leim), wie die Wasserglaslösung an sich nur eine kolloidale Lösung darstellt. Wird die fein verteilte (disperse) Ausscheidung jedoch mehr und mehr grobflockiger, so setzt sich ein Niederschlag ab, der nach dem Trocknen eine feine, sandige Masse bildet. Selbst schwache Säuren, auch Bikarbonat rufen Abscheidungen hervor. Im Monosilikat wirkt das reichlicher vorhandene Natriumoxyd einer Ausscheidung entgegen. Die kolloidale Beschaffenheit der Silikatlösungen verleiht diesen ein eigenes Adsorptionsvermögen gegenüber Schmutz, wie auch die Wirkung der Seifen mit durch ihre Kolloidform zu erklären ist. So eignet sich mit Wasserglas versetzte Soda zum Enthärten von rostigem Wasser, da die Eisenabscheidungen mit niedergerissen werden. Ebensolche Lösungen wirken durch das abgespaltene NaOH als gute Enthärtungsmittel bei Wässern mit Karbonathärte, soweit sich nicht kieselsaurer Kalk bildet. Bleichsoda ist eine Mischung von Soda und Wasserglas. Ein Bleichmittel ist, wie es der Name etwa vermuten läßt, handelsüblich darin nicht enthalten.

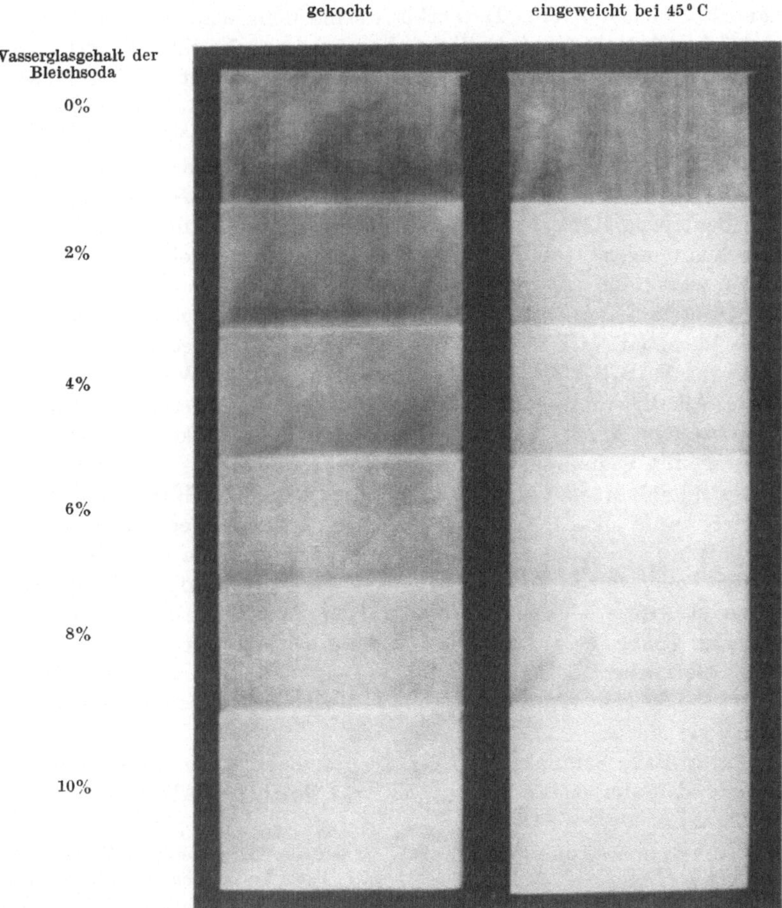

Abb. 19. Bleichsoda und eisenhaltiges Wasser.

Vielmehr soll das feinkolloidale Wasserglas Rostabscheidungen durch eisenhaltiges Wasser, die ein Verfärben der Wäsche bedingen, hintanhalten und auch Schmutz besser lösen. Anzustreben bleibt, ein Inkrustieren der Textilien durch die Abscheidungen von Kieselsäure und Kalk zu vermeiden, da die Wäsche sonst einen schlechten Griff annimmt und bei Anreicherung von Aschebestandteilen zufolge größerer Sprödigkeit vorschnell verschleißen kann. Die Bewertung von wasserglashaltigen Mitteln — Wasserglas als solches findet wenig Verwendung — ist deshalb immer wieder ein Anlaß zu strittigen Auseinandersetzungen. Wasserglas hat eine besondere Wirkung als Stabilisierungsmittel, Antikatalyt bei Sauerstoffbleichmitteln. Dies erklärt seine Beimischung in Persil.

Trinatriumphosphat, tertiäres phosphorsaures Natrium Na_3PO_4. Dieses mit 12 Molekülen Wasser kristallisierende Phosphat — 57% Wasser, es gibt auch andere wasserärmere Salze im Handel — ist schärfer als Soda. Phosphat reagiert mit Kalksalzen des harten Wassers schneller und findet deshalb heute vielfache Verwendung, nachdem seine Vorzüge besser erkannt wurden. In Beimischung mit Soda, Wasserglas gelangten von der Firma Henkel neuere Produkte als P_3 und Imi, letzteres zum Flaschenreinigen, Geschirrspülen u.dgl. in den Handel. P_3 wird empfohlen zum Reinigen von stark verschmutzten und fettigen Stoffen wie von Monteuranzügen. In der Textilveredelung gebräuchlicher ist sekundäres Phosphat Na_2HPO_4, das nur schwach alkalisch reagiert[1].

Borax $Na_2B_4O_7$. Kristallis. Borax — 10 Moleküle Wasser —, ein sehr mildes Alkali, wird wegen höheren Preisen kaum in gewerblichen Wäschereien benutzt. Wohl ist Borax als Zusatz zur Plättstärke den Fachleuten bekannt, um Glanzwäsche zu liefern.

Natriumbikarbonat, doppelkohlensaures Natron $NaHCO_3$. Bikarbonat reagiert kaum alkalisch, geht jedoch beim Erhitzen der Lösung zufolge Abspaltung von Kohlensäure mehr und mehr in Soda über. Das Freiwerden von gasförmiger Kohlensäure suchte man schon in Seifenpulvern — so in Suma — zu verwerten in der Annahme, daß die Bildung kleinster Gasblasen auf der Wäsche dazu beiträgt den Schmutz zu lokkern. Gemische von Soda und Bikarbonat — Sesquikarbonat — haben im Auslande eine beschränkte Anwendung als verhältnismäßig mildes Alkali gefunden.

Ammoniak, Salmiakgeist NH_3. Ammoniak bildet ein Gas, dessen Lösung als Salmiakgeist bekannt ist. Als flüchtiges Alkali dient es ge-

---

[1] Natriummetaphosphat $NaPO_3$ wird neuestens unter dem Namen Calgon von der Firma Joh. A. Benckiser, G. m. b. H. in Ludwigshafen in die Wäschereitechnik als ein Hilfsmittel eingeführt, das die Abscheidung von Kalkseifen verhüten soll und das sogar in den Geweben sitzende Kalkschmieren aufzulösen vermag. Die Wirksamkeit beruht darauf, daß gewisse Phosphate lösliche Doppelverbindungen mit Kalk und anderen sonst nicht wasserlöslichen Salzen zu bilden vermögen. Solches Verhalten kann wäschereitechnisch von großem Wert sein, sofern die Kostenfrage die Verwendung nicht erschwert. Zu beachten bleibt, daß wir nicht ausschließlich mit Reinseife waschen, sondern unter Zugabe von Soda arbeiten, und letztere bewirkt Abscheidungen von kohlensaurem Kalk. Ein abschließendes Urteil war bei Fertigstellung des Buchmanuskriptes noch nicht zu geben.

gebenenfalls zum Putzen von Flecken, mitunter zum Reinigen von Wollsachen. Preis und Geruch lassen von einer größeren Verwendung absehen. Von einem Arbeiten mit Ammoniaklösungen in kupfernen Gefäßen ist dringend abzuraten, da sich eine Kupferammoniakverbindung bildet, welche die Fasern kupferhaltig und daher empfindlicher gegen die Einwirkung von Bleichmitteln macht. Aus Ammoniumsalzen entwickelt sich beim Erhitzen mit stärker alkalischen Laugen freies Ammoniak. Etwaige geringe Beimischungen von Ammonsalzen in Seifenpulvern machen sich deshalb beim Erhitzen der Laugen durch den Geruch bemerkbar, ohne daß eine große Verbesserung des Waschvermögens zu erwarten ist.

19. Anwendung der Alkalien.

Vgl. dazu die Ausführungen über das Enthärten von Wasser S. 14 und als Alkali im Waschverfahren: Anwendung der Seife S. 53.

Alkalilösungen können zum Einweichen der Wäsche dienen, beim Waschen selbst sind sie nur die Zugabe zur Seifenlauge, um diese alkalischer zu machen. Abgesehen von einer etwaigen größeren Fasergefährdung ist die Verwendung zu begrenzen, um unnötige Faserinkrustationen beim Spülen mit hartem Wasser zu vermeiden und um nicht — insbesondere bei weichem Wasser — die Spülzeit verlängern zu müssen.

Für Soda wurde bereits ein Verhältnis zu Seife von 2:1 bis 1:2 als normal genannt. Bei sehr verschmutzter oder fettiger Wäsche mag die Sodazugabe noch höher sein, wie man umgekehrt etwa beim Waschen von Wolle und Seide nur mit Seife ohne Alkali waschen würde. Von Trinatriumphosphat und Natriummetasilikat sind geringere Gebrauchsmengen als von Soda in Betracht zu ziehen. Die Firma Henkel & Cie gibt für Silovo an, es reiche die Hälfte der bisher üblichen Sodamenge aus. Metasilikat ist nur bei weichem Wasser zu verwenden, um Kieselsäureabscheidungen auf der Faser zu vermeiden, denn zufolge seiner großen Reaktionsfähigkeit mit den Härtebildnern kommt es sonst zu stärkeren Abscheidungen in den Fasern. Trinatriumphosphat empfiehlt man in Deutschland wohl vorwiegend nur als Zusatz beim Waschen fettiger und öliger Stücke (es macht neuerdings einen Bestandteil von Waschpulvern aus). Reines Wasserglas wird in Wäschereien kaum verwandt, dagegen finden wir es in Mischung mit Soda als Bleichsoda vielfach in Verwendung. Daß viele Seifenpulver und gefüllte Seifen Wasserglas enthalten, müßte jeder Wäscher wissen. Ätznatron sollte nur in geringen, dosierten Mengen in Betracht kommen, sofern etwa die Laugen kochendheiß einwirken werden. Daß fettige Wäsche einen größeren Bedarf an Alkali hat und Ätznatron hier zufolge Verseifens der Fette verbraucht wird, macht das schärfere Ansetzen solcher Waschlaugen erklärlich.

Alkalien sollten nur gelöst in die Maschinen gegeben werden. Unter keinen Umständen darf Ätznatron oder konzentrierte Natronlauge auf die Wäsche gebracht werden, selbst das Aufstreuen von kalzinierter Soda gibt Anlaß zu örtlichen Wäscheschäden, wenn nicht sofort eine Verdünnung eintritt. Die vom Wäscher bevorzugte kalzinierte Soda neigt dazu, durch Aufnahme von etwas Wasser zusammenzubacken, die Klumpen lösen sich dann schwieriger. Deshalb empfiehlt es sich, Seife und Soda in einem Eimer mit heißem Wasser durch langsames Einstreuen unter dauerndem Rühren zu lösen und die Lauge in die Maschine zu geben. Dies erfordert zwar einen größeren Zeitaufwand, bietet aber die Gewähr für gleichmäßige Verteilung des Waschmittels in der Flotte.

D. Bleichmittel.

20. Das Bleichen als Bestandteil des Waschverfahrens.

Nicht alle Flecken und Verfärbungen sind durch Waschen mit Seifen-Alkali-Lösungen entfernbar, es bedarf gegebenenfalls der Mitverwendung von Bleichmitteln um die verlangte reine Wäsche und das frische Weiß zu erzielen, denn für die Hausfrauen ist der Begriff „rein" meist gleichbedeutend mit „weiß", es kann aber sehr wohl ein rohbaumwollener Stoff mit nichtweißem Tone „rein" sein. Hat die Seifen-Alkali-Lauge Ruß-Staub-Fettanschmutzungen zu suspendieren und zu emulgieren, damit sie fortgeschwemmt werden können, so sind dem Bleichen Sonderaufgaben gestellt. Beruht die Wirkung der Seifen-Alkali-Lösung auf dem Lösen und Fortspülen der Schmutzteilchen, so werden beim Bleichen die farbigen Verunreinigungen durch Einwirkung von Sauerstoff verbrannt, „oxydiert", oder durch Reduktionsmittel — Wegnahme von Sauerstoff — „reduziert", farblos gemacht. Dabei ist darauf hinzuarbeiten, eine dauernde Entfärbung zu erreichen und die etwaigen Abbauprodukte auszuwaschen, da diese sonst möglicherweise durch Einwirken von Luftsauerstoff wieder vergilben. Es wäre falsch, hartnäckige, beim üblichen Waschen bleibende Flecken durch Kochen mit verschärften alkalischen Laugen oder durch starkes Reiben beseitigen zu wollen. Die Bleichmittel erfordern jedoch eine sachkundige Verwendung, denn keines der in der Wäscherei gebrauchten Chemikalien kann wohl in einem Waschgange soviel Schaden anrichten (Minderung der Faserfestigkeit, Lochbildung im Gewebe, Zerstörung der Farbstoffe). Damit ist jedoch keinesfalls gesagt, daß Bleichmittel die Wäsche gefährden müssen, wir wollen nur vorweg zur sachkundigen Verwendung mahnen. Das Bleichen ist also ein u. U. notwendiger Bestandteil eines Waschverfahrens, jedoch sind umgekehrt die Bleichmittel gar nicht geeignet, jeden Fleck (z. B. Rost und Ruß, Verfärbungen durch Lippenstift, Maschinenschmiere) zu entfernen.

Falls früher Stoffe zu bleichen waren um ihnen ein klares, frischeres Aussehen zu geben, legte die Hausfrau die Wäsche auf den Rasen oder hing sie auf die Leine. Noch heute glauben viele Hausfrauen, nur die Rasenbleiche gut heißen zu können. Nun kommt diese für die größere Maschinenwäscherei schon des Platzmangels und der Kosten wegen kaum in Betracht. Die Ansicht, die Rasenfläche sei völlig unschädlich, trifft überdies nicht zu. Abgesehen von mechanischen Beschädigungen durch Wäscheklammern, Einrissen, die der Sturm verursachte, kann die Luftbleiche nicht als ohne jede Einwirkung auf die Fasern gelten. Sicherlich ist die Rasenbleiche nicht so aktiv, wie dies die Behandlung mit Chemikalien sein kann. Daß Luft und Sonne aber bei Dauerwirkung zu einer Schwächung der Fasern führen können, wissen wir von Vorhangstoffen u. dgl., zu deren Vermorschung allerdings auch Gase und Rauch beitragen mögen. Ein Begießen der ausgebreiteten Stoffe verbessert die Bleichwirkung zwar etwas, wegen der damit verbundenen Arbeit ist man jedoch davon abgekommen. Die jeweiligen Begleitumstände sprechen — wie bei allen Bleichverfahren — auch hier mit, so befördert eine alkalische Reaktion das Bleichen, aber erhöht entsprechend die Faserbeeinflussung. Als ursächliche Wirkung des Ausbleichens im Freien ist die Bildung von Wasserstoffsuperoxyd anzusehen, nicht aber Ozon. Letzteres Gas mit der Formel O_3 hat man mit ungenügendem Erfolge in der gewerblichen Bleiche zu verwenden gesucht. Ausnahmsweise aktivieren einzelne Farbstoffe, darunter gelborange, im Licht den Luftsauerstoff derart, daß die Fasern vorschnell vermorschen. Bei buntstreifigen Gardinen kann dies von Belang sein. Abb. 20 gibt ein leinenes Taschentuchgewebe mit goldfarbigem Streifen wieder, welch letzterer bereits bei der Stückbleiche auf dem Plan schadhaft wurde. Möglicherweise entstehen in Buntwäsche aus ähnlicher Ursache vorschnell Schäden.

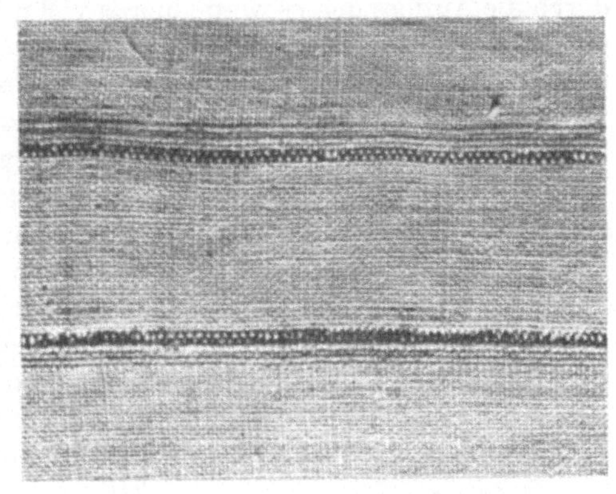

Abb. 20. Im Farbstreifen schadhaft gewordenes Leinen. Aufnahme: Dipl.-Ing. Reumuth-Böhme, Chemnitz.

Die für das Bleichen in Betracht kommenden Stoffe werden zumeist schon vorgebleicht gewesen sein, haben wir es doch mit weißer Wäsche zu tun. Es kommen deshalb andere Gesichtspunkte als in der Fabrikbleiche in Frage, wo es galt, die Begleitstoffe von Baumwolle und Leinen zu entfernen, die einen größeren Bedarf an Bleichmitteln haben mochten. Bei der Fabrikbleiche handelt es sich zudem um einen einmaligen Vorgang, wir haben in der Weißwäscherei hingegen öftere Wiederholungen in Betracht zu ziehen, und somit um so mehr auf zweckmäßige Arbeitsweisen zu achten, um die Wäsche geschont zu wissen.

21. Die Chlorbleichmittel.

Chlorkalk, Bleichkalk, Calciumhypochlorit, $CaOCl_2$. Chlorkalk, in der Textilbleiche heute noch vielfach das wichtigste Bleichmittel, da preiswert, gehört nicht in die Weißwäscherei. Wenn weite Kreise ein Vorurteil gegen die gewerblichen Wäschereien hatten, so kam dies sicherlich mit durch die Auffassung, es werde hier zuviel mit Chlorkalk gearbeitet, man aber von der Hauswäscherei wußte, wie leicht durch Chlorkalk örtliche Schäden entstehen und wie die Wäsche vorschnell verschleißen kann.

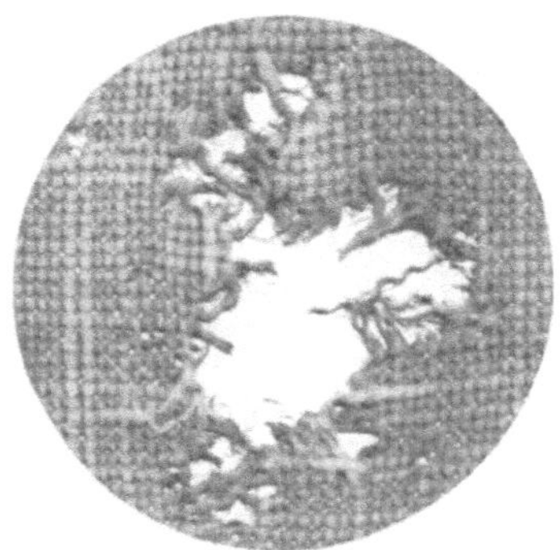
Abb. 21. Gewebebeschädigung durch Chlorkalk. Vergr. 5 ×.

Chlorkalk wird durch Überleiten von Chlorgas über gelöschten Kalk hergestellt. Den gesamten Kalk mit Chlor zu sättigen, hält schwer, es hinterbleibt stets etwas Ätzkalk. Der Wert des Chlorkalkes hängt von seinem Gehalt an unterchlorigsaurem Calcium ab, doch spricht man in der Technik von wirksamem, aktivem, verfügbarem Chlor. Besser würde es sein, den Gehalt an aktivem Sauerstoff anzugeben, denn es handelt sich beim Bleichen weniger um eine Chlor-, sondern um eine Sauerstoffeinwirkung, indem die unterchlorige Säure HOCl aktiven Sauerstoff liefert. Man spricht schlechtweg von Chloren, der Wäscher wolle aber wissen, daß Chlor ein gelbgrünes Gas ist. Die Chlorkalkfabriken garantieren nur den Gehalt am Versandort, weil der Bleichkalk beim Lagern erheblich zurückgehen kann. Guter technischer Chlorkalk enthält bis 37—38% bleichendes Chlor. Im Handel gibt es Produkte mit wesentlich geringerem Gehalt an Bleichchlor, Chlorkalk mit 25% und weniger. Die I. G. Farbenindustrie stellt nach besonderem Verfahren Perchloron mit 70% Aktivchlor her. Chlorkalk klumpt mit Wasser leicht und muß gut verrührt werden, es ist nur die völlig geklärte Flüssigkeit zu nehmen, vom Bodensatz ist abzuziehen oder vorsichtshalber die Lauge durch ein Tuch zu gießen. Das Bedenkliche von Chlorkalk in Kleinbetrieben haben wir darin zu erblicken, daß man es mit der Verwendung völlig klarer

Lösungen nicht genügend ernst nimmt. Nichtgelöste Chlorkalkteile sind dann leicht Anlaß zu örtlichen Wäscheschäden. Ein weiterer Nachteil der Chlorkalklösungen besteht in der Bildung von Niederschlägen mit Soda und Seifenlaugen, somit ist von einer Verwendung von Chlorkalk in Weißwäschereien durchaus abzuraten.

Chlornatron, Eau de Javelle, Natriumhypochlorit NaOCl. An Stelle von Chlorkalk ist Chlornatrium getreten. NaOCl ist in fester Form nicht herstellbar. Die Erkenntnis, daß kalkfreie Chlorlaugen vielfach vorzuziehen sind, gab Anlaß den technischen Chlorkalk mit Soda umzusetzen. Durch Wechselwirkung von unterchlorigsaurem Calcium und kohlensaurem Natron entsteht unter Abscheidung von kohlensaurem Kalk, Kreide, unterchlorigsaures Natron. Es sind die jeweiligen Mengenverhältnisse und Arbeitsbedingungen von Belang, doch erübrigt sich ein Eingehen auf Einzelheiten, da die Bereitung von Eau de Javelle (Javel war ehedem ein Wäscherdorf bei Paris) überholt ist, der Wäscher bezieht besser käufliche konzentrierte Lauge oder er hat andere Verfahren. Nur sei hier der Meinung entgegengetreten, die Verwendung von Eau de Javelle wäre gegensätzlich zu Chlorkalk ungefährlich. Dies trifft nur soweit zu, als bei Chlorkalk die Gefahr eines Arbeitens mit nicht geklärten Laugen besteht, da ungelöster Chlorkalk der Anlaß örtlicher Schäden ist.

Einleiten von Chlorgas in Ätznatron- oder Sodalauge. Betriebe mit großem Verbrauch an Bleichlaugen — Textilbleichen — können sich die Lösungen durch Einleiten von in Stahlbomben verflüssigtem Chlor in Ätznatron- oder Sodalauge herstellen. Derartige Darstellungsweisen erfordern eine chemische Überwachung, um stets Flüssigkeiten von gleicher Bleichenergie zu erhalten, die von der jeweiligen Reaktion stark abhängig ist.

Elektrolytbleiche. Bei der elektrolytischen Zersetzung von Kochsalzlösungen mittels Gleichstromes entsteht an der Anode Chlor und an der Kathode unter Freiwerden von Wasserstoffgas Ätznatron:

$$2\,NaCl + 2\,H_2O \longrightarrow Cl_2 + 2\,NaOH + H_2$$

In geeigneter Apparatur bildet sich aus Chlor und Natriumhydroxyd unterchlorigsaures Natrium:

$$2\,Cl + 2\,NaOH \longrightarrow NaOCl + NaCl + H_2O$$

Diese Herstellungsweise von Bleichlauge ist als elektrische Bleiche bekannt geworden. Die Elektrolyseure gelangten in zahlreichen Betrieben zur Aufstellung, wohl nicht selten wegen der Möglichkeit, den Kundenkreisen zu versichern, man arbeite nicht mit Chlorkalk. Wie bereits zum Ausdruck kam, verlangt NaOCl — gleich welcher Herstellung — ebenso eine sachgemäße Anwendung wie Chlorkalk. Der elektrischen Bleiche erwuchs ein starker Wettbewerb durch die Beziehbarkeit der hochkonzentrierten Laugen. Im übrigen sind die Elektrolyseure gut durchkonstruiert und sie arbeiten bei entsprechender Wartung recht zuverlässig. Um den Elektroden eine lange Gebrauchsfähigkeit zu geben, hat man sie aus Platin angefertigt. Dies bedingt höhere Anschaffungskosten als bei Verwendung von Kohlegraphit. Für die Bewertung eines Apparates sind folgende Erwägungen anzustellen:

1. Salzverbrauch je kg aktives Chlor,
2. Kraftverbrauch je kg aktives Chlor,
3. Chlorausbeute in einer bestimmten Zeiteinheit,
4. Konzentration der Elektrolytlauge,
5. Anschaffungskosten der Einrichtung,
6. Haltbarkeit des Apparates, Vertriebs- und Reparaturkosten,
7. Haltbarkeit der Elektrolytlauge.

Der Chemismus der Elektrolyse ist nicht so einfach, wie die gegebene Formulierung annahmen läßt, auf Einzelheiten hier einzugehen, ist jedoch nicht der Platz. Da der Wäschereibetrieb nur sehr schwache Cl-Laugen benötigt, braucht man auf eine hohe Konzentration weniger zu sehen. Entscheidend sind die Kosten für elektrischen Strom je kg Nutzchlor. Weitere Einzelheiten sind von den Herstellerfirmen der Apparate, so vom Elektrolyserbau A. Stahl, Aue/Sa. und Siemens & Halske A.-G., Wernerwerk, Berlin-Siemensstadt zu erlangen.

Natriumhypochloritlauge. Solange hohe Kosten für Ballon und Fracht den Bezug der wenig starken Bleichlaugen mit nur etwa 30 g Chlor im Liter sehr verteuerten, suchte man Chlornatronbleichlaugen im Betriebe selbst herzustellen. Nachdem es seit einer Anzahl von Jahren der chemischen Industrie gelang, unter wesentlicher Verbilligung hochkonzentrierte Laugen von genügender Haltbarkeit zu liefern, fragt es sich, wieweit die Selbstherstellung von Chlorlauge für Wäscher heute Vorteile bietet. Jedenfalls erscheint es einfacher, die unter verschiedenen Namen zu beziehende Bleichessenz oder Griesheimer Lauge zu verwenden. Solche Lauge ist mit einer gewissen Alkalität eingestellt, da sie nur dann gut haltbar. Immerhin bleibt ein Aufbewahren der Vorratsflaschen in direktem Licht zu vermeiden, die Lauge sollte auch kühl stehen.

Über den jeweiligen Gehalt an Aktivchlor haben Analysen Aufschluß zu geben, das einfache Messen des spezifischen Gewichts mit einem Aräometer nach Baumé reicht keineswegs aus. Wennschon bei einer frischen Chlorlauge dem spezifischen Gewicht eine gewisse Chlorkonzentration zu entsprechen pflegt, so zeigt gegebenenfalls die völlig zersetzte, wertlos gewordene Flüssigkeit die gleiche Bé-Zahl. Dieser Hinweis bezieht sich auf alle Chlorlaugen, nicht etwa nur auf die käuflichen, konzentrierten Flüssigkeiten. Eben weil hier ohne eine gewisse chemische Untersuchung kein sicheres Arbeiten möglich und man sich auf die Ausführung solcher Untersuchungen vielfach nicht verstand, brachte das Chloren mitunter eine Fasergefährdung mit sich. Wegen Analyse vgl. S. 179.

Wirkung der Hypochlorite. Die Bleichkraft von Chlorlaugen bedingt nicht allein die Konzentration der Chlorbleichflotte, sehr wesentlich hängt die Bleichenergie von der jeweiligen Temperatur ab, weiterhin bleibt die Zeitdauer der Einwirkung zu beachten, dann kommt es darauf an, wie die Reaktion der Flotte (Grad der Alkalität bzw. Azidität) und die Flottenlänge (Verhältnis von Flüssigkeitsmenge zu Bleichgut) ist. Somit hat der Bleicher die gesamten Arbeitsbedingungen den Bedürfnissen anzupassen. Erklärlicherweise hat ein wenig schmutziges Bleichgut einen geringeren Bedarf an Chlor als eine an oxydablen Verunreinigungen reichere Ware. Steht für eine Wäsche, die wenig Chlor zum Ausbleichen benötigt, zu reichlich Bleichagens zur Verfügung, so bedeutet dies eine größere Fasergefährdung, sofern man nicht die Einwirkungszeit regelt, abkürzt.

Wenn man eine Bleichflotte kalt anwendet, so ist meist ein größerer Überschuß an Aktivchlor zu nehmen, um den gewünschten Bleichgrad in nicht zu langer Zeit zu erreichen. Von einer Lauge mit 1 g/l gelangen gegebenenfalls nur 0,4 g zur Einwirkung, die größere Menge fließt also unausgenutzt in den Kanal. Dieselbe Flotte wird jedoch beim Anwärmen weit zersetzlicher. Eine Temperatursteigerung um etwa 7,5° C erhöht die Zersetzlichkeit, die Energie auf rund das Doppelte. Der Theorie nach wäre also die Bleichzeit entsprechend zu kürzen, weil unter Beibehaltung der Bleichdauer mangels oxydabler Verunreinigungen die Zellulose um so mehr das Angriffsobjekt bildet. Wenn auch in der Praxis sich solche Steigerung nicht voll zeigt, da die Zirkulation der Flotte nicht in gleicher Weise verbessert wird, so bedeutet doch ein Erhöhen der Temperatur ein schnelles Anwachsen der Bleichenergie. Warmes Chloren hat somit vorsichtiger zu erfolgen, die Chlorkonzentration wird erheblich abzuschwächen sein, die Bleichzeit ist zu regeln, für die Möglichkeit einer gleich guten Einwirkung auf die Fasern ist Sorge zu tragen. Denn falls von dem obengenannten 1 g/l jetzt 0,8 g/l ihre Oxydationskraft den Fasern gegenüber äußern, so mag diese Wirkung zu weit gehen.

Weiterhin hängt die Zersetzlichkeit, die Einwirkung auf die Textilien mit von der Reaktion der Flotten, dem p_H-Wert ab, alkalische Flotten sind weniger zersetzlich. Meist werden wir in der Wäscherei mit schwach alkalischen Flotten arbeiten, bei stark alkalischen Laugen wären noch wieder andere Punkte zu erwägen. Schließlich kann es nicht ohne Einfluß sein, ob man eine kurze oder lange Flotte verwendet. Wenn wir z. B. von einer Lösung mit 1 g/l zum Bleichen von 1 kg Baumwolle 5 l verwenden, so sind insgesamt 5 g Cl verfügbar. Bei einem Flottenverhältnis von 1:20 hätten wir hingegen 20 g Cl zur Einwirkung gestellt.

An diese verschiedenen Einflüsse wolle man nicht zuletzt denken bei einem örtlichen Ausbleichen von Flecken. Wenn zu diesem Zwecke einzelne Teile eines Gewebes oder ein ganzes Wäschestück in eine angewärmte Lösung von etwa 40° C gesteckt wird, so darf die Einwirkungsdauer nur sehr kurz sein. Dies gilt vor allem für ein Arbeiten mit angesäuerten Lösungen; Zugabe von etwas Essigsäure oder Salzsäure zu einer Bleichlösung macht diese sehr wirksam, so daß es meist gelingt, die sonst nicht ausbleichbaren Verfärbungen zu beseitigen. Man darf hierbei nicht in einem Gefäß aus Metall arbeiten, man nehme eine Holzwanne, einen Steinguttopf od. dgl. Größte Vorsicht ist anzuraten, um die Wäsche nicht angegriffen zu wissen!

Katalyse. Für die Praxis der Weißwäscherei bedeutungsvoll wird die Gegenwart von katalytisch wirksamen Fremdstoffen, von

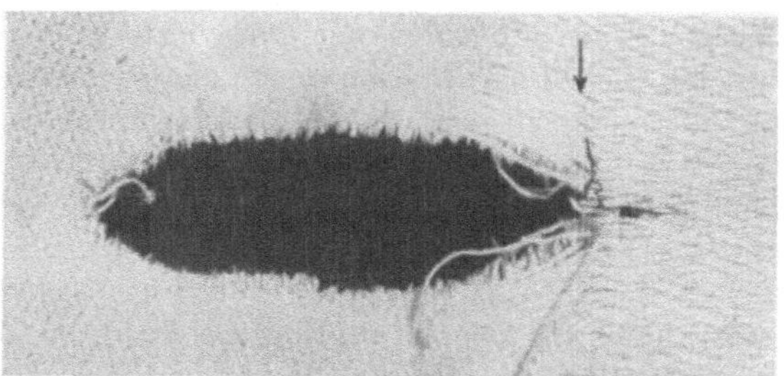

Abb. 22. Katalytschaden durch Kupferdraht verursacht.

Substanzen, deren Dasein genügt um eine Reaktion andauernd zu beschleunigen, ohne dabei selbst aufgebraucht zu werden. So macht Eisen oder Kupfer gegebenenfalls eine Chlorlauge krank, d. h. sie zersetzt sich schneller. Erfolgt solche Aktivierung unter ungünstigen Bedingungen derart, daß sich der Beschleuniger in inniger Berührung mit dem Bleichgut befindet, so haben wir örtliche Faserschädigung zu befürchten, die Faser wird überoxydiert und es kommt sofort oder bei den weiteren Wäschen zur Bildung von Löchern, da sich die abgebaute Zellulose in den alkalischen Laugen löst. „Theoretisch" ist es somit falsch in kupfernen Waschtrommeln zu chloren. Die Katalyse bei den üblichen Arbeitsbedingungen, kurzer Dauer, Bewegen der Wäsche, wirkt sich jedoch weniger aus als man vielfach erwartete. Wir haben neben anderen Ursachen damit zu rechnen, daß sich auf dem Metall aus den Waschmitteln, den Härtebildnern usw. eine Art Schutzschicht bildet, die eine Zersetzung erschwert. Wie es Katalyte gibt, so wirken andere Substanzen als Antikatalyte, Stabilisatoren. Die Mitverwendung solcher Gegengifte spielt namentlich in der Sauerstoffbleiche eine große Rolle, da die Katalyse wegen des erforderlichen Arbeitens in der Hitze doppelt bedeutsam wird, eben deshalb hat hier die Mitverwendung von Wasserglas seine Berechtigung. Immerhin bleibt streng zu vermeiden, Wäschestücke in einer Bleichflotte unnötig lange, so über Nacht in einer Kupfertrommel liegen zu lassen, denn Schwächungen der mit dem Metall in Berührung gebliebenen Stoffe wären leicht die Folge. Sind aus irgendwelchem Grunde Gewebe insgesamt kupferhaltig geworden, vgl. z. B. S. 71, so können schon geringe Spuren den Anlaß geben, daß diese Wäsche bei weiterem wiederholten Bleichen einem anormal schnellen Verschleiß anheimfällt. Solche Erklärung gründet sich mit auf die bei Analysen von reklamierten Wäschestücken zu machende Beobachtung, daß die Asche der Stoffe Kupfer enthält. Die Metallfrage der Waschmaschinen ist im Hinblick auf das Arbeiten mit Bleichmitteln von erheblicher Bedeutung. Leider steht der allgemeinen Verwendung von Metallen wie Kruppstahl V 4a als Werkstoff der teuere Preis vielfach im Wege. Ein endgültiges Urteil über die vergleichsweise Einschätzung der Werkstoffe ist nicht zu geben, es sind die jeweiligen Arbeitsbedingungen von großem Belang. Daß Katalytschäden verhältnismäßig selten vorkommen, beweist schon die große, als üblich geltende Verwendung von Kupfertrommeln, man hat sich wohl sozusagen damit abgefunden, daß hierin eine Gefahrenquelle liegt. (Es sei hier daran erinnert, daß auch ohne Gebrauch von Bleichmitteln Katalytschäden vorkommen, so bedeutet ein im Taschentuch durch einen Schlüssel entstandener Rostfleck vermutlich eine örtliche Faserschwächung.)

Eine weitere technisch wichtige Einzelheit ist das Antichlorieren. Eigentümlicherweise entstehen bei Einwirken von Chlorflotten auf eiweißartige Substanzen durch unangenehmen Geruch sich verratende Chloreiweißverbindungen, Chloramine, die gleich Farbstoffen nicht durch Wässern völlig ausspülbar sind. In den Textilfasern haben wir als Begleitstoffe Proteineiweiß, die Schmutzwäsche pflegt eine gewisse Menge an eiweißartiger Substanz zu enthalten. Wenn durch die frühere Fabrikbleiche oder das Seifen derartige Körper nicht völlig entfernt wurden — dies fällt schwer —, so zeigt das Bleichgut trotz guten Wässerns den unerwünschten Chlorgeruch. Die Hausfrauen befürchten von solcher Wäsche ein nachträgliches Vermorschen im Schrank. Eine derartige Beeinflussung ist zwar nur sehr bedingt zu erwarten, aber schon des wenig schönen Geruches wegen soll die Ware entchlort zur Ablieferung gelangen. Die Chlorreaktion — Blaufärbung von Jodkalistärke — ist durch ein stärkeres Erhitzen der Bleichflotte zum Verschwinden zu bringen, leichter noch durch Nachbehandeln mit — heiß anzuwendenden — sauerstoffhaltigen Seifensodalaugen. Als typisches Antichlor, das bereits in der Kälte wirkt, kennt der Wäscher Natriumthiosulfat $Na_2S_2O_3$. Dieses unterschwefligsaure Natron verwandelt das Hypochlorit in nicht mehr zu berücksichtigendes Kochsalz. Bisulfit, ein weiter für die Großbleiche wichtiges Gegenmittel, eignet sich weniger für das Arbeiten in der Maschinenwäscherei. Nach dem Antichlorieren ist wiederum auszuspülen, denn größere Reste von $Na_2S_2O_3$ bleiben in der Wäsche zu vermeiden.

Um zu zeigen, wie die Ergebnisse von Bleichversuchen von den verschiedenen Arbeitsbedingungen abhängig sind, seien einige Beobachtungen wiedergegeben, die schon 1924, S. 118 in den Textilberichten zur Veröffentlichung kamen. Jeweils 200 g reiner alter Wäschestoff, dabei ein größeres, neues Baumwollgewebe für die Prüfung der Reißfestigkeit, wurden in 40maliger Wiederholung unter jeweiligem Zwischentrocknen mit 2000 ccm Chlorlauge 0,5 g/l gebleicht. Es stand also stets 1 g Cl zur Verfügung. Die Flottentemperatur wurde bei A auf 20° C, bei B auf 30° C gehalten, die Bleichdauer auf 1 Stunde bemessen. Titrationen stellten den Verbrauch an Cl fest. Erklärlicherweise war der Verbrauch bei 30° C höher. In Anpassung an den Cl-Verbrauch von B erfolgte ein dritter Versuch C unter Überwachen des Cl-Rückganges, um die Bleichdauer soweit zu begrenzen, daß nur der Verbrauch der Kaltbleiche A erreicht war. Hierfür genügten im Durchschnitt 20 Minuten. Mit den weiteren Wiederholungen ergab sich ein minderer Verbrauch, die Bäder zogen schlechter aus, da das Bleichgut keine leicht oxydablen Fremdschmutzstoffe mehr enthielt. Der Gesamtverbrauch in 40 Bleichgängen betrug:

A 20° C	6,3 g	in 2400 Minuten
B 30° C	11,2 ,,	,, 2400 ,
C 30° C	6,7 ,,	,, 790 ,,

Nur der geringere Teil des Chlors wurde somit verbraucht, selbst bei der Warmbleiche nur etwa ein Viertel der Gesamtmenge von 40 g. Als Reißfestigkeiten fanden sich beim Prüfen der 4 cm breiten Streifen mit 20 cm Einspannlänge als Mittelwerte aus je vier Versuchen unter Verrechnen auf die Anfangsfestigkeit mit 100%

	20 Bleichen	30 Bleichen	40 Bleichen
A . . .	89,2	83,5	76,2
B . . .	85,2	75,6	68,7
C . . .	83,0	83,0	77,4

Danach führt ein Steigern der Temperatur um zehn Grad bereits zu einer größeren Festigkeitsabnahme, wenn der Cl-Verbrauch zufolge der größeren Zersetzlichkeit ansteigt. Wie die Art des Bleichgutes, die Flottenlänge den Cl-Verbrauch beeinflussen, zeigen die weiteren Versuche. Die Versuchswäsche war mit Seifenpulver vorgewaschen und getrocknet worden, um die Chlorflotte mit 0,5 g Cl/l nicht durch Wasser verdünnt zu wissen.

Für die Praxis entscheidend ist die Frage, erfolgt das Chloren auch genügend gleichmäßig, leiden nicht zufolge mangelnder Zirkulation einzelne Teile zuviel? Diese Gefahr wächst bei Warmbleiche weiter an und deshalb verlangt das Chloren vor allem in der Wärme eine sachgemäße Ausführung.

Bleichgut	Flottenmenge	Verhältnis	Temperatur	Anfangsmenge	nach 15′	nach 30′	nach 45′	nach 60′
1. Frottiertücher 400 g	2000 ccm	1:5	20° C	1,0 g/Cl 100%	0,28 28	0,08 8	0,03 3	0,02 2
2. Handtücher 330 g	3300 ,,	1:10	20° C	1,65 g/Cl 100%	1,09 66	0,83 50	0,67 41	0,51 30
3. Küchenwäsche 240 g	2400 ,,	1:10	20° C	1,2 g/Cl 100%	0,68 57	0,51 43	0,40 33	0,35 29
4. Leibwäsche 330 g	3300 ,,	1:10	20° C	1,65 g/Cl 100%	0,70 42	0,49 30	0,30 18	0,18 11
5. ,, 500 g	2500 ,,	1:5	20° C	1,25 g/Cl 100%	0,40 32	0,18 14	0,10 8	0,04 3
6. Kinderwäsche 250 g	2500 ,,	1:10	20° C	1,25 g/Cl 100%	0,80 64	0,70 56	0,50 40	0,35 26
7. ,, 260 g	2600 ,,	1:10	30° C	1,3 g/Cl 100%	0,75 56	0,47 37	0,36 23	0,25 19
8. Leibwäsche 500 g	2500 ,,	1:5	30° C	1,25 g/Cl 100%	0,22 18	0,02 16	Spur ?	

22. Die Sauerstoffbleichmittel.

Unter Sauerstoffbleichmitteln sind Wasserstoffsuperoxyd und seine Verbindungen, vorwiegend Perborat, zu verstehen.

Wasserstoffsuperoxyd. Die wäßrige Lösung des Peroxydes wurde wegen leichter Zersetzlichkeit früher nur in 3proz. Lösung geliefert, höherwertige Flüssigkeiten mit 30% erforderten besondere Vorsichtsmaßnahmen wegen der Verpackung. H_2O_2 ist nämlich leicht katalytischen Einflüssen unterworfen, vor allem in neutraler oder alkalischer Lösung. Spuren von Kupfer, Mangan, Eisen können eine stürmische Entwicklung von Sauerstoffgas auslösen, so daß sogar eine Explosion geschlossener Gefäße nicht von der Hand zu weisen ist. Da das Peroxyd durch Aufnahme von Alkali aus dem Glase eine ungünstige Reaktion anzunehmen vermag, füllte man 30proz. Perhydrol in mit Wachs ausgegossene Flaschen. In besserer Kenntnis der in Betracht zu ziehenden Vorgänge wurde es möglich die Lösungen durch Ansäuern und Zugabe von Antikatalyten zu stabilisieren. Eine saure Peroxydlösung ist gut haltbar, sie entfaltet aber auch keine Oxydationskraft, die Bleichflotten sind zu alkalisieren, damit sich aus H_2O_2 aktiver Sauerstoff in

Atomform abspaltet, der im Augenblick seines Freiwerdens wirkt: $H_2O_2 \rightarrow H_2O + O$. Nur der freiwerdende Sauerstoff bleicht, kommt es zur Bildung von molekularem Sauerstoffgas O_2, so hat man auf keine Wirkung mehr zu rechnen. Die Anwendung der Peroxyde bedarf somit einer genauen Regelung, damit der aktive Sauerstoff einerseits frei werden kann, jedoch anderseits eine zu rasche Zersetzung unter Entwickeln von Gas vermieden bleibt. Die Zugabe von Stabilisatoren, welche einer vorschnellen Zersetzung vorbeugen, ist bei der Sauerstoffbleiche sehr wichtig, da wir die Lösungen anzuwärmen haben um den angestrebten Bleichgrad zu erreichen, denn in der Kälte sind die Flotten zu wenig wirksam. Die Sauerstoffbleiche läßt sich mit dem eigentlichen Waschen, dem Seifen ausführen und hat eine weite Ausbreitung namentlich in der Hauswäsche mit Persil erlangt. Ob es angebracht erscheint, jedes Waschen mit einem Bleichen zu verbinden, kann strittig sein. Die Theorie spricht für ein Bleichen im Bedarfsfalle. Da aber das Aussuchen der nicht völlig reingewordenen Stücke wieder mit mehr Umständen verbunden, so führte sich die Waschbleiche vielfach ein. Strittig ist weiter die Frage, ob es nicht besser wäre, die Sauerstoffbleiche getrennt nach dem Waschen folgen zu lassen und wieder nur bei Bedarf. Wenn man üblicherweise das Chloren als getrennten Arbeitsgang wählt, so spricht hierfür die größere Gefährdung der Wäsche durch heiße Chlorflotten. Nachdem die Sauerstoffbleiche das Erwärmen der Bäder erfordert, sieht man die gleichzeitige Verwendung mit Seife-Soda als einen Vorteil an.

Wasserstoffsuperoxyd ist heute mit 30 oder 40 Volumenprozent beziehbar. Dies besagt, daß 100 ccm der Flüssigkeit 30 oder 40 g H_2O_2 enthalten. In Anbetracht des höheren spezifischen Gewichtes mit 1,11 bis 1 sind die Flüssigkeiten mit 27 bzw. 36 Gewichtsprozent zu verrechnen. (Ehedem war es gebräuchlich den Wert der Peroxydlösungen in „Gasvolumenprozent" auszudrücken; aus 1 l der 3proz. Lösung sind etwa 10 l Sauerstoffgas zu entwickeln, daher: „10 Vol.-Prozent".) Auch auf den Gehalt an „aktivem Sauerstoff" wird bezogen, in 1 l des 30 vol.-proz. Peroxyds sind 141 g. Zwecks besserer Haltbarkeit werden die technischen Produkte von den Fabriken angesäuert und mit irgendwelchen Antikatalyten versetzt. Es gibt zahlreiche Patente, die das Stabilisieren und Regeln der Abgabe von Sauerstoff betreffen. Eine Mitverwendung anorganischer Säuren erhöht naturgemäß die Gefährlichkeit eintrocknender Lösungen, der Wäscher hat mitunter Stellung zu nehmen zu örtlichen Wäscheschäden, die auf Eintrocknen von Peroxyd, also auf Oxydation und weiterhin auf Säurewirkung zurückzuführen sind. In Anbetracht der leichten Zersetzlichkeit durch katalytisch wirksame Fremdstoffe ist Wasserstoffsuperoxyd nur in saubere Gefäße einzufüllen. Über Katalytschäden s. S. 78 u. 190. Den Gehalt an wirksamem Sauerstoff kann man durch analytische Untersuchungen ermitteln, s. S. 179. Qualitativ wäre H_2O_2 — neben Sonderreaktionen — gleichwie Cl durch Jodstärkepapier nachweisbar, eine Verwechslung ist nicht gut möglich, da H_2O_2 im Gegensatz zu Chlorbleichmitteln völlig geruchlos und ein gleichzeitiges Vorkommen nicht in Betracht kommt, weil sich die beiden Oxydationsmittel gegenseitig zersetzen.

Natriumsuperoxyd Na_2O_2. Vor der Einführung des hochwertigen Wasserstoffsuperoxyds hielt es der Wäscher für zweckmäßiger, das feste Natriumsuperoxyd zu beziehen, das etwa 14mal so stark war als die 3proz. Peroxydlösung. Beim Eintragen in Wasser bildet sich H_2O_2 und Ätznatron NaOH nach der Gleichung $Na_2O_2 + 2\,H_2O \rightarrow H_2O_2 + 2\,NaOH$. Eben diese scharfalkalische Reaktion macht die Lösung leichter zersetzlich und für empfindliche Fasern wie Wolle, Seide nicht als solche verwendbar. Weiterhin wird von Belang, daß beim Auflösen des gelblichweißen Pulvers unter Wärmeentwicklung eine lebhafte Reaktion stattgefunden hat, die zu Verlusten an Sauerstoff führen kann und beim Aufbringen von ungelöstem Pulver auf Wäschestücke diese um so mehr gefährdet, die Textilien werden leicht örtlich überoxydiert, so daß sich bald Lochschäden herausstellen dürften. Zum Auflösen und Abschwächen der starken Alkalität hat man verschiedenartige Mischungen vorgesehen gehabt, namentlich während der Kriegsjahre, als das weiter zu besprechende Perborat fehlte. Die Fabrikbleiche trägt das — billigere — Natriumsuperoxyd in verdünnte Schwefelsäure ein. Solche Technik — vor dem Kriege bot man eine homogen verbleite Mühle an — eignet sich weniger für Wäschereien.

Natriumperborat, $NaBO_3 \cdot 4\,H_2O$. Perborat, ein weißes, kristallinisches Pulver, ist handlicher und seine Lösung schwächer alkalisch sowie weniger leicht zersetzlich als jene des zwar billigeren Natriumsuperoxyds, wir haben eher eine Lösung von Borax. Die Wertigkeit pflegt man durch die Angabe des Gehalts an Aktivsauerstoff auszudrücken. Reines Salz ist demnach 10,4proz. (30proz. Wasserstoffsuperoxyd bei solcher Verrechnung auf Aktivsauerstoff 14,1proz.). Trocken, nicht zu heiß gelagertes Perborat besitzt eine gute Beständigkeit. In Mischungen mit anderen Salzen oder Seifen kann der Gehalt an wirksamem Sauerstoff zurückgehen, „Seifenpulver mit Sauerstoff“ bedürfen gegebenenfalls der Untersuchung! Perborat ist stets sorgsam aufgelöst zur Flotte zuzugeben.

Wirkung der Sauerstoffbleichmittel. Gleichwie bei der Verwendung von Chlorbleichmitteln sind die dort erörterten verschiedenen Arbeitsbedingungen wesentlich. Der grundsätzliche Unterschied besteht darin, daß erstere schon in der Kälte eine Bleichkraft entwickeln, bei der Sauerstoffbleiche aber ein Erwärmen notwendig wird, und weiterhin erstere in alkalischer Flotte ihre geringere Zersetzlichkeit besitzen. Die Verwendung der Sauerstoffbleichmittel in alkalischen Laugen — scharfalkalische Reaktion kommt in der Wäscherei praktisch nicht in Betracht — hat den Vorteil, daß die etwa durch Oxydation erst löslich gewordenen Abbauprodukte und Fremdstoffe besser ausgelaugt werden als von einer fast neutralen und kalten Chlorflotte. Das Weiß der Wäsche verschlechtert sich demnach nicht so leicht. Das Anwärmen steigert die Zersetzlichkeit und die Bleichenergie. Damit ist die Gefahr verbunden, daß es zu einer ungeregelten Abspaltung des Aktivsauerstoffes kommt, Sauerstoff unausgesetzt als Gas entweicht und daß weiterhin der Wäsche eine Überoxydation droht. Es läßt sich nicht sagen, erst bei Überschreiten einer gewissen Temperatur setze die zu lebhafte Abspaltung ein, zumal die jeweiligen Begleitumstände wesentlich mitsprechen. Hier ist erneut die Bedeutung von Katalyten und Antikatalyten zu betonen, also die Wichtigkeit der Art des Metalls der Waschmaschinen. Reines Kupfer löst die Katalyse nicht aus, es ist das etwa aus Kupfer entstehende schwarze Kupferoxyd um so gefährlicher. Grünspanflecken in der Wäsche werden leicht Anlaß zu örtlichen Schäden, falls solcher Schmutz nicht durch das Vorwaschen und Waschen entfernt wurde.

Weitere Bleichmittel. Wie bereits gelegentlich der Hinweise auf die Rasenbleiche zum Ausdruck gebracht, hat die Ozonbleiche keine praktische Bedeutung erlangen können. Wenn man der auf dem Plan gebleichten Wäsche den frischen Geruch nachrühmt, so haben auch die mit Peroxyd gebleichten Stoffe keinen Bleichgeruch, ein ranziger Fettgeruch von Seifenresten läßt im übrigen anraten bei Wahl der Seife vorsichtiger zu sein und auf sachgemäßes Spülen zu achten.

Aktivin und Peraktivin der Chemischen Fabrik Pyrgos, Dresden, sind organische Chlorpräparate, die erst bei höherer Temperatur Chlor abspalten. Dementsprechend können diese Mittel die Wäsche weniger schnell durch Überoxydation gefährden. Man hat das Bleichen mit dem „Kochen“ zu verbinden, das Peraktivin ist mit Soda zu lösen, bzw. kann es unmittelbar in die Laugen der Waschmaschine zugegeben werden. Die Herstellerin empfiehlt Aktivinlösung zum Entfernen von Flecken von Kakao, Kaffee, Stempelfarbe, Blutresten usw., insbesondere zum Aufschließen, Löslichmachen von Stärke, also einmal zum Entstärken, dann auch zum Einstärken. Wegen Anwendung des in Form von Pulver und Tabletten in den Handel kommenden „Sicherheitsbleichmittel“ wolle man die Vorschriften der Herstellerin zu Rate ziehen, vgl. auch S. 89.

Kaliumpermanganat, $KMnO_4$, eine dunkelrote Lösung gebend, hat nur bedingten Wert zum Behandeln einzelner hartnäckiger Flecke. Diese Lösung steht in der „Chemischen Putzerei“ mehr im Gebrauch, sie zwingt zu einem vorsichtigen Arbeiten, da vertropfte Flüssigkeit sich durch einen restlichen braunen Fleck — Braunstein — verrät. Das

Arbeiten mit übermangansaurem Kali macht ein Nachbehandeln mit schwefliger Säure (Bisulfit) nötig, worauf wieder sorgsam auszuwaschen ist.

23. Reduktionsbleichmittel.

Während die Wirkung der Oxydationsmittel auf einem ,,Verbrennen" der farbigen Verunreinigungen beruht, wobei eine weitergehende Reaktion die Textilien in Mitleidenschaft bringt, haben wir bei den Reduktionsmitteln gegebenenfalls die Möglichkeit, die farbigen Substanzen durch Wegnahme von Sauerstoff zu entfärben. Hier gefährdet ein Überschuß des reduzierenden Hilfsmittels die Fasern nicht. Ihre Wirkung ist jedoch nicht so durchgreifend, sie versagen vielfach und manche entfärbte Flecke kehren nachträglich zufolge Rückoxydation durch den Luftsauerstoff wieder, das Weiß neigt mehr zum Vergilben, falls die farblos gewordene oder aufgehellte Substanz (Leukoverbindung) nicht durch eine alkalische Behandlung auslaugbar war. Natriumbisulfit, $NaHSO_3$, bereits als geeignet zum Antichlorieren genannt, kommt mehr für das Bleichen von Wolle u. dgl. in Betracht, und als Hilfsmittel zum Aufhellen rostiger Wäsche. Natriumhydrosulfit, $Na_2S_2O_4$, und hiermit in Beziehung stehende Produkte wie Burmol sind gleichfalls mehr als sehr dienliche Mittel zum Entfernen von Flecken wie Rost-, Obstflecken anzusprechen. Bei Verwendung der Lösungen in Kupfertrommeln kommt es zu einer Verfärbung des Metalls, weiterhin wäre an eine Übertragung von Kupferverbindungen an die Wäsche als Folgeerscheinung zu denken. Man nehme bei einem Arbeiten mit Burmol ein Holzgefäß, keinesfalls einen rostigen Eimer.

24. Anwendung der Bleichmittel.

Wie den vorangegangenen Ausführungen zu entnehmen, haben wir an mehrere Arbeitsbedingungen gleichzeitig zu denken, es genügt keinesfalls etwa nur die Konzentration des Aktivchlors je Liter festzulegen. Es hat sich die zur Einwirkung gestellte Gesamtmenge an Chlor oder Sauerstoff nach der Art des Bleichgutes und seiner Verschmutzung zu richten. Geht die verfügbare Menge an Bleichmitteln über den zum Ausbleichen der Verunreinigungen in Betracht kommenden Bedarf weit hinaus, so wächst mit steigendem Überschuß die Gefährdung der Fasern. Das schließt nicht aus mit einem Überschuß zu arbeiten, sofern die Einwirkung z. B. durch Abkürzen der Bleichzeit geregelt bleibt. Um den angestrebten Reinheitsgrad, eine fleckenfreie, hochweiße Wäsche zu erreichen, ist sogar ein Überschuß erforderlich, da eine schwache oder weitgehend erschöpfte Flotte kaum noch oder nicht mehr arbeitet, die Bäder werden im allgemeinen nicht völlig ausziehen.

Immer wieder steht die Frage zur Erörterung, ob die Verwendung von Bleichmitteln überhaupt erforderlich oder wegen der Gefährdung des Wäschegutes nicht gutzuheißen, und ob die Chlor- oder die Sauerstoffbleiche anzuwenden ist. Eine eindeutige Entscheidung ist kaum zu geben, man darf weder die Nachteile noch die Vorteile der Mitverwendung von Bleichmitteln zu sehr verallgemeinern. Daß bei unsachgemäßem und unnötig starkem Bleichen der Verschleiß der Wäsche größer wird, ist unbestreitbar. Daß aber der Ausfall der Wäsche bei ausschließlichem Arbeiten mit Seife-Soda nicht immer den gesteigerten Ansprüchen entspricht, steht ebenso fest. Freuten sich doch vielfach Hausfrauenkreise darauf, im Frühjahr die während der Wintermonate mehr vergilbten Stoffe endlich im Freien an der Sonne trocknen und dabei bleichen zu können. Sicherlich kann man mit Seife und Soda — bei einer genügend sachkundigen Waschtechnik — allein auskommen, wenn die Wäsche keine hartnäckigeren Flecke aufweist und nur ein Reinigen verlangt ist. Wie man in der Leinengarnbleiche mehrere Bleichstufen kennt, so $^1/_2$, $^3/_4$ und $^4/_4$ weiß, wobei beispielsweise das $^1/_2$ weiß gebleichte Garn auch schon rein ist, aber das Verlangen nach einem höheren Weiß besteht, obschon das Verbessern des Bleichgrades mit erheblichen Kosten verbunden ist, so verlangt man von Gebrauchswäsche auch ein „Blütenweiß“. Dies läßt sich gegebenenfalls nur durch Mitverwendung von Bleichmitteln erreichen, sofern nicht die Stoffe von der Fabrikbleiche her hochweiß und nicht durch die Benutzung oder längeres Lagern vergilbt sind. Wenn gegen ein regelmäßiges Bleichen von Wäsche aus Krankenhäusern und anderen Anstalten spricht, daß hier weniger hohe Anforderungen zu stellen sind, so will man diese doch fleckenfrei haben. Ein bedarfsweises Nachbleichen der nicht sauber gewordenen Stücke ist möglich und solche Arbeitsweise wäre zu empfehlen, wenn man mit verhältnismäßig wenigen Stücken zu rechnen hat. Bleibt jedoch ein größerer Prozentsatz auszusortieren und ein zweites Mal zu waschen oder zu bleichen, so fragt es sich, ob man nicht den ganzen Posten bleichen soll. Ein sich nach wiederholtem Waschen zeigendes Vergrauen oder Vergilben der Wäsche braucht auch kein regelmäßiges Bleichen zu bedingen, vielmehr mag es genügen nach jeder fünften oder zehnten Wäsche zu bleichen. Für die Mitverwendung von Bleichmitteln führen ihre Befürworter an, daß die Schärfe der Laugen, vor allem die mechanische Bearbeitung der Wäsche, das Reiben zum Entfernen von Flecken usw. gemindert werden kann, so daß dem etwaigen Faserangriff zufolge Oxydation eine Schonung anderseits gegenüberzustellen sei.

Zwischen Chlor- und Sauerstoffbleiche besteht der grundsätzliche Unterschied, daß die erstere kalt ausführbar, letztere jedoch ein Arbeiten unter Erwärmen bedingt und die Sauerstoffbleiche eher mit dem eigentlichen Waschen verbunden werden kann. Die Chlorbleichlauge — von Chlorkalk wolle man gänzlich absehen — gelangt vorwiegend zum Nachbleichen der vorgewaschenen Stücke zur Anwendung, die anschließend klar gewaschen werden. Wie immer wieder betont werden muß, besitzt eine warme, heiße Lösung eine größere Oxydationsenergie — sehr hohe Temperaturen kommen wegen der Eigenzersetzung schon gar nicht in Betracht. Wenn aus diesem Grunde die Chlorlauge nach vorangegangenem Seifen, dem Kochen und nach Zwischenspülen „kalt" zur Anwendung gelangen soll, so fragt es sich, ob die Einwirkung in der Tat auch so kalt erfolgt, wie dies der Wäscher anstrebt. Es dürfte damit zu rechnen bleiben, daß die Wäsche trotz Spülens z. T. noch recht heiß ist, weil in der gewissermaßen zusammengeballten Masse die kältere Spülflotte ungenügend eindrang. Ein im Anschluß an die heißen Waschbäder vorgesehenes kaltes Bleichen erfordert eine Temperaturüberwachung (Thermometer an den Maschinen!), um sicher zu gehen. Das heiße Wäschegut, die heißen Maschinenteile — die Abkühlung ist vermutlich sogar ungleich, so an der Eintrittsseite der Spülflüssigkeit die Temperatur niedriger — erhöhen alsdann die Bleichenergie in unerwarteter Weise und somit setzt leicht örtlich ein Überbleichen ein, während andere Teile noch nicht durchgebleicht sein mögen. Eine Oxyzellulosebildung hat der Wäscher nicht zuletzt zu befürchten, wenn bei Zugabe von konzentrierter Chlorlauge die Verdünnung nicht sofort eintritt. Es darf also keine konzentrierte Chlorflüssigkeit bei stehender Maschine eingefüllt werden! Daß längere Zeit mit dem Metall in Berührung bleibende Wäsche katalytisch gefährdet erscheint, sei nicht vergessen.

Einer unerwünschten, ungleich starken Aktivierung durch zu heiße Wäsche ließe sich eher aus dem Wege gehen, wenn man die Chlorlauge mit zum Vorwaschen nimmt, „auf Seife wäscht", also in gewisser Anlehnung an die Sauerstoffwaschmittel das Chloren mit dem Waschen verbindet, bei niedrigeren Temperaturen beginnend die Flotte erwärmt. Über diese Arbeitsweise setzte in den Jahren ab 1927 in der Fachpresse eine lebhafte Erörterung ein. Es darf wohl heute die Auffassung gelten, daß die Heißbleiche weniger empfohlen werden kann, denn bei sehr niedrigen Cl-Konzentrationen befriedigt der Reinheitsgrad nicht, bei Erhöhen der Cl-Menge macht sich leicht ein verstärkter Faserangriff geltend. Die Dosierung bleibt jedenfalls genau zu überwachen, zumal der Cl-Bedarf bei Mitverwendung im Seifenbade oder vor allem bei einem Vorwaschen größer wird, als wenn nur ein Ausbleichen der durch das Seifen nicht entfernten Schmutzreste nötig ist; tritt doch der gesamte und namentlich der von der alkalischen Lauge gelöste Schmutz als Verbraucher von Sauerstoff (Chlor) auf. Zudem verzehrt die Seife eine gewisse Menge des Aktivchlors, da ungesättigte Fettsäuren Cl aufnehmen, wie Untersuchungen der Forschungsstelle des Wäschereiverbandes 1932 gelehrt haben. Die Forschungsstelle erachtet auf Grund ihrer großen

Versuchsreihen es für zweckentsprechend das Hypochlorit in Verbindung mit dem Mehrfachseifverfahren dem zweiten Seifenbade zuzugeben. In diesem Falle ist der größte Schmutz bereits entfernt und damit sind die Anfleckungen für die Einwirkung des Chlors besser freigelegt.

Ein heißes Bleichen mit Chlor sehen die amerikanischen Waschverfahren vor. Vom amerikanischen Forschungsinstitut wird betont, daß eine Chlorheißbleiche nur in Verbindung mit Temperaturkontrolle durch Thermometer an den Waschmaschinen verantwortet werden kann. Höher als 80° C darf die Bleichtemperatur keinesfalls liegen. Mit Nachdruck wird davor gewarnt, während des Bleichens direkten Dampf durch die Lauge gehen zu lassen! Da die amerikanischen Wäschereien vielfach nur mit Heißwasser arbeiten, sind derartige Fehler aus Fahrlässigkeit dort sozusagen ausgeschlossen.

Man rechnet auf 100 Pfund Wäsche etwa 25 g = 20 ccm 150er Bleichlauge. Gebleicht wird im letzten Waschgange oder besser im ersten Spülbade. Das Bleichen bei höherer Temperatur führt zu einem vollständigen Verbrauch des aktiven Chlors, so daß die Anwendung von Antichlor während des Spülens überflüssig wird, was Zeitersparnis bedeutet. Fraglicherweise genügt solche Chlormenge zum Ausbleichen von Flecken, es handelt sich hier mehr um ein Frischhalten der Wäsche.

Bei der Dosierung wolle man die voraussichtliche Cl-Konzentration in der Maschine berücksichtigen, nicht allein die Stärke der zugegebenen Stammlauge oder der — zweckmäßiger — bereits verdünnten Lösung. Es kommt nicht nur die der Maschine neu zugesetzte Wassermenge, sondern ebenso die von der nassen Wäsche aus dem vorhergehenden Waschgange zurückgehaltene Flüssigkeitsmenge in Betracht. Als Leitsatz möge für „normalschmutzige“ Wäsche gelten, daß man für 300 l Flüssigkeit als Cl-Konzentration des zweiten Seifenbades 0,15 g im Liter rechnet, das sind 45 g Aktivchlor oder 300 ccm der konzentrierten Hypochloritlauge von 150 g/l für ein Wäschegewicht von etwa 70 kg. Eine Bleichdauer von gut 5 Minuten wird meist schon ausreichen. Für „Kaltbleiche" nach gutem Waschen dürfte eine Konzentration von 0,1 g oder sogar 0,05 g/l genügen, sofern eine weitgehende Ausnutzung — wegen noch warmer Wäsche! — angenommen werden muß. Sonst wird die Konzentration bis 0,3 und 0,5 g/l zu erhöhen sein, wenn bei kurzer Einwirkungszeit nur ein Bruchteil in Reaktion tritt. Rätlich ist die analytische Überprüfung der konzentrierten Lauge und der Bleichflotte zu Beginn — aber nach erfolgter Durchmischung, Verdünnen mit der in der Maschine befindlichen Flüssigkeit — und zu Ende des Bleichens, wenn man sich Klarheit über die Vorgänge verschaffen will. Ein Messen mit Aräometer wäre zwecklos. Wie schon ausgeführt, beeinflußt auch die jeweilige Alkalität die Zersetzlichkeit, doch werden wir in der Wäscherei stets alkalische Flotten haben, die in ihrer Reaktion nicht so verschieden sind, daß hierdurch größere Abweichungen bedingt würden. Ebenso hat man geglaubt der Härte des Wassers Bedeutung beilegen zu müssen, von Permutitwasser eine Aktivierung erwartet. Die Bildung von kolloidalen Niederschlägen wie Magnesiaseifen aus hartem Wasser mag zu einer gewissen Stabilisierung führen, doch haben wir es wohl mit Einwirkungen untergeordneter Art zu tun.

Durch folgendes Wässern ist der Bleichgeruch nicht aus der Wäsche zu entfernen, es bedarf eines Antichlors, vgl. S. 79. Zum Antichlorieren dient vorwiegend Natriumthiosulfat, etwa 50—100 g dürften für eine mittlere Maschine genügen. Ein Übermaß schadet nicht, es würde vielmehr die Einwirkung auf etwaige Cl-Reste in Doppellagen, Falten der Wäsche beschleunigen. Nach dem Antichlorieren hat jedoch wieder ein Spülen zu erfolgen.

Aktivin. Aktivin als „gezähmtes Chlor“ bedarf der heißeren Anwendung. Die Gebrauchsvorschriften sehen vor:

Je nach Beschmutzungsgrad sind 1—3 g Aktivin auf 1 kg Trockenwäsche zu verwenden. Wenn kein Kochen von 20 Minuten in Betracht kommen soll, ist bei 80° C eine verlängerte Einwirkung erforderlich, um das Aktivchlor voll zur Entfaltung des Oxydationsvermögens zu bringen. Aktivin gefährdet zufolge seiner geringeren Bleichenergie die Wäsche weniger, eben deshalb sind die Arbeitsbedingungen, wie das Erwärmen zu verschärfen. Bei Buntwäsche soll man das Aktivin schon mit zum Vorwaschen nehmen. Wenn nicht genügend erhitzt und gespült wird, ist es fraglich, ob die Wäsche nicht einen Bleichgeruch behält. Wegen Verwendung, insbesondere zum Aufschließen von Stärke, zum Fleckenentfernen usw. sind die Vorschriften der Fabrik einzusehen.

Wohl nicht zuletzt läßt der typische Chlorgeruch der Wäsche viele Betriebe von einem Arbeiten mit Hypochlorit absehen, es gilt nicht als Empfehlung, wenn von einer gewerblichen Wäscherei bekannt ist, bzw. bei einer Besichtigung auffällt, daß sie mit Chlor arbeitet. (Die Reklameanpreisung einer Wäscherei als „Chlorfeind“ in der Absicht, mit solchem Hinweis den Glauben zu erwecken die Konkurrenz arbeite grundsätzlich mit gefährlichen Bleichmitteln, dürfte als unlauterer Wettbewerb zu gelten haben, denn es kommt ja auf die sachverständige Anwendung an.)

Chlorbleichmittel und Sauerstoffbleichmittel sind nicht nur nach den Chemikalienkosten gegenüberzustellen.

Auch bei der Sauerstoffbleiche haben wir anzunehmen, daß ein Teil des Aktivsauerstoffes nur verzehrt wird um den vom Alkali gelösten Schmutz zu bleichen, und daß die Seife ihrerseits Sauerstoff verbraucht, wenn wir das Peroxyd nicht zum Nachbleichen nehmen. Ein Vorteil der gemeinsamen Anwendung liegt wieder mit darin, daß die etwa durch Oxydation löslich gemachten Fremdstoffe von der Waschflotte gleich ausgelaugt werden können. Technisch belangreich wird hier die vermehrte katalytische Zersetzlichkeit beim Arbeiten in der Hitze, weshalb die Fertigprodukte einen Stabilisator wie Wasserglas erhalten. Die Zersetzlichkeit, das Oxydationsvermögen nimmt mit Steigern der Temperatur zu, es hat das Anwärmen nicht allzu schnell zu erfolgen, damit der Sauerstoff nicht vorschnell als Sauerstoffgas unausgenutzt verpufft. Wieweit durch das Auftreten der kleinen Gasblasen eine mechanische Lockerung des auf der Wäsche haftenden Schmutzes erfolgt, sei dahingestellt. Die jeweiligen von den Herstellerfirmen der Sauerstoffmittel erprobten Vorschriften sind möglichst einzuhalten, um Fehlschlägen vorzubeugen.

Bei Oxygenol (Henkel & Cie, Düsseldorf) sollen 3—4 Eßlöffel auf eine 25-kg-Waschmaschine genügen. Oxygenol — Perborat — soll kalt in einem kleinen Behälter aufgelöst bzw. angerührt werden, um die Lösung der kalten oder erwärmten Lauge beizugeben.

Bleichessenz 100 — Telesil — (August Jacobi A.-G., Darmstadt), es gibt auch verschiedene andere Stärken, z. B. 20 und 40, ist eine Spezialsorte Wasserstoffsuperoxyd, eingestellt auf die Bedürfnisse der Wäscherei, wo in kurzer Zeit und bei bestimmten Temperaturintervallen der wirksame Sauerstoff abgespalten werden muß; man setzt es der etwa 50—60° C warmen Waschlauge zu, und zwar nimmt man auf 1 Pfund Wäsche 1—1,5 ccm Telesil.

Bleichmittel zum Spülen mitzuverwenden — Sil —, wurde empfohlen, um gewissermaßen ein nachträgliches Vergilben durch nicht ausgespülte Schmutzlauge zu vermeiden, da bei solcher Technik die Schmutzlauge ihrerseits noch gebleicht wird.

II. Waschtechnik.

25. Wichtigkeit einwandfreier Waschtechnik.

In den Teilen I und III des Buches finden Besprechung die in der Wäscherei gebräuchlichen Chemikalien und die vorwiegend in Betracht kommenden Textilien. Um beste Waschergebnisse anzustreben und vor allem auch zu einer wirtschaftlichen Arbeitsweise zu gelangen, bildet eine genügende Kenntnis der Chemikalien und Gewebearten die Voraussetzung, es muß hinzutreten die Kenntnis der richtigen Anwendung der Mittel, was die geeigneten Mengenverhältnisse, Einwirkungsdauer, Temperaturen anbelangt. Entscheidend ist nicht allein, welche Waschmittel man nimmt, sondern gleichzeitig die Frage, wie man damit arbeitet. Es genügt nicht, zu sagen, man nehme die besten Waschmittel usw. Vielmehr hat die Arbeitsweise größten Einfluß darauf, daß man tatsächlich zu besten Waschergebnissen kommt. So ist es von außerordentlicher Wichtigkeit, das Verhältnis von Waschmittelmenge (innerhalb dieser wieder von Seife : Alkali) zu Wassermenge, d. h. die Konzentration der Lösungen, und weiter von Laugenmenge zu Wäschemenge, also die Flottenlänge zu kennen. Es kann auch nicht gleichgültig sein, ob die Gesamtwaschdauer (einschl. Vorwaschen und Spülen) 50 Minuten oder drei Stunden betrug. Und es genügt für die Beurteilung eines Verfahrens nicht zu wissen, daß der Wäscher zum Bleichen eine Chlorlauge von 80 g/l bezieht, vielmehr kommt es darauf an, über die Konzentration der Flotte in der Maschine, ebenso aber auch über die Temperatur und Dauer der Einwirkung im Bilde zu sein. Werden alle diese Umstände nicht bei jedem Waschgange genau beachtet, so ist im Einzelfalle mit Faserschädigungen zu rechnen und generell wäre ein ungleichmäßiger Waschausfall einzusetzen. Oder man müßte von den verschiedenen in einem Waschverfahren vereinigten Faktoren verschiedene so reichlich bemessen, daß doch mit besseren Ergebnissen zu rechnen ist, was wiederum keine besondere Wirtschaftlichkeit im Waschraum bedeutet. Zudem trifft der alte Färberspruch: „Viel hilft viel" nur sehr bedingt zu. Ein „Viel" kann durchaus eine Minderung des Erfolges bringen. So braucht selbst eine zu reichliche Verwendung von Seife nicht lobenswert zu sein. Wir werden mehr Zeit benötigen die

Seife wieder auszuspülen, und eine verlängerte Waschzeit bedeutet verstärkte mechanische Beanspruchung der Wäsche, zumal wenn die Wäsche beim Spülen schlägt. Ein Zuviel mag einer gewissen Bequemlichkeit und Scheu vor einer genauen Nachkontrolle entspringen, wird aber letzten Endes Verschwendung bedeuten. Ein gewissenhafter Wäscher kann nur zufrieden sein, wenn er sein Waschverfahren auf genauen, sich über eine längere Zeit erstreckenden Untersuchungen aufbaut und es dann laufend in allen Einzelheiten kontrolliert.

Abb. 23. Versuchswaschmaschine d. Deutschen Forschungsinstituts für Bastfasern, das in Arbeitsgemeinschaft m. d. Höheren Fachschule für Textilindustrie in Sorau N.-L. steht. Für eine Trommel ist als Werkstoff Kupfer, für die andere nichtrostender Kruppstahl verwendet. Ausführung: Gebr. Poensgen, A. G., Düsseldorf.

Die Regeln, welche für ein einwandfreies Waschen einzuhalten sind, ergeben sich aus den Erfahrungen der Praxis und aus den Ergebnissen der neueren Forschungen. Obgleich der Wert vieljähriger Wäschereipraxis keineswegs unterschätzt werden kann, darf man sagen, daß der Wäscher ohne chemisch-technische Kontrollen heute nicht die besten Ergebnisse erreichen kann, wenn er nur „nach dem Gefühl" arbeitet. Diese Wendung, in steigendem Maße sich auf genaue Messungen zu stützen, anstatt nach erfahrungsmäßiger Schätzung zu arbeiten, haben wir in anderen Gewerben zu beobachten gehabt und für die Technik des Waschens hat das Gleiche zu gelten. So muß es dem deutschen Wäschereigewerbe zu großem Nutzen gereichen, wenn durch die Erklärung des Gewerbes zum Handwerk eine straffe Berufsvorbildung, die den an den Wäscher heute zu stellenden Anforderungen Rechnung trägt, erreicht wird. An der Preußischen höheren Fachschule für die Textilindustrie zu Sorau, N.-L. wurden Wäscherkurse eingerichtet, die eine weitere, erst seit kurzem gegebene Ausbildungsmöglichkeit für Wäscher bedeuten. Bei den Krankenhäusern, Anstalten usw. setzt sich gleichfalls die Erkenntnis durch, daß auf sachgemäßes und nicht auf das billigste Waschen zu achten ist. Eine Ersparnis an Waschmitteln, die zu einer Erhöhung der Ausgaben für die Neuanschaffung von Wäsche führt, bedeutet keine wahre Wirtschaftlichkeit. Wir brauchen zur Leitung der Wäschereien heute gute Praktiker, die gleichzeitig in der Lage sind, gewisse chemisch-technische Kontrollen durchzuführen, den Neuerungen in der Waschtechnik zu folgen wissen und sich gegenüber den vielen Anpreisungen ein eigenes Urteil bilden können. Hier herrscht heute noch große Unsicherheit. Es geht nicht an, etwa nur aus einem Vergleichen verschiedener Prospekte Folgerungen ziehen zu wollen oder sich nur auf die Empfehlung Dritter zu verlassen, es muß vielmehr ein gewisses „chemisches Fingerspitzengefühl" von jedem Wäschereileiter verlangt werden[1].

Dem derzeitigen Stande der Technik und Forschung entsprechende allgemeine Richtlinien wurden in diesem Buche niedergelegt. Die primitivere Technik zurückliegender Zeiten darf nicht mehr genügen. Es wird sich insbesondere der größere Betrieb die genaueren Kontrollen zu eigen machen, aber auch der kleine muß bedacht bleiben sich anzupassen. Die örtlich sehr verschiedenen Arbeitsbedingungen erfordern eine dem Einzelfalle gerecht werdende Anpassung der Arbeitstechnik. Dem Praktiker muß sein Recht bleiben. Gewarnt aber muß davor werden, daß unter der Behauptung: Anpassung an die Verhältnisse des Einzelbetriebes nur das, was man persönlich lieber sieht, Geltung haben soll. Bei der Waschtechnik haben gewisse chemische und physikalische Gesetzmäßigkeiten Gültigkeit. Sie gelten grundsätzlich für jeden Einzelfall!

Abgesehen von der eigenen, notwendigen chemischen Kontrolle der Waschgänge sei jeder Wäscherei empfohlen, bei Unklarheiten das Waschverfahren von Chemikern oder Technikern eines Fachlaboratoriums, einer Seifen- oder chemischen Fabrik überprüfen zu lassen, um zu Waschvorschriften zu kommen, die in der Hand gewissenhafter Ar-

---

[1] Über die Wichtigkeit der tüchtigen Wäschereileitung schreibt z. B. Verwaltungsdirektor Schilling in der Z. ges. Krankenhausw., 1933, Heft 26, S. 564: Trotz des gesteigerten Wäscheverbrauchs um 12% konnten 1932 bei den bereits um 20% gekürzten Löhnen gegen 1929 noch 16 000 RM erspart werden, bei den Reinigungsmitteln 10 538 RM. Die Leistung je Arbeiterin ist um 35% gestiegen. Die Mehrleistungen sind zum Teil auf den verbesserten maschinellen Betrieb, zum Teil auf die fachmännische Leitung und zweckmäßige Umorganisation der Wäscherei zurückzuführen. Die Ersparnisse an Waschmitteln sind allein auf die verbesserte Waschmethode durch den Wäschereileiter zurückzuführen.

Zweckmäßige Leitung und Einrichtung sind die Angelpunkte in einer Anstaltswäscherei. Ich kann deshalb nur raten, für eine Großwäscherei einen erfahrenen und tüchtigen Wäschereifachmann anzustellen. Das macht sich bezahlt. Daß man bei hervorragenden Leistungen entsprechende Bezahlung gewährt, halte ich für selbstverständlich. Der gutbezahlte, aber tüchtige Wäschereifachmann ist immer der billigste.

beiter fortlaufend gute Ergebnisse — in bezug auf Faserschonung, Reinigungsgrad und wirtschaftliche Arbeitsweise — gewährleisten. Mancher Betrieb zog aus derartigen Untersuchungen schon großen Nutzen. Geheimniskrämerei, ein Nichtzeigenwollen dessen, was im Betriebe vor sich geht, wäre in Wäschereien nicht zeitgemäß. Wurde das Waschverfahren dann richtig eingestellt, hätten gelegentliche Stichproben, wie Mitwaschen von Kontrollstreifen, die Bestätigung zu bringen, daß man nicht im Laufe der Zeit von den Vorschriften abwich. Von dieser Möglichkeit, den Betrieb durch außenstehende Chemiker und Techniker überprüfen zu lassen, sollte nicht nur derjenige Betrieb Gebrauch machen, der zur Durchführung chemischer Kontrollen überhaupt nicht in der Lage ist, sondern auch derjenige, der über fachlich geschulte Kräfte verfügt. Für den letzteren sind unparteiische Untersuchungen sogar insofern wertvoller, als er die Ergebnisse wird besser auswerten können.

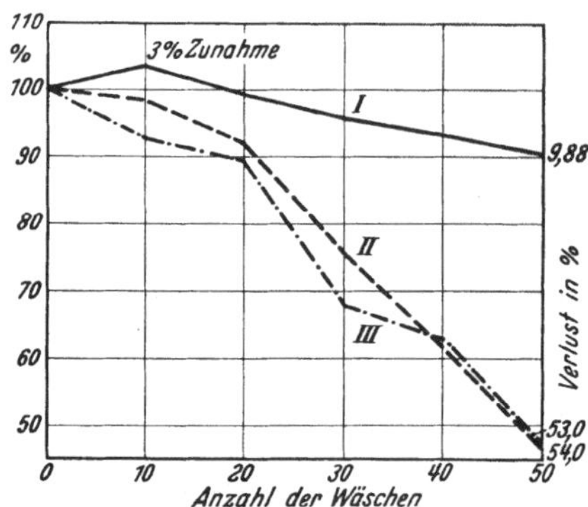

Abb. 24. Reißfestigkeitsverluste. *I* nach Beratung durch die Wirtschafts- und Forschungsstelle des Reichsfachverbandes der Wäschereien und Plättereien, *II* und *III* vor der Beratung, hartes Wasser *II* auf Dampfmangel und *III* an der Luft getrocknet.

Neben einer chemischen Überwachung der Waschtechnik wird ein sorgfältig arbeitender Betrieb an die Anschaffung von Kontrollapparaten wie Thermometer und Wasserstandsanzeiger denken, die gewisse Überwachungen erst ermöglichen und die sich bald bezahlt machen werden. Es ist fernerhin eine rechnerische Überwachung des Betriebes von einer modernen Wäscherei zu verlangen. — Auf diese verschiedenen Kontrollen ist im Verlauf des Teiles: Waschtechnik noch näher eingegangen.

In sehr vielen Fällen bedingt heute in Deutschland eine veraltete Waschraumeinrichtung, wie sie Krieg, Inflation und Wirtschaftskrise zu ändern nicht gestatteten, eine unvollkommenere Waschtechnik, denn die letztere ist von der Einrichtung in gewissem Grade abhängig. Die Waschvorschriften von Seifenfabriken usw. nehmen auf ein Arbeiten mit älteren Einrichtungen z. T. weitgehend Rücksicht, sie entsprechen dann jedoch nicht dem neuesten Stande der Technik. Nun muß zum einen jeder, der vorwärts will, ein Ziel vor Augen haben, und zum anderen glauben wir an eine baldige wirtschaftliche Besserung. Für die nicht zu bestreitenden großen Zukunftsaussichten der Maschinenwäscherei bleibt es eine wesentliche Aufgabe,

Wege zu finden zur Anpassung der überholten Betriebseinrichtungen an den heutigen Stand. Es gehören dazu nicht allein die Maschinen, sondern an die gesamte technische Ausrüstung ist zu denken. So ist mit voller Absicht in diesem Buche eine umfassende Schilderung neuzeitlicher Ansichten über Waschmaschinen und sonstige technische Einrichtungen gegeben. Es ist unmöglich, sich ein abschließendes Urteil über die Waschtechnik zu bilden, wenn man diese Dinge nicht mit erfaßt. Wir berücksichtigen im folgenden den neuesten Stand gemäß dem alten Satz: Die Erkenntnis von heute soll die Praxis von morgen sein.

E. Waschraum, Waschmaschinen und deren Ausrüstung, Wärmewirtschaft.

26. Waschraum.

Der Waschraum soll nach Möglichkeit nahe dem Kesselhaus und der Wasserenthärtungsanlage liegen, um unnötige Wärmeverluste zu vermeiden und gegebenenfalls die Gefahr des Rostens langer Rohrleitungen zu vermindern.

Der Sortierraum sollte an den Waschraum stoßen. Bei größerer Wegstrecke addieren sich die Zeit- und dementsprechend die Geldverluste, wenn man nicht auf geschickte Warenführung im Betriebe achtet. In Amerika befindet sich in größeren Betrieben der Sortierraum mitunter über dem Waschraum. Die schmutzige Wäsche wird in Schächte geworfen. Zum Füllen der Maschinen hat der Wäscher nur die Schachtklappe zu ziehen, damit die Wäsche gleich in die geöffneten Maschinen fällt (ein Einweichen der Wäsche in besonderen Bottichen fällt also völlig weg!). Abgesehen von dem Ersparen der Transportwege wird das Arbeiten im Waschraum übersichtlicher, man hat keine mit schmutziger Wäsche beladenen Wagen mehr. Bei dem erforderlichen schnellen Ent- und Beladen der Waschmaschinen ergibt sich kein lästiges Rangieren der verschiedenen Wagen. In Deutschland hat man gleichfalls schon mit Erfolg solche Schächte für die schmutzige Wäsche über den Maschinen angeordnet, so im städtischen Werke Buch bei Berlin.

Ob die Wäscherei in einer Ebene oder in Etagen untergebracht wird, hängt von den örtlichen Verhältnissen ab. Praktischer ist das Arbeiten in einer Ebene. In modernen Betrieben wird hierbei der Waschraum nicht mehr durch Wände von den übrigen Arbeitsräumen abgeteilt, denn eine Belästigung durch Wrasen kommt nicht in Frage, da die Wäsche nicht mehr gekocht wird. Wenn die Wäscherei in verschiedenen Stockwerken untergebracht ist, legt man Sortier- und Waschraum in die obersten Geschosse; die Wäsche geht durch Schächte und über Rutschen in die darunterliegenden Räume zur Fertigstellung. Es gibt allerdings ganz moderne amerikanische Wäschereien, die wieder, wie es früher üblich war, von unten nach oben arbeiten. Man besitzt Zentrifugen mit aushebbarem Korb, von denen zu jeder Zentrifuge eine größere Zahl gehört. Die geschleuderte Wäsche geht in diesen Körben mittels Aufzügen nach den oberen Geschossen zur Fertigstellung.

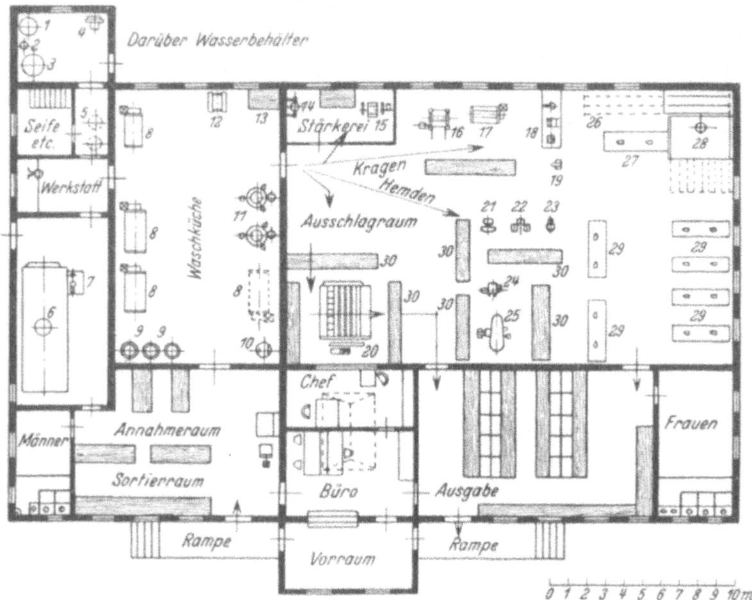

Abb. 25. Schemazeichnung einer Wäscherei im Flachbau.

1 Permutit-Filter.
2 Salzlöser.
3 Warmwasser-Boiler.
4 Pumpe.
5 Laugenfässer (erhöht).
6 Kessel.
7 Speisevorrichtungen.
8 Waschmaschinen.
9 Einweichbottiche (fahrb.).
10 Kochfaß.
11 Zentrifugen.
12 Hemdwaschtrog.
13 Schrubbtisch.
14 Stärkekocher.
15 Stärkefaß.
16 Tischbügelmaschine.
17 Muldenmangel.
18 Tisch mit Anfeuchte- und Rundemaschine.
19 Kläppchenpresse.
20 Dampfmangel.
21 Bündchenpresse.
22 Manschettenpresse.
23 Nackenpresse.
24 Brustpresse.
25 Rumpfpresse.
26 Gardinenspanner.
27 Gardinen-,Decken-Bügeltisch.
28 Trockenapparat.
29 Plättische.
30 Ablegetische.

Im Waschraum selbst werden die Waschmaschinen neben den Handwaschständen und Zentrifugen Aufstellung finden derart, daß ein möglichst gradliniger Warenlauf im Betriebe gegeben ist; hierauf ist früher vielfach nicht genügend geachtet worden. Unnötige Wege bedeuten zeitlich und geldlich auf die Dauer große Verluste. Besondere Einweichstationen oder viele Einweichbottiche werden heute in der Mehrzahl der Fälle für überflüssig erachtet, ebensowenig wie man besondere Spülräder und -maschinen heute noch neu aufstellen wird. Der ganze Waschvorgang vom Einweichen (Vorwaschen) bis zum Spülen erfolgt in der Waschmaschine. Das Einweichen außerhalb der Maschine ist insbesondere für die größeren Wäschereien unwirtschaftlich. Bei einwandfreien Waschverfahren wird der Erfolg bei ausschließlichem Arbeiten in der Waschmaschine ebenso befriedigen und zwar in bezug auf Güteausfall wie Faserschonung und Wirtschaftlichkeit. Das Aufgeben der Einweichstationen bedeutet: Platzersparnis, Verkürzung der Trans-

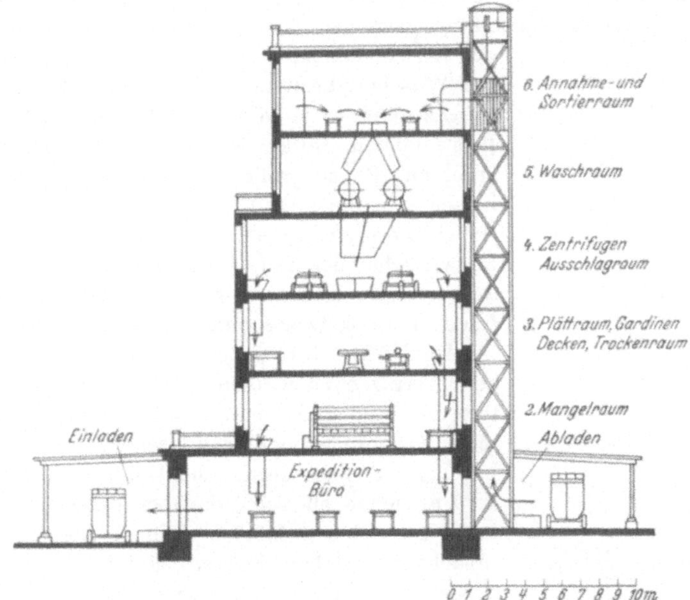

Abb. 26. Schemazeichung einer Wäscherei im Hochbau.

portwege, vor allem Arbeitsersparnis durch das Wegfallen des Umladens der Wäsche [1].

Die Waschmaschinen müssen im Waschraum mit solchem Abstand von der Wand oder Rückfront gegen Rückfront aufgestellt werden, daß sie sich bequem putzen lassen (etwa 60—70 cm). Auf eine genügende Größe und Breite der Abzugskanäle wird in vielen Fällen noch nicht genügend geachtet. Eine Überschwemmung des Fußbodens sollte vermieden werden; es läßt sich sehr wohl erreichen, daß die Arbeiter nicht in der Nässe stehen müssen. Eine geeignete Anlage ergibt sich aus der folgenden Schemazeichnung.

Abzugskanal wie gesamter Fußboden sind so anzulegen, daß sich kein Wasser staut oder die aus den Maschinen ablaufenden Flüssigkeiten

[1] Vgl. Krischer, F.: Einweichen, Einweichstationen und Großwaschmaschinen. Z. ges. Krankenhausw. 1934, Nr. 6 S. 127.

spritzen und die Arbeitenden naß machen. — Mit Gittern verdeckte Abzugskanäle lassen sich schlecht reinigen und unangenehmer Geruch durch Fäulnis ist die Folge. So mag man von Gittern absehen. Über Abwasserwärme-Verwertung ist S. 28 berichtet.

Die Gangbreiten sollten nach Möglichkeit zwei Meter betragen. Es muß die Aufstellung der Waschmaschinen, der Abstellraum, die Breite der Gänge ein rasches und bequemes Arbeiten gestatten, anderseits soll keine Raumverschwendung getrieben werden. Eine Berechnung, ob der Waschraum zu klein oder zu groß ist, hätte der Wäschereibesitzer in etwa nach der Formel durchzuführen: je m² ist erfahrungsgemäß eine Leistung von 100 kg Wäsche je Waschgang einzusetzen. Bei zu großen Räumen mag es vorteilhafter sein einen Teil leer stehen zu lassen, um Arbeitswege zu kürzen und die einzelnen Geräte in wirtschaftlicheren Entfernungen zueinander aufzustellen; insbesondere bei älteren Anlagen findet man teilweise eine Raumverschwendung.

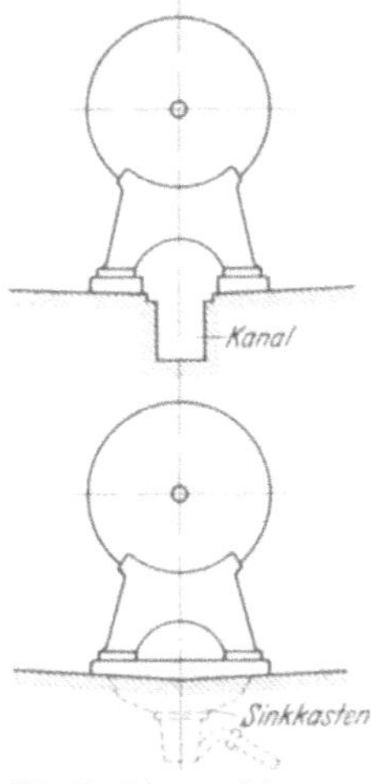

Abb. 27. Schemazeichnungen von Abzugskanälen. *a* Alle Waschmaschinen stehen über einem durchgehenden Kanal. *b* Jede Waschmaschine erhält ein Bodenbecken mit einem Sinkkasten.

Als Fußbodenmaterial ist Stein, Zement oder Terrazzo zu wählen; der Boden muß glatt und fest sein. Bei Zement sind in größeren Räumen Trennungsfugen vorzusehen, um Rissebildung zu verhindern. Die Wände mögen bis 1,80 m gekachelt sein, darüber genügt mit Ölfarbe gestrichener Mörtel. Die Kachelung verursacht zwar höhere Kosten, sie gibt jedoch dem Waschraum dauernd ein ansprechendes Aussehen, während einfacher Kalkputz durch die Nässe schneller schadhaft wird.

Lüftung und Heizung. Eine besondere Heizung zur Erwärmung des Arbeitsraumes mag sich vielfach erübrigen, doch bleibt schon im Hinblick auf ein Einfrieren im Winter vorzusorgen. Wert ist auf eine gute Ventilation zu legen. Anbringen von Exhaustoren kann hier nicht ausreichen, sondern es ist an die Zuführung von Frischluft, die im Winter vorgewärmt werden muß, zu denken. Nach heutiger Auffassung ist ein scharfes Kochen der Wäsche nicht zweckdienlich, somit eine Wrasenbildung nur mehr von der abfließenden Lauge zu erwarten. Hallen von 10 Meter Höhe, wie man sie für Wäschereien von Anstalten baute, erübrigen sich. Eine Höhe des Waschraumes von etwa 3—4 m dürfte ausreichen. Beachtung verdient eine gute Belichtung des Waschraumes durch hohe und breite Fenster, deren Zugang gewahrt werden muß. Eiserne Fensterrahmen mit leicht einstellbaren oberen Klappen (für den Sommer) sind zweckmäßig. Das Tageslicht soll möglichst in die Waschmaschinen fallen.

Der gesamte Waschraum einschließlich der Abzugskanäle ist mindestens einmal wöchentlich durch Spritzen mit dem Wasserschlauch und Schrubben gründlich zu reinigen. Um auf den Boden fallende Wäschestücke vor einem Beschmutztwerden zu bewahren, ist stets auf Sauberkeit der Arbeitsräume zu achten. Ein mit Wäschefasern bedeckter Boden wirkt abschreckend auf Besucher, gleichwie wenig gepflegte Maschinen nicht empfehlend für ein Geschäft wirken, das „Sauberkeit verkaufen" will. Die Waschmaschinen sollten also gleichfalls wöchentlich geputzt und geölt werden, eine gut gewartete Maschine hält länger. In einer Wäscherei, einer Reinigungsanstalt, hat allein schon aus erzieherischen Gründen, unbedingte Sauberkeit zu herrschen.

Abb. 28. Wäscherei des amerikan. Instituts in Joliet. Maschinen mit Wäscheschächten. Die kippbaren Maschinen entleeren die Wäsche in aushebbare Zentrifugenkörbe. Waschmaschinen und Pressen usw. sind in einer Halle ohne Zwischenwände untergebracht. Da nur mit Heißwasser gearbeitet wird, kommt eine starke Wrasenbildung nicht in Frage.

27. Waschmaschinen.

Unsere gebräuchlichen Maschinen sind als Doppeltrommeln gebaut. In einer äußeren Trommel ist die in beiderlei Richtung rotierende, gelochte Innentrommel gelagert. Die äußere Trommel nimmt die Laugen und das Spülwasser auf, die durch die Lochungen der Innentrommel hindurch Zutritt zum Waschgut haben. Dadurch, daß die Trommel abwechselnd eine gewisse Zahl von Vor- und Rückwärtsdrehungen ausführt, sucht man ein starkes Verwickeln der Wäsche zu vermeiden. Exzentrisch gelagerte Trommeln wie Dreieckstrommeln kamen außer Gebrauch. Im Innern der Waschtrommel angeordnete Wulste oder Rippen heben die Wäsche aus der Lauge, die nur bis zu einer gewissen Höhe eingefüllt wird, heraus und lassen sie bei der weiteren Umdrehung der Trommel wieder zurückfallen. Die Waschwirkung der Maschine beruht zu einem Teil auf Reibung der Wäschestücke, gleichwie beim Waschen mit der Hand oder auf dem Waschbrett, und anderseits also auf einem Fallen der Stücke in die Lauge oder auf Wäsche am Boden der Trommel. Weiterhin bringt das ständige Umwälzen der Wäsche ein unablässiges Durchdringen der Stücke mit frischer Flüssigkeit, was bei einem Kochen im Kessel und bei der Handwäsche nicht in diesem Umfange möglich ist. Waschlauge und Spülwasser entfalten somit eine bessere Wirksamkeit. Es ist verwerflich, nachts Waschmaschinen mit schmutziger Wäsche, gleichviel ob trocken oder naß, stehen zu lassen. Das ist schädlich und nachteilig für Wäsche wie Maschine.

Was Einzelheiten der Konstruktion anbetrifft, so soll der Abstand zwischen Außen- und Innentrommel nicht zu groß sein (30 bis höchstens 50 mm). Je größer der Abstand, um so mehr Flotte und damit

Abb. 29. Kippbare Waschmaschine für indirekten Hoch- und Niederdruckdampf mit automatischer Kippung und Druckknopf-Steuerung. Emil Schmidt, Forst, N.-L.

Waschmittel, Wasser und Wärmeenergie werden erfordert. Die Lochungen der Trommel müssen einen möglichst großen Teil der Wandung ausmachen. Nach den bisherigen Erfahrungen gelten Lochungen von 8—10 mm Durchmesser mit Abständen von 23—35 mm als am günstigsten. Je mehr Löcher, desto schneller kann die Lauge oder das Spülwasser an das Schmutzgut heran, resp. beim Ablassen entfernt werden. Die Trommellöcher sind in verschiedener Art ausgestaltet. Man bildet derzeit die Löcher nach der Innenseite der Trommel zumeist ganz glatt aus unter Vermeidung von Wulsten und Kanten, denn man will in erster Linie durch Fall reinigen. Wesentlich an einer Waschmaschine ist der sichere Türverschluß, da gegen die Türen beim Laufen der Trommel ein hohes Gewicht an nasser Wäsche fällt. Die Türen sollen bequem und schnell zu öffnen und zu schließen sein, anderseits dürfen sie nach längerem Gebrauch nicht klappern oder zu leicht aufgehen. Am besten haben sich Türen bewährt, die über die ganze Breite der

Trommel reichen oder bei Kammerteilung die ganze Kammerbreite freigeben. Dies erleichtert die Bedienung und vermeidet ein Zerren der Wäsche beim Entladen. Die Höhe der Mitnehmerwulste ist abhängig von dem Durchmesser der Trommel und der Umdrehungszahl. Die Wäsche muß genügend weit mitgenommen werden, daß sie nicht vorzeitig wieder in die Lauge zurückfällt und eine zu kleine Fallhöhe erhält. Bei schnellerer Umdrehung müssen die Wulste niedriger sein, da sonst die Wäschestücke über den Scheitelpunkt hinaus mitgerissen werden könnten. Die Wiedergabe der theoretischen Berechnungen für die verschiedenen Trommeldurchmesser, Wulsthöhen, Umdrehungszahlen würde jedoch an dieser Stelle zu weit führen. Entsprechend wären für die sog. Pullman-, Y- und Sternmaschinen die geeigneten Arbeitsbedingungen zu ermitteln, da hier wieder andere Verhältnisse zu berücksichtigen sind. Auf den wesentlichen Zusammenhang von Trommeldurchmesser, Umdrehungszahl und Wulsthöhe hat man bei älteren Waschmaschinenkonstruktionen nicht genügend geachtet; bei neueren Maschinen können wir deshalb eine bessere Waschwirkung und bessere Faserschonung annehmen. Der Umdrehungswechsel in beiderlei Richtung betrage je nach Form der Trommel 4—8 [1]. Es bleibt des weiteren zu beachten, daß die Ablaßöffnungen für Wasser ein Entleeren der Maschine in kürzester Zeit gestatten (30 Sekunden). Ein Vorteil ist es, Ventile zu verwenden, die sich leicht öffnen und schließen lassen. Daß die Ventile dicht halten, ist eine an sich selbstverständliche Forderung, denn bei Nachlässigkeit in dieser Hinsicht kann ein großer Teil der Laugen unausgenutzt in dem Abfluß verschwinden, daher müssen sich Abflußventile von eingeklemmten Fusseln, Nadeln usw. leicht reinigen lassen.

Über derartige Konstruktionseinzelheiten muß der Wäschereileiter unterrichtet sein. Die Herstellung der Waschmaschinen aber soll Sache der Fachfabriken bleiben. Ebensowenig wie das Sieden der Seifen dem Wäscher empfohlen wurde, kann die Anfertigung von Waschmaschinen in der eigenen Werkstatt oder in einer Fabrik, die mit dem Bau von Waschmaschinen weniger vertraut ist, angeraten werden. Das gleiche gilt für größere Instandsetzungen. Zu dieser Einsicht sollten den Wäscher schon volkswirtschaftliche Betrachtungen führen: Zu einem leistungsfähigen Wäschereigewerbe muß eine leistungsfähige Wäschereimaschinenindustrie gehören. — Die Einstellung eines Betriebsschlossers in der größeren Wäscherei bleibt von dieser Forderung unberührt, sie ist selbstverständlich.

[1] Es sind mancherlei Versuche schon unternommen worden, die Trommeln so zu bauen, daß bei Drehen nach nur einer Richtung kein Verwickeln der Wäsche möglich ist. Die richtige Lösung kann nur die Praxis durch längere Beobachtung nachweisen.

Es kann weiterhin nicht richtig erscheinen, aus einer vermeintlichen Fachkenntnis heraus den Maschinenfabriken mit einer großen Zahl von Sonderwünschen zu kommen. Ohne die Bedeutung von Betriebserfahrungen bezweifeln zu wollen, möchten wir darauf hinweisen, daß dem Wäschereibesitzer doch zumeist die Übersicht über viele Konstruktionen mangelt, in seinem Betriebe wird er nur eine begrenzte Zahl von Modellen kennengelernt haben. Die Fabriken, welche den Bau von Waschmaschinen betreiben, können über die Zweckmäßigkeit von Konstruktionen ein vielseitigeres Urteil haben. Daß auf die jeweiligen Bedürfnisse in gewissem Umfange Rücksicht genommen werden muß, wird hier nicht bestritten. Wenn aber laut Angabe einer Fabrik allein gegen ein Dutzend und mehr Arten von Lochungen in den Trommeln gewünscht werden, so geht das zu weit. Dies führt zu einer unnötigen Verteuerung der Produktion.

Antrieb mit Motor oder durch Transmission. Vor- und Nachteile sind nicht einseitig verteilt. Der wesentlichste Vorzug des Antriebes der Waschmaschinen durch Motor ist die genaue Arbeitsweise; die Innentrommel läuft stets in beiden Richtungen gleichmäßig, ein Verwickeln der Wäsche ist somit nicht in dem Maße möglich wie in einer Maschine mit Riemenantrieb. Der Stromverbrauch wie die Anschaffungskosten sind bei Gruppenantrieb niedriger, die Kosten der Einzelmotore stellen sich höher. Der niedrige Stromverbrauch des Gruppenmotors gilt jedoch nur, wenn alle Maschinen laufen. Läuft von fünf an einen Motor angeschlossenen Maschinen nur eine, so wäre der Antrieb durch Einzelmotor günstiger. Bei Gruppenantrieb ist stets darauf zu achten, daß die Riemen straff sitzen. Ebenso müssen die beiden Riemen einer Maschine gleichmäßig stramm sitzen, damit die Umdrehungszahl in beiden Richtungen gleich ist, und die Wäsche in der Trommel sich nicht verwickelt. Bei der stets feuchten Luft in den Waschküchen ist die Gefahr des Lockerwerdens von Riemen groß, so daß man dauernd auf den Antrieb zu achten hat.

Ob Einzel- oder Gruppenantrieb vorzuziehen, bleibt im Einzelfalle zu erwägen. Es dürfte sich der Einzelantrieb gleich wie in anderen Gewerben mehr und mehr durchsetzen, zumal gerade die Elektroindustrie auf diesem Gebiet in letzter Zeit Bemerkenswertes geleistet hat. — Neben der reinen Kostenfrage wäre zu bedenken, daß der Waschraum bei Einzelmotoren übersichtlicher wird. Transmissionen sind zudem Staubfänger; sie geben Anlaß zu Flecken durch herabtropfendes Öl. Die Unfallgefahren für die Arbeitenden sind bei Einzelantrieb verringert.

Wirtschaftlichkeit großer Maschinen. Waschmaschinen sind mit steigender Größe sowohl in den Anschaffungs- wie in den Betriebskosten relativ billiger. Das einzelne Pfund Wäsche ist in großen Maschinen billiger zu waschen. So hat die deutsche Wäschereimaschinenindustrie im letzten Jahrzehnt mit vollem Erfolg Großwaschmaschinen gebaut. Voraussetzung für ihre Anschaffung bleibt allerdings, daß entsprechende Mengen von Wäsche in Betracht kommen, um die Anlage auszunutzen. Ein Arbeiten mit halbvollen Maschinen ist unwirtschaftlich, und der Beginn des Waschens soll nicht dadurch verzögert werden, daß man auf die nötigen Wäschemengen für eine Maschine warten muß. Ob die erforderlichen Wäscheposten anfallen und der Betrieb auf ein billiges Arbeiten mit Großmaschinen abgestellt werden kann, ist in einer gewerblichen Wäscherei Sache der Vertriebsabteilung (Sache der Preise, der Werbung, der Absatzorganisation) und damit ein kaufmännisches Problem und gedanklich vollständig von der technischen Seite zu trennen. Eine selbstverständliche Voraussetzung ist, daß der Betrieb mit Großmaschinen die gleiche einwandfreie Wäsche abliefert wie mit kleinen Maschinen. Ob ein zeitweiser hoher Umsatz wieder sinken kann und damit die Großmaschinen nur noch schlecht ausgenutzt würden, kann ebenso hier nicht zur Erörterung stehen. Es bleibt nur rein technisch festzuhalten, daß mit steigenden Maschinengrößen wirtschaftlicher gearbeitet werden kann. Wenn also Wäschereien alte Maschinen ersetzen wollen, ist zu erwägen, ob nicht eine neue Maschine an die Stelle von mehreren alten mit kleineren Füllungen treten kann. Dies gilt besonders für Betriebe, wo große gleichartige Wäschemengen anfallen, wie in Krankenhäusern, Wäscheverleihgeschäften.

Abb. 30. Großwaschmaschinen. Gebr. Poensgen, A.-G. Düsseldorf.

Die Vorzüge großer Waschmaschinen sind:

Größere Maschinen bringen gegenüber kleineren Ersparnisse an Zeit zur Bedienung, zur Beschickung und Entleerung. Es macht wenig Unterschied an Arbeitszeit, ob ein Mann sechs große oder sechs kleine Maschinen zu bedienen und zu beaufsichtigen hat (Wasch- und Bleichmittelzugabe, Wasser ein- und ablassen). Stellt man z. B. Maschinen mit 25 und 350 kg Ladegewicht gegenüber, so wäre die Leistung des Wäschers im zweiten Falle vierzehnmal so groß. Die Wege zu den vielen kleinen Maschinen sind länger als die zu den eine gleiche Wäschemenge fassenden großen. Die Lade- und Entleerungszeit für die Wäsche steigt mit der Maschinengröße unterproportional. Große Maschinen brauchen weniger Platz als die eine gleiche Menge Wäsche fassenden kleinen Trommeln, d.h. auf den einzelnen Quadratmeter entfällt eine größere Produktionsmenge. Der geringere Platzbedarf bedeutet abgesehen von Miet- und Steuerersparnissen Verkürzung der Wege von Sortierraum zu Waschmaschinen, von dort zu den Zentrifugen, d.h. Zeit- und Lohnersparnis. Der Waschmittel-, Kraft-, Wärme- und Wasserverbrauch ist bei großen Maschinen gleichfalls geringer als bei den die gleiche Wäschemenge fassenden kleinen Maschinen.

Sofern die genügenden Wäschemengen vorhanden sind, ist also bei Neuanschaffungen an das Aufstellen von Großwaschmaschinen zu denken. Bei einem Umbau der Wäscherei im Städtischen Werke Buch bei Berlin traten z.B. an die Stelle von vierzehn kleineren Maschinen zwei Großwaschmaschinen[1]. In dem Aufsatz in der „Zeitschrift für das gesamte Krankenhauswesen" sind im einzelnen die möglichen Ersparnisse kalkuliert.

Waschmaschinentypen. Der Vorteil kleiner Waschmaschinen liegt darin, daß das Getrennthalten von Wäsche verschiedener Kunden leichter

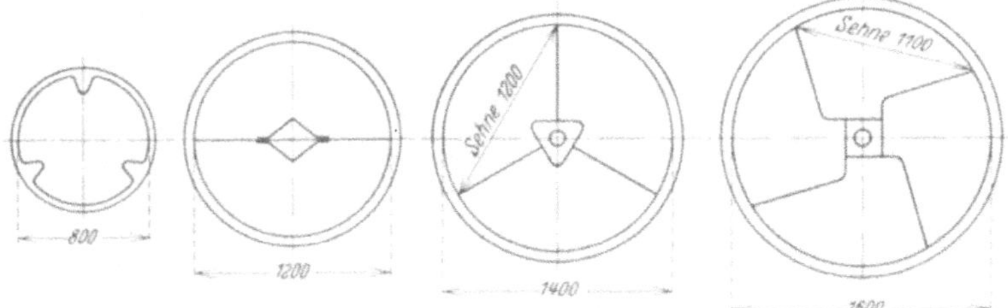

Abb. 31. Maschinentypen. Querschnitte durch eine offene Maschine, Pullmann-Maschine, Y-Maschine und Sternmaschine. Aus der Zeichnung sind die Fallhöhen bei den verschiedenen Typen ersichtlich.

fällt als bei den großen. Hingegen ist bei den großen Maschinen die in einem Waschgange fertig zu stellende Wäschemenge weit größer. Die Vorzüge beider Maschinen vereinigt man in den Kammerwaschmaschinen. Diese haben ihre besondere Bedeutung für Posten mittlerer Größe, die eine Maschine nicht füllen, bei denen aber das einzelne Stück nicht gezeichnet werden soll, also bei Gewichtswäsche. Eine gewisse Unterteilung der Innentrommel findet sich bei Großwaschmaschinen jedoch stets, da sonst die Fallwirkung in der laufenden Trommel zu groß wird.

Wir unterscheiden bei den Trommelwaschmaschinen:

Offene Maschinen: Ohne Unterteilung der Innentrommel;
Pullman-Maschine: eine Wand in Längsrichtung der Trommel. Die Kreisfläche der beiden Trommelböden wird halbiert;

[1] Z. ges. Krankenhausw., 1933, Heft 14.

Y-Maschine: die Trommel zerfällt in Längsrichtung in drei in sich geschlossene Kammern. Der Trommelboden ist in Y-Form aufgeteilt;

Sternmaschine: die Trommel ist in Längsrichtung viergeteilt. Der Trommelboden wird durch Winkel von 90° kreuzförmig aufgeteilt.

Steigende Unterteilung ermöglicht eine um so weitgehendere Unterteilung der Wäschemengen. Es steigt jedoch auch die Zahl der Türen; das Laden und Entleeren der Kammerwaschmaschine dauert länger, da die Fächerreihen nacheinander in die zum Beschicken bzw. Entleeren geeignete Lage zu bringen sind. Hierzu muß die Maschine mehrmals

Abb. 32. Kippbare Waschmaschine mit direktem Motorantrieb. Gebr. Poensgen, A.-G., Düsseldorf.

anfahren. Bei der Poensgen-Y-Großwaschmaschine ist ein getrenntes Ent- und Beladen vorgesehen. Das Beladen erfolgt gleichzeitig von rückwärts, so daß hier der Wäschewechsel schneller vonstatten geht. Die Tiefe, bis zu der man sich bei solchen Kammerwaschmaschinen zu bücken hat, ist geringer als bei offenen. Abgesehen von der Aufteilung der Innentrommel in Längsrichtung werden Zwischenwände parallel zu den Trommelböden eingebaut, so daß z.B. eine Pullmanmaschine mit acht nebeneinander liegenden Abteilungen insgesamt 16 Kammern besitzt, eine Y-Maschine 24, eine Sternmaschine 42 Kammern. Es sind sogar Kammerwaschmaschinen mit 48 Kammern gebaut worden; ob hier allerdings die größte Wirtschaftlichkeit liegt, sei dahin gestellt. Ein Einbau vertikaler Zwischenwände empfiehlt sich für breite Waschmaschinen schon aus waschtechnischen Gründen, selbst wenn keine Wäscheposten getrennt zu halten sind. Die Wäsche soll nicht zu sehr in der Längsrichtung rutschen, sondern nur mit hochgenommen und zum Fallen gebracht werden. Die neuere Forschung hat erwiesen, daß man durch Fall unter möglichster Vermeidung von Rutschen an Trommelwänden die beste, schnellste Waschwirkung bei größter Faserschonung erreicht.

Maschinengrößen. Offene Maschinen baut man mit einem Durchmesser von 600—1000 mm, Pullman-Maschinen von 1000—1200 mm, Y-Maschinen von 1200—1600 mm, Sternmaschinen von 1600 mm. — Um die Leistung von Maschinen mit verschiedenem Durchmesser zu vergleichen, wird der Literinhalt der Innentrommel errechnet. So ergibt sich z.B. bei einer Gegenüberstellung zweier Waschmaschinen von 800 × 1500 mm und 1000 × 1500 mm ein Trommelinhalt von 753 bzw. 1177 l. Bei einer Steigerung des Trommeldurchmessers um 25% steigt also in diesem Falle der Trommelinhalt um 56%. Der Platzbedarf ist kaum größer geworden, es läßt sich aber bereits 50% mehr Wäsche laden.

In der Breite gibt es noch die verschiedensten Größen. Anzustreben bleibt, zu gewissen Normen zu kommen, durch Bau weniger Serien läßt sich eine Verbilligung erreichen, ohne daß die Waschtechnik leiden müßte.

Baustoffe für Waschmaschinen. In Deutschland finden wir vorwiegend Waschmaschinen mit kupferner Innentrommel und verzinkter Außentrommel. Diese Art von Maschinen kann jedoch nur bedingt gut geheißen werden, nämlich bei Verwendung von hartem Wasser, aus dem sich eine Schutzschicht von Kesselstein auf dem Metall zu bilden vermag. Bei permutiertem Wasser ist gegebenenfalls mit Katalyseschäden zu rechnen. Bei Einbau einer Permutitanlage ist nach der Umstellung zu beachten, daß die Kalkschicht wieder verschwinden wird. Auch ist ein Absäuern der Wäsche, wie es neuzeitliche Waschverfahren vorsehen, in Kupfertrommeln nicht durchführbar, da das Kupfer fraglicherweise angegriffen wird. Neuerdings sich sehr gut bewährende und dem Kupfer überlegene, allerdings teuerere Baustoffe, sind Monelmetall, Silbernickel (d.i. deutsches Monelmetall), und vor allem Nirostastahl bzw. V2A und V4A-Stahl von Krupp. Diese und etwaige andere Metalle bleiben auf ihren Gebrauchswert zum Teil noch praktisch zu erproben. Jedenfalls sollte bei Anschaffungen nicht der niedrigere Preis des Kupfers ausschlaggebend sein, nach Möglichkeit wolle man der Erkenntnis Rechnung tragen, daß nicht katalytisch wirksame und säurefeste Metalle den Vorzug verdienen.

28. Ausrüstung.

Wasserleitungen. Jede Waschmaschine erfordert geeignete Rohrgrößen für die Wasserzuleitung. In einer großen Waschmaschine sollte in der gleichen Zeit die nötige Wasserstandshöhe zu erreichen sein wie in der kleinen, um keine Zeitverluste zu haben. Für ein rasches Füllen der

Maschinen ist neben geeigneten Rohrgrößen ein ausreichender Wasserdruck erforderlich, daran ist z.B. zu denken, wenn das Wasser aus besonderen Vorratsbehältern in die Maschinen geleitet wird. In die Maschinen sollte das Wasser nicht von der Seite, sondern von rückwärts eintreten. Namentlich bei Aufstellung neuer größerer Maschinen hat man unbedingt dafür zu sorgen, angemessen große Rohre neu zu verlegen, um die angestrebten Leistungen der Maschine zu erreichen.

Der Wasserstand zum Spülen muß in möglichst kurzer Zeit — etwa 1—1 ½ Minuten — erreicht sein, in den Seifbädern in entsprechend kürzerer Zeit, um schnell die für günstigste Waschwirkung geeigneten Laugen- bzw. Spülwassermengen für die Wäsche zu haben. Welche Zeitverluste sich aus zu kleinen Rohrquerschnitten ergeben, zeigt das folgende Rechenbeispiel: Bei einer sich aus Vorwaschen, zwei Seifbädern und fünf Spülbädern zusammensetzenden Waschformel, wurde der Wasserstand zum Waschen in einer Minute, für das Spülen in zwei Minuten Überzeit erreicht. (In der Praxis konnten schon weit ungünstigere Verhältnisse beobachtet werden!) Dies gibt bei einem Waschgange einen Verlust von 13 Minuten, bei fünf Waschgängen täglich einen Verlust von 65 Minuten am Tage, und von 6 ½ Stunden je Woche für die einzelne Maschine.

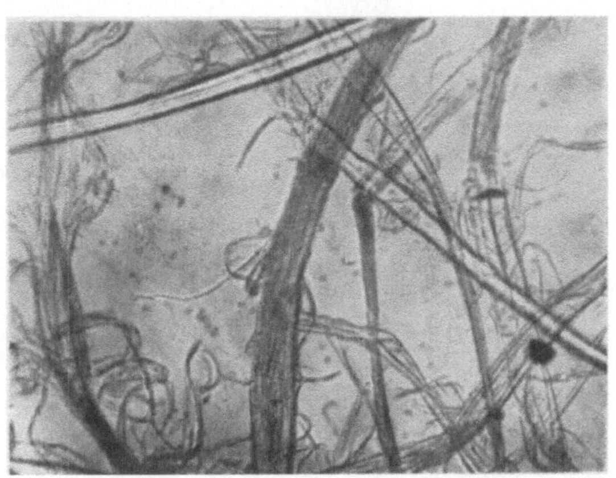

Abb. 33. Leinenfaser durch mechanische Beanspruchung infolge zu kurzer Waschflotten zu stark verschlissen. Aufnahme von Stockhausen & Cie., Krefeld.

Abgesehen von einer für die Waschwirkung mehr oder weniger zwecklosen Verlängerung der Waschdauer wird die Gefahr eines unerwünschten Verschleißes der Wäsche durch Reibung größer. So ist den Größenverhältnissen des Rohrnetzes die nötige Aufmerksamkeit zu schenken, man wolle dieses bei Umbauten usw. nicht als nebensächlich hinstellen.

Die geeigneten Rohrquerschnitte für verschiedene Maschinengrößen sind:

Waschmaschinen	mit	10—20	kg	Fassung	1	Zoll-Rohre
„	„	20—30	„	„	$^5/_4$	„ „

Waschmaschinen	mit	30—50	kg Fassung	$1^1/_2$	Zoll-Rohre
,,	,,	50—70	,, ,,	2	,, ,,
,,	,,	70—120	,, ,,	$2^1/_2$	,, ,,
,,	,,	120 u. m.	,, ,,	3	,, ,,

Die Leitungen sollten möglichst kurz sein, der Waschraum hat den Behältern für Frischwasser nahe zu liegen, Kniestücke sind zu vermeiden, um Druckverluste gering zu halten. Je kürzer die Rohre, um so geringer wird die Gefahr des Rostens eiserner Leitungen.

Bei Neuanlagen und Rohrverlegungen wird man darauf achten, die Rohrleitungen auf der Rückseite der Maschinen zu führen, um den

Abb. 34. Automatenventil für heißes und kaltes Wasser. F. F. Schwitzke, Düsseldorf.

Waschraum übersichtlicher zu halten. — Heißwasser- und Dampfleitungen sollten stets isoliert werden, der Kostenaufwand wird sich schnell bezahlt machen. Bei Dampfleitungen ist nicht allein an die Wärmeverluste zu denken, wesentlich ist ebenso der Vorteil mit trokkenem Dampf zu arbeiten. Es wird damit gerechnet, daß die Kosten der Isolierung sich in einem halben Jahre bezahlt machen.

Rohrleitungen aus Eisen zeitigen gegebenenfalls große Schwierigkeiten durch Rostbildung. Nachdem sich aus permutiertem Wasser oder Kondenswasser kein Belag bilden kann, der die weitere Oxydation durch den im Wasser gelösten Luftsauerstoff verhindert, müssen solche Rohre einen sehr guten Schutzanstrich erhalten haben. Noch besser ist es, Kupfer oder Aluminium vorzusehen.

Ventile. Der häufige Wasserwechsel beim Waschen bedingt ein zahlreiches Öffnen und Schließen der Wasserventile. Die altgebräuchlichen Wasserhähne zum Drehen bringen einen durchaus unproduktiven Zeitaufwand für den Wäscher. Derartige, zwar kleine Zeitverluste addieren sich, man soll dem Wäscher deshalb derartige Arbeit abnehmen. Am vorteilhaftesten sind Automatenventile, die beim Erreichen eines gewollten Wasserstandes selbsttätig abstellen. Die Zeit für das Schließen der Ventile wird vollständig gespart und für das Öffnen herabgesetzt, zudem ist die Gewähr für stets gleich hohen Wasserstand gegeben. — Eine andere Art von Ventilen schließt automatisch nach Durchlaß einer einzustellenden Wassermenge. Es kommt darauf an, ob man das Wasser in der Maschine nach Litern oder nach Wasserstandshöhe bemessen will. Üblich sind zunächst Wasserstandsventile.

Wasserstandsanzeiger. Die zum Waschen und Spülen benötigten Wassermengen abzuschätzen, bleibt ein ungenaues Verfahren. Die heute hergestellten Waschmaschinen sind deshalb mit Wasserstandsanzeigern ausgerüstet. Bei älteren Maschinen ist ein nachträglicher Einbau unbedingt zu empfehlen. Ein zu hoher Laugen- oder Wasserstand bedeutet Verschwendung an Wasser, Wärme, Waschmittel, ein zu niederer dagegen mangelhafte Waschwirkung. Schwimmt die Wäsche gar zufolge eines zu hohen Wasserstandes, so hat man gleichfalls mit einem mangelhaften Waschen zu rechnen. Da zudem für den Erfolg des Waschens nicht so sehr die je Maschine genommene Grammzahl an Waschmitteln, sondern die Konzentration der Lösung wesentlich ist, die ihrerseits von der Wassermenge abhängt, so muß ein Arbeiten mit schwankenden Wasserständen zu unsicheren Erfolgen führen. Bei geschlossenen Maschinen ohne Wasserstandsgläser die Höhe der Füllung auf Grund des Plätscherns o.a. beurteilen zu wollen, kann als nur sehr ungenau gelten. In Deutschland gehen zudem die Forderungen der zuständigen Berufsgenossenschaft dahin, daß eine Maschine bei geöffnetem Deckel der Außentrommel nicht in Betrieb gesetzt werden kann, so daß ein Hineinsehen in die laufende Maschine wegfallen wird. Dies bedingt das Vorhandensein besonderer Klappen in den Füllöffnungen der Außentrommeln oder seitlich angebrachter Meßtöpfe, um die Waschmittel während des Betriebes bei geschlossener Maschine einfüllen zu können.

Als Wasserstandsanzeiger, welche die Wasserstandshöhe in der Innentrommel anzugeben haben, kommen in Frage Wasserstandsgläser, welche, an einer Seitenwand angebracht, die Laugenhöhe in der Innentrommel sichtbar machen. Die Glasröhren sind bei den neuen Konstruktionen leicht herausnehmbar, da sonst Kalkabscheidungen oder Faseranhäufungen den Wasserstand nicht mehr recht ablesen lassen, bzw. die Verbindung mit den Flotten unterbrechen. Automatenventile (Abb. 34) schließen nach Erreichen der gewünschten Wasserhöhe selbsttätig.

Thermometer. Für sorgfältiges Arbeiten ist die Kontrolle der Temperaturen beim Einweichen, Waschen, Bleichen und Spülen notwendig.

In vielen Fällen ist es z. B. nicht nötig oder sogar falsch, mit kochend heißen Flotten zu arbeiten. Eine etwa als geeignet vorgeschriebene Temperatur von 80° C läßt sich ohne Thermometer nicht ermitteln und einhalten. Bei Schätzen der Celsius-Grade, etwa durch Anfassen der Außentrommel wäscht man vielleicht zu heiß, was Verschwendung von Wärme bedeutet, oder mit zu kalter Lauge, was mangelhafte Waschwirkung zur Folge hat. — Wenn wir wissen, daß das Einweichen am günstigsten bei 35 bis 40° C erfolgt, so hält es schwer ohne Thermometer diese Temperatur zu sichern. Ein Einweichen in weniger warmen Flotten läßt den Schmutz nicht so gut lockern, in zu heißen Bädern werden manche Flekken einbrennen.

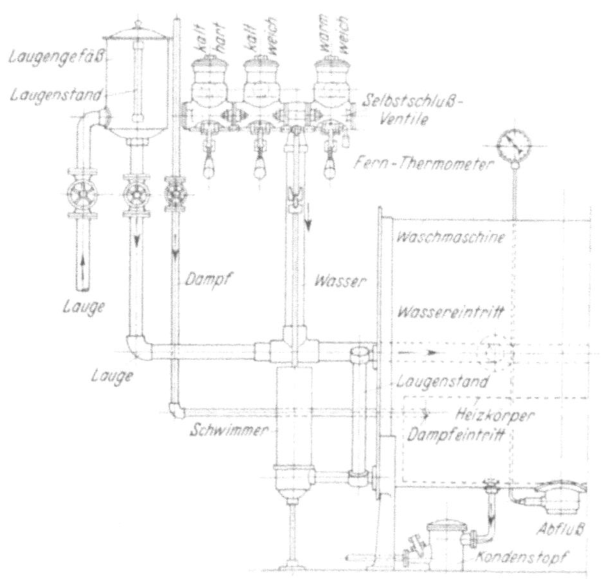

Abb. 35. Schematische Darstellung einer sachgemäß ausgerüsteten Waschmaschine: Selbstschlußventile für weiches, kaltes und warmes Wasser, hartes, kaltes Wasser; Laugenstandsglas; Fernthermometer; Laugenmeßtopf mit Anschluß an zentrale Laugenbereitung.

Es soll jede Maschine mit einem Thermometer ausgerüstet sein. Quecksilberthermometer sind zwar billiger, jedoch schwieriger so anzubringen, daß sie die Wärme der Lauge richtig angeben. Am geeignetsten sind leicht ablesbare Fernthermometer, welche die Temperaturen am Boden der Trommel abnehmen. Die Skala muß bequem sichtbar sein, damit der Wäscher tatsächlich bei jeder einzelnen Stufe des Waschverfahrens die Temperatur beobachtet. Es gibt fernerhin Thermometer mit Schreibvorrichtung, die die Temperaturschwankungen aufzeichnen und so eine nachträgliche Kontrolle des Wäschers gestatten. Soweit es gelingt, die Wäscher auf diese Weise zu sorgsamster Handhabung der Wärmezufuhr anzuhalten, mag sich die größere Anschaffung bezahlt machen.

Zeitkontrolle. Im Waschraum soll eine Uhr gut sichtbar hängen, um der Bedienung das Waschen nach Zeitvorschriften zu erleichtern. Bei großen Waschmaschinen kann es wirtschaftlich sein, jede Maschine mit einer Kontrolluhr auszurüsten. Besondere Automatenuhren öffnen sogar nach Ablauf einer einzustellenden Zeit die Ablaßventile selbsttätig, so daß die Lauge oder das Spülwasser abfließt (Washometer). So wertvoll solche Apparate als letzte technische Vervollkommnungen des Betriebes sein mögen, so ist wegen der Kostenfrage zunächst an den Einbau von Thermometern und Wasserstandsanzeigern zu denken. Von der Bedienung ist zu verlangen, daß sie diese den Vorschriften entsprechend benutzen.

29. Wärmewirtschaft des Waschraumes.

Dampferzeugung. Die Ausgaben für Brennstoff bilden in einer Wäscherei einen wesentlichen Kostenfaktor; von einem wirtschaftlichen Dampfkesselbetrieb hängt die Rentabilität mit ab. Eine jüngst erschienene Schrift von K. Adloff[1] sei zum Studium empfohlen, da hier der Raum für solche Berechnungen fehlt. Adloff schreibt einleitend:

In einer Zuschrift an die Schriftleitung der „DWZ" weist ein Verbandsmitglied auf Grund der gesammelten Erfahrungen darauf hin, mit welchen großen Schwierigkeiten der Wäschereibesitzer in einem Betriebe hinsichtlich des Dampfkessels und dessen Überwachung zu rechnen hat. ... selbst in gut geleiteten Betrieben werden sehr ungünstige Kesselwirkungsgrade gefunden.

Direkte oder indirekte Dampfheizung. Der indirekten Dampfheizung — Anwärmen der Lauge durch in die Maschinen eingebaute Dampfschlangen, oder besser mittels Dampfkästen — ist unbedingt der Vorzug gegenüber dem direkten Einleiten von Dampf in die Lauge zu geben. Wird Niederdruckdampf (von 0,25—0,5 atü) in einem Niederdruckkessel erzeugt, so ist die indirekte Heizung ein unbedingtes Erfordernis, die auch bei Hochdruckdampf vorzuziehen ist. Sofern man im Waschgang bleicht, ist das Einhalten der Temperaturen sehr wichtig, da sich die Bleichenergie bei höheren Temperaturen in kürzerer Zeit entfaltet. Arbeiten mit direktem Dampf führt auch zu einer unerwünschten Erhöhung des Laugenstandes und einem Verdünnen der Flotte, falls der Dampf naß ist, sich viel Kondensat bildet. Zudem bringt das Kondensat mitunter Rost aus den Leitungen oder Schmieröl aus der Maschine mit, wenn es sich um Abdampf handelt.

An Dampfverbrauch rechnet man je 1 kg Wäsche 2—3 kg Dampf. Es ist unter allen Umständen sparsam mit dem Dampf umzugehen. Der Wäscher darf nicht übersehen, die Dampfventile sofort nach dem Aufkochen zu schließen — soweit überhaupt gekocht wird —, damit kein Dampf ungenutzt in die Luft entweicht. Ein Dampfausblasrohr erlaubt gegebenenfalls leichter zu überwachen, ob der Kochpunkt erreicht und unnötig weiter gekocht wird. Sofern Heißdampf nur kurze Zeit auf ruhendes Gut einwirkt, mag fürs erste weniger an eine Schädigung

[1] Adloff, K.: Energiewirtschaft in Wäschereien, 1933. Charlottenburg: Verlag Deutscher Wäschereiverband e. V., 47 Seiten, RM 0,90.

der Gewebe zu denken sein. Zeigt die Wäsche später gelbe Verfärbungen, so handelt es sich meist um eingebrannten Rost oder Schmutzbrühe. Immerhin bleibt jedes unnötige Kochen zu vermeiden, denn namentlich Leinen ist in schärfer alkalischen Laugen bei höheren Temperaturen gefährdet.

Unterfeuerungsmaschinen. Im Kleinbetrieb — im Gewerbe oder der kleineren, nicht ständig beschäftigten Anstalt — mag es fraglich sein

Abb. 36. Versuchsanlage in der Wirtschafts- und Forschungsstelle, Berlin, Waschmaschine mit kupferner Trommel für 15 kg Fassungsvermögen, Gasheizung mit vorn liegendem Tangentialbrenner, direktem Motorantrieb mit elektrischer Umsteuerung, Druckknopfschalter. Zentrifuge 400 × 225 mm mit direktem Motorantrieb. Ausführung: Rumsch & Hammer, Forst (Lausitz).

einen Dampfkessel aufzustellen, schon weil baupolizeiliche Vorschriften zu erfüllen sind. Ob Waschmaschinen mit Unterfeuerung bei Verwendung von Kohle oder Gas (gegebenenfalls elektrischem Strom) zu bevorzugen sind, hängt von den örtlichen Verhältnissen ab. — Eine Einrichtung zum Bereiten des nötigen Heißwassers zum Spülen darf nicht fehlen, die Unterfeuerungsmaschinen sehen deshalb einen Warmwasserbehälter vor. — Nachteilig bei den Unterfeuerungsmaschinen ist das Hantieren mit festen oder flüssigen Brennstoffen im Waschraum als eine Quelle möglicher Verschmutzungen. Bei Gasfeuerungen bleibt die geregelte Zuleitung und intensive Verbrennung des Gas-Luft-Gemisches durch zweckentsprechende Düsen zu sichern.

Arbeiten mit Heißwasser. Ohne Verwendung von Dampf zu arbeiten, ist im letzten Jahrzehnt vor allem in amerikanischen Wäschereien eine bevorzugte Technik geworden. Man führt zu den Waschmaschinen vielfach nur Heiß- und Kaltwasser-, keine Dampfleitungen mehr. In Deutschland gleichwie in England glaubte der Wäscher wegen der durchschnittlich stärkeren Verschmutzung der Haushaltwäsche mit Heißwasser nicht auszukommen, doch hat inzwischen diese Arbeitsweise große Beachtung gefunden. Wenn schon das Waschen mit Heißwasser nicht durchweg anwendbar ist, so kommt es doch für alle Betriebe in Betracht, die weniger stark beschmutzte Wäsche, so etwa Hotelwäsche und bessere Kundenwäsche zu waschen haben. Wärmeökonomisch ist die ausschließliche Verwendung von Heißwasser der älteren Technik überlegen. Bei Installationen wolle man eine genügend große Boileranlage berechnen, so daß selbst bei stärkerer Entnahme von Heißwasser die Temperatur des in die Waschmaschine einzuleitenden Wassers stets auf gleicher Höhe bleibt. Empfehlenswert ist es, bei dampfgeheizten Heißwasserbereitern einen Thermostaten einzubauen. Die Heißwassertemperaturen im Boiler beträgt in Deutschland meist 60—70° C, in Amerika geht man bis etwa 100° C, was besser ist.

Um ohne Dampf, also nur mit Heißwasser arbeiten zu können, ist eine bestimmte Waschtechnik einzuhalten. Es muß ein lauwarmes Einweichen in den Maschinen vorangehen und nach dem Mehrlaugenverfahren gearbeitet werden. Weicht man kalt ein, so kann die Temperatur der Seifenlaugen beim Einleiten von heißem Wasser nicht genügend schnell ansteigen. Selbst bei lauwarmem Einweichen (das Thermometer soll 35—40° C zeigen) wird die für die Seifbäder erforderliche Wärme, bei der wir mit großem Schmutzlösevermögen zu rechnen haben, erst im zweiten Seifbade erreicht werden. Die einzelnen Seifbäder wirken nur kurz ein, da mit längerer Dauer des Seifbades die Temperatur mangels Zufuhr weiterer Wärme absinkt. Eine volle Ausnutzung der Vorteile des Arbeitens mit Heißwasser erscheint nur in Verbindung mit dem von Amerika übernommenen Mehrlaugenverfahren möglich.

In geschlossenen Druckleitungen Heißwasser an Stelle von Dampf zum Übertragen von Wärme zu verwenden, etwa Heißwasser von 200° C, kann zu einer vorzüglichen Wärmewirtschaftlichkeit führen. Erste, vielversprechende Erfahrungen mit dieser Heißwasserheizung liegen bereits vor. In der Textilindustrie, so in Bleichereien, sind Großbetriebe zur Heizung der Flotten mit Heißwasser übergegangen. Die hohen Kosten für die Wärmewirtschaft lassen anraten, sich mit den Fortschritten der Technik vertraut zu machen.

F. Wäschesortieren, Betriebskontrolle.

30. Wäschesortieren.

Namentlich beim Waschen von Haushaltwäsche nach Gewicht hat man die Wäschearten zu sortieren, um gute Waschergebnisse anzustreben. Die Frage des Sortierens ist jedoch gleichfalls für Feinwäschereien, die in erster Linie Kragen und Oberhemden behandeln, wichtig, denn unter dem Einfluß der Mode hat die Zahl der bunten Wäschestücke und solcher aus Seide, Kunstseide, Wolle und Mischgeweben gegenüber früher stark zugenommen. Es kommt aber darauf an, nicht etwa die Arbeitsweisen der Hauswäscherei ins Große zu übertragen, sondern es sind eigene, den Bedingungen der Maschinenwäscherei angepaßte Wege zu gehen. Die Frage des Sortierens ist für das Wäschereigewerbe auch insofern wichtiger geworden, als vom Wäschereigewerbe ständig kürzere Lieferfristen verlangt werden. Wie lange ein Wäschestück braucht, um von Annahmeraum zur Expedition zu kommen, ist Sache der Warenführung im Betriebe und hier hängt viel von der Art des Sortierens ab. Wenn sich früher leichter Aufschläge auf eilige Sachen erheben ließen und ein besonderer Aufwand möglich war, hat man heute tunlichst alle Aufträge dem allgemeinen Rahmen einzufügen.

Wir haben beim Sortieren eine technische und eine wirtschaftliche Seite zu unterscheiden. So wird man einerseits möglichst viele Gruppen machen, um im Waschraum die verschiedenen Faser-, Farbstoffarten und Wäschestücke verschiedener Schmutzgrade getrennt zu halten, auf der anderen Seite bedeutet eine starke Unterteilung in sehr viele Klassen erhöhte Lohnkosten im Auszählraum und in der Expedition, sie läßt die einzelnen Gruppen vielleicht zu klein für ein vorteilhaftes Waschen in der Maschine werden. An sich dürften fast alle Stoffe in Maschinen zu waschen sein, solche Technik bleibt jedenfalls anzustreben, das Waschen einzelner Stücke mit der Hand soll die Ausnahme bilden. Gute Fachkenntnisse sowohl bezüglich Warenkunde wie Waschtechnik bilden die Voraussetzung.

Das Waschen in Maschinen bedeutet jedoch keinesfalls, die verschiedenartigsten Wäschestücke zusammen waschen zu wollen. Es ist zwar vielfach noch üblich, die Gewichtswäsche eines Kunden geschlossen in einer Kammer zu waschen. Solche Praxis ist zu verwerfen. Wenn schon dank den Erfolgen der deutschen Farbstoffindustrie und zufolge den gestiegenen Echtheitsanforderungen heute zumeist sehr echte Färbungen in den Handel kommen, so ist ein Waschen von bunten mit weißen Stücken zu beanstanden. Wenn manche Hausfrau heute ihre gesamte Wäsche noch nicht der Wäscherei geben will, weil sie befürchtet, es könnten Stücke verdorben werden, so muß solches Mißtrauen durch Qualitätsarbeit mehr und mehr verschwinden. Der sorgsam arbeitende

Wäscher muß sachkundig einteilen. Die Ansicht, bei Gewichtswäsche gehe der Verdienst verloren, wenn sortiert werde, trifft bei einer geeigneten Art des Sortierens nicht zu. (Die gleichen Betriebe arbeiten anderseits womöglich noch mit einem Auszeichnen der Stückwäsche mittels Fäden, einer entschieden sehr kostspieligen Zeichnungsart!) Ins einzelne gehende Vorschriften lassen sich schwer machen. Wir haben Betriebe, die bei höheren Preisen sorgfältiger arbeiten können, also auch in der Annahme und beim Sortieren. Auf der anderen Seite muß eine Wäscherei gegebenenfalls von der letzten Sorgfalt wegen allzu niedriger Preise ablassen. Die Räumlichkeiten, die anfallenden Wäschemengen, der Prozentsatz von Stückwäsche zu Gewichtswäsche bedingen die letzten Entscheidungen, so daß hier nur allgemeine Richtlinien aufzustellen sind.

Gruppen für die verschiedene Waschtechnik. Weiße Wäsche, bunte Sachen, Wolle, Kunstseide und Seide sind zu trennen. Nach Möglichkeit sollte man weiße Wäsche noch je nach Schmutzgrad auseinanderzuhalten. Weiße Stücke mit wenigen bunten Streifen werden den weißen zugefügt. Bunte Sachen sind getrennt zu halten, weil sie nicht gebleicht werden, und ein Auslaufen zu vermeiden bleibt. Ein Auslaufen ist in heißen, für weiße Stücke anwendbaren Laugen eher zu befürchten. Sämtliche farbigen Sachen teilt man in zwei Gruppen ein: eine der grünblauen und eine der rot-gelben Farbtöne. Bei einem Zusammenwaschen aller Farbtöne haben wir schon bei einem geringen Ablassen und Anfärben mit einem Vergrauen zu rechnen. Dunkle und helle Farbtöne sollten zudem getrennt bleiben. Bunte baumwollene Sachen wären am besten in kleinen Trommelwaschmaschinen zu waschen. Wolle einerseits und Seide und Kunstseide anderseits sind nach Möglichkeit für sich zu behandeln. Farbige Sachen wären wieder, soweit es angeht, in gleicher Weise wie Baumwolle und Leinen zu trennen. Wolle und Seide sind in kleinen Maschinen bei hohem Wasserstand zu waschen, um den Fall zu mindern. Von Wert kann es sein, die Umdrehungszahl herabzusetzen. Man wird weiterhin für sich zu waschen haben die Berufskleidung, Kragen, Oberhemden. Es ließe sich ferner auf verschiedene Trommeln verteilen die zu appretierende Wäsche und die übrige Weißwäsche.

Solche Unterteilung in Wäschegruppen geht nicht zu weit, sie wird aber zahlreichen Betrieben bereits als nicht durchführbar gelten.

Betriebstechnische Trennung. Die Lohnkosten für Sortieren und Expedieren der Wäsche wachsen leicht an, so daß man streben muß, sie den Erfordernissen anzupassen. Eine gute Betriebsorganisation gewährleistet außerdem eine schnelle Belieferung der Kundschaft. Treten gar öfters Vertauschungen ein oder gehen Stücke verloren, so ist unbedingt auf Abhilfe zu achten.

Um die Wäsche der einzelnen Kunden getrennt zu halten, sind drei Verfahren zu unterscheiden:

1. Durchgehende vollständige Kennzeichnung des einzelnen Wäschepostens, d.h. jedes Stück wird gezeichnet.

Untergruppen: a) die Zeichen werden in der Expedition wieder entfernt. b) Die Zeichen bleiben für ein wiederholtes Waschen in den Wäschestücken.

2. Teilweise Kennzeichnung der einzelnen Wäscheposten.

3. Keine Kennzeichnung der einzelnen Stücke.

Welches dieser Verfahren am vorteilhaftesten ist, hängt von der Kundendienstklasse und den jeweiligen betrieblichen Verhältnissen ab. Allgemein wäre zu sagen, daß ein genaueres Zeichnen um so geeigneter erscheint, je schrankfertiger die Wäsche abzuliefern ist: also Naßwäsche braucht überhaupt nicht gezeichnet zu werden, bei Stückwäsche hingegen gegebenenfalls jedes einzelne Stück.

In der Praxis hat der Wäscher zu wählen zwischen den folgenden gebräuchlichen Systemen:

a) Waschen ganzer Haushaltsposten geschlossen in Kammern von Großwaschmaschinen oder in kleineren Trommeln. Die Stücke werden nicht gezeichnet.

b) Waschen in mit großen Sicherheitsnadeln verschlossenen Netzen. Nummern auf dem Verschlußschild der Nadel oder dem Netze beigegebene Läppchen mit Nummern lassen die Einzelposten erkennen. Die Zahlen werden jeweils auf den Wäschezetteln, Nummern od. dgl. vermerkt.

c) Zeichnen der einzelnen Stücke mit Fäden.

d) Beschreiben oder Stempeln der einzelnen Stücke mit Nummern oder Buchstaben. Das Stempeln pflegt mit Spezialmaschinen zu geschehen.

e) Stempeln auf dem Wäschestück anzuheftender Stoffmarken bzw. Anheften fertig gestickter Nummern.

f) Befestigung von Nadeln oder Klammern mit Nummern an den einzelnen Wäschestücken.

Für die Wahl eines Verfahren, bzw. die Verbindung verschiedener werden entscheidend sein die Kosten, wobei man nicht allein die anfänglichen, sondern vor allem die laufenden Ausgaben zu berücksichtigen hat. Läßt sich die Leistung je Arbeitskraft wesentlich steigern, so werden die höheren Einführungskosten eines Verfahrens sehr bald getilgt sein. Es ist ferner an die möglichen Gefahrenquellen zu denken, daß beim Auszeichnen oder in der Expedition falsch gezeichnet bzw. falsch abgelegt wird, Markierungen während des Warendurchlaufes verloren gehen. Die nötige Aufsicht für sorgfältiges aber doch schnelles Arbeiten wird hierbei vorausgesetzt, denn diese ist in jedem Falle wesentlich. Zudem hat man zu berücksichtigen die Einstellung der Kundschaft. Das Stempeln der Wäsche ist z.B. eine einfache Technik, die aber nicht allerorts durchführbar erscheint, weil die Kundschaft vielfach von solchem Brauch nichts wissen will.

Zu den einzelnen Sortierarten ist noch zu sagen: Das Waschen in Kammern oder kleinen Trommeln ohne Auszeichnen der einzelnen Stücke erscheint als das Geeignete für größere Haushaltswäscheposten — Gewichtswäsche —. Es sollte jedoch nicht dazu führen nun der Einfachheit halber stark schmutzige Küchenwäsche, bunte Decken, Hemden usw. mit der Weißwäsche zusammen zu waschen. Diese Stücke sind gesondert zu waschen (in Netzen). Die Gefahr, daß einzelne Stücke in Wäschewagen, Waschmaschinen oder Zentrifugen liegen bleiben, kann hierbei nicht Anlaß sein zum Zeichnen überzugehen, vielmehr bleibt das Personal zur Sorgfalt anzuhalten.

Ein Waschen in Netzen wird vor allem bei kleineren Wäscheposten zweckdienlich sein. Selbst wenn man Stückwäsche im allgemeinen zeichnet, so empfiehlt es sich doch bei einer größeren Stückzahl (z.B. 20 Taschentücher) Netzbeutel zu verwenden, um das zeitraubende Zeichnen wegzulassen. Vor allem werden bunte Sachen aus Gewichtswäschen auszusondern sein, nicht aber mit der Hand an den Waschständen fertig zu stellen sein. Es bleibt darauf hinzuarbeiten, daß die Handwaschstände nur zum Waschen empfindlicher Sachen dienen.

In Amerika dürfte man heute 90% der bunten Wäsche in Netzbeuteln waschen. Die Behauptung, in Netzbeuteln gewaschene Wäsche falle nicht so sauber aus, widerspricht der Erfahrung. Bedingung bleibt, die Netze nicht zu voll zu machen und eine geeignete Waschformel anzuwenden. Lose Wäschestücke und Wäsche in Netzen soll man nicht zusammen waschen. In amerikanischen Wäschereien, in denen die Gewichtswäsche eine große Bedeutung hat, werden z.T. die ganzen Posten — also auch die weiße Baumwoll- und Leinenwäsche — in einer entsprechenden Zahl von Netzbeuteln gewaschen. Dies dürfte mehr bei großen offenen Maschinen, weniger bei Kammerwaschmaschinen vorteilhaft sein. Gehen Posten zumeist im Durchschnitt nicht über ein gewisses Gewicht hinaus (15 kg ?), so wäre die Wäsche auf eine zu große Zahl von Netzen zu verteilen, da die Fassung der Netze begrenzt ist, die größten fassen etwa acht Pfund Trockenwäsche. In Deutschland liefert der einzelne Haushalt meist größere Gewichtsmengen als in USA, da man in längeren Zeitabständen waschen läßt, und so mag ein Waschen in Kammerwaschmaschinen vorzuziehen sein. Immerhin wird das Waschen in Netzbeuteln in deutschen Wäschereien noch mehr erprobt werden müssen.

Ein Zeichnen der einzelnen Wäschestücke mit Fäden ist zwar heute in Deutschland noch in weitestem Umfang üblich, es stellt sich jedoch wegen der vielen Handarbeit für den größeren Betrieb teuer. E. M. Müller[1] schreibt: Das Zeichnen mit Zeichengarn ... hat den Vorteil, daß es höchst einfach in der Handhabung und sich auch gegenüber allen anderen Methoden sehr billig stellt. — Dieser Ansicht kann

[1] Die gewerbliche Wäscherei und Plätterei, S. 91.

nicht schlechtweg beigepflichtet werden. Das System ist bequem und die Verwendung von Garnen billig, die Leistung je Arbeitskraft ist aber zu niedrig, als daß solches Zeichnen den größeren Betrieb befriedigen könnte. Man sollte sehen, von diesem System loszukommen.

Beschreiben oder Stempeln der Wäschestücke erübrigt ein neues Zeichnen bei jeder folgenden Wäsche. Dies ist ein Vorteil und für Kragen, Oberhemden, aber auch Berufsmäntel und -jacken, Kellnerwesten u.a. ist das Markieren mit Zeichen- oder Stempelfarbe entschieden das Geeignetste. Das Kenntlichmachen vermittels anzuheftender Stoffmarken erfordert Spezialmaschinen. Verwenden von maschinengestickten oder gewebten Nummern bedingt einen großen Vorrat an Nummerrollen. Da nicht abzusehen ist, ob ein Kunde viele oder wenige Wäschestücke bringt, ergibt sich ein sehr ungleicher Verbrauch. Solche Wäschestücke mit angehefteter Stoffmarke machen meist einen gefälligeren Eindruck als gestempelte oder beschriebene Stoffe, eine nicht außer acht zu lassende Empfehlung.

Gegen ein Kennzeichnen der Stücke mit kleinen Sicherheitsnadeln mit Nummerschildchen wird eingewandt, daß Stücke in der Maschine zerreißen könnten oder doch Einstichlöcher in den fertiggestellten Stücken bleiben. Es haben große Betriebe das Nadeln praktisch erprobt und aufgenommen. Bei der etwaigen „Vorexpedition" (s. w. u.) werden die Nadeln vor dem Mangeln, Pressen oder Bügeln entfernt, so daß man mit Nadellöchern wenig zu rechnen hat. Kleine Metallblechklammern lassen solche Mängel besser vermeiden. Zum raschen und sicheren Aufbringen sind jedoch Maschinen nötig. Daß die kleinen Stanzen das Gewebe örtlich abdecken und hier vielleicht die Laugen weniger gut einwirken, hat in Anbetracht der kleinen Flächen wenig zu sagen.

Organisation des Warendurchlaufes. Um die Arbeit für die Expedition und für den Gesamtbetrieb zu erleichtern und die Zahl der Vertauschungen — sei sie nachträglich aufzuklären oder nicht — herabzusetzen, ist ein Einteilen der Warenmenge in „Gruppen" oder „Lote" angebracht, denn die Zahl der in der Expedition zu sortierenden Posten soll nicht zu groß sein. Zweckmäßig legt man bestimmte Gewichtseinheiten fest, die geschlossen den Betrieb zu durchlaufen haben. Über die Einheit „Posten" wird die Einheit „Gruppe" gesetzt. Der einzelne Posten ist also nur innerhalb seiner Gruppe, aber nicht innerhalb einer Tagesproduktion oder noch größerer Einheiten zu suchen. Ein glatter schneller Warenlauf im Betriebe (verschiedene bunte „Tagesfäden" erübrigen sich!) bleibt allerdings vorauszusetzen. Es darf nicht vorkommen, daß einzelne Posten andere, liegenbleibende überholen. Zum Lagern ist der Auszählraum und die Expedition, aber nicht der Betrieb als solcher da. Nur für vereinzelte, dringliche Posten wären Ausnahmen zu gestatten, die Eillieferungen haben dann als solche durch den Betrieb zu gehen.

Verschiedenartig zu bearbeitende Stücke eines Postens sollen nach Möglichkeit zur gleichen Zeit fertig werden. So ist in der Organisation darauf hinzuarbeiten, daß die aus einem Posten herausgenommenen bunten Stücke nicht im Auszählraum oder im Waschhaus liegen bleiben dürfen und das Fertigstellen eines Auftrags durch Suchen und Rückfragen verzögern. Größere Betriebe haben nach Zeitplan zu arbeiten, worüber weiter unten noch einiges gesagt ist.

Vorteil kann eine zwischen Waschraum und Fertigstellung der Wäsche eingeschaltete Vorexpedition zeitigen. Die Wäsche ist für das Waschhaus nach anderen Gesichtspunkten zu sortieren als für den Mangel- und Plättraum. Bunte Kaffeedecken kann man mit weißen glatten Stücken zusammen mangeln, aber nicht zusammen waschen. Weiße Trikotwäsche, Frottésachen sind hingegen gesondert von der weißen Wäsche fertig zu stellen. Wenn bei „Mangelwäsche" jedes Stück durch die Maschine geht, sammelt man besser den vollständigen Posten an, denn bei einem Durchlassen in einzelnen Teilen muß die Maschinenleistung niedriger sein. Werden die zur Kennzeichnung von Stücken benutzten Nadeln bei der Vorexpedition abgenommen, so erschwert die sofortige Vereinigung dieser Stücke mit dem Hauptposten Verwechslungen und sie erleichtert die Übersicht.

Einrichtung des Sortierraums. Das Sortieren und Zeichnen sollte auf Tischen erfolgen, das Arbeiten am Boden ermüdet und ist unrationell. Bei geschickter Anordnung genügt eine geringe Fläche je Arbeitskraft. In den Auszählraum gehören mit die intelligentesten Arbeiterinnen des Betriebes, um auf ein flottes und sicheres Sortieren, von dem die ganze Leistung abhängt, rechnen zu können. Jede Arbeiterin hat für sich zu arbeiten, es empfiehlt sich nicht, Gruppen zu bilden. Vergleiche der jeweiligen Leistungen sollen als Ansporn dienen. Arbeitsleistung und Lohnstundenzahl sind wöchentlich gegenüberzustellen, denn im Auszählraum wird mitunter die Arbeit gern in die Länge gezogen, falls es an regelmäßiger Beschäftigung mangelt.

31. Betriebskontrolle.

Der zu fordernden schärferen technisch-chemischen Überwachung des Waschraums muß eine rechnerische Kontrolle gegenüberstehen. Wie umgekehrt die steigende Einsicht in die Notwendigkeit einer laufenden, aufgegliederten Selbstkostenrechnung gewisse technische Kontrollen notwendig macht.

Eine einwandfreie Betriebskontrolle stellt die „Solleistung" laufend der „Istleistung" gegenüber. Der Betriebsleiter hat nicht nur aus einem größeren Verbrauch an Waschmitteln und den Nachbestellungen den Geschäftsgang zu beurteilen, sondern er muß laufend die in Arbeit genommenen Warenmengen kontrollieren. Auffassungen, eine Betriebsrechnung erfordere größere zusätzliche Arbeit, weshalb man von ihr absehen müsse, sind irrig. Solange die geeignete Buchhaltung vorhanden ist, ergibt sich vieles zwangsläufig. Man beseitige überflüssige Doppel- und Dreifachbuchungen, wie sie in sehr vielen Betrieben noch erfolgen und setze an die Stelle Abrechnungen, die der Betriebskontrolle dienlich sind.

Erscheint in einem kleinen Betriebe eine laufende Überwachung nicht wirtschaftlich, so sind jedenfalls von Zeit zu Zeit entsprechende Berechnungen erforderlich. Genauere Kontrollen lassen Mängel im Betriebe aufdecken. Jeder Wäscher müßte die Soll- und Istleistungen seines Betriebes genau kennen, um die Ergebnisse mit anderen Wäschereileitern auszutauschen und nötigenfalls die bessernde Hand anzulegen. — Die rechnerische Kontrolle gehört zur kaufmännischen Seite der Wäscherei und bleibt deshalb nur kurz zu behandeln.

Vorab ist die mögliche Leistung des Waschraums je Woche zu errechnen. Aus der Addition des theoretischen Ladegewichts der Maschinen ergibt sich die in einem Waschgange zu bewältigende Wäschemenge. Unter Berücksichtigung der Waschdauer läßt sich dann weiterhin die wöchentliche Leistung des Waschraums — in Kilogramm — errechnen. Dieser Sollzahl ist die tatsächliche Leistung gegenüberzustellen. Wurde nicht voll gearbeitet, wäre 1. die prozentuale Ausnutzung des Waschraums jeweils zu bestimmen und 2. die für die geringere Wäschemenge notwendige theoretische Arbeitsstundenzahl zu ermitteln. Die Zeit für Laden und Entladen der Maschinen ist den Waschzeiten zuzuschlagen. Man rechne 5—6 Minuten.

Viele Betriebe erfassen die Wäsche nach Stückzahl, da die Berechnung nach Stück erfolgt. Das durchschnittliche Gewicht der einzelnen Wäschearten ist aus einer größeren Menge von Stücken zu ermitteln. Anzuraten bleibt jedoch, sämtliche in den Betrieb kommende Wäsche zu wiegen, zumal sich das Abwiegen ohne große Arbeit durchführen läßt. Eine genaue Kontrolle des Waschraumes läßt sich besser auf den Gewichtsmengen aufbauen.

Um im Waschraum an die Solleistungen heranzukommen, empfiehlt sich für jeden größeren Betrieb einen Zeitplan aufzustellen, den der Waschmeister einzuhalten hat. An Hand der bekannten Waschzeiten ist ein Schema für die Tages- und Wochenleistungen auszuarbeiten. Die Zeiten für das Waschen der bunten Sachen und für Handwäsche sind erfahrungsgemäß einzukalkulieren, um den Betrieb so einzustellen, daß die Posten stets geschlossen aus dem Waschraum kommen. Bei Einführung eines Schemas werden Schwierigkeiten nicht ausbleiben und die

Arbeitsverhältnisse mitunter zu einem Abweichen von dem Plane führen. Immerhin wird man mit dem Plane weiter kommen als mit dem nur von den Zufälligkeiten abhängig gemachten Verteilen der Arbeit nach Bedarf.

Eine derartige Kontrolle des Waschraumes sichert die Überwachung der Löhne. Im Gegensatz zu allen anderen Abteilungen — einschließlich Sortierraum — ist im Waschraum ein Arbeiten im Akkord schwer durchzuführen. Man muß darum sehen, wie sich auf anderem Wege der Waschraum überwachen läßt. Hier hilft ein Zeitplan, auf dessen Einhaltung zu achten bleibt.

Kontrolle des Wasserverbrauches. Der Wäschemenge wäre der Gesamtverbrauch an Wasser gegenüberzustellen. Man rechnet durchschnittlich je kg Wäsche 40 l Wasser (24 l warmes und 16 l kaltes). Bei der Gegenüberstellung bleibt zu berücksichtigen, daß abgesehen von diesem Bedarf für das eigentliche Waschen auch für Kesselspeisung, Reinigungszwecke und Rückspülen des Permutitfilters — hierfür etwa 10% — Wasser verbraucht wird. Empfehlenswert ist der Einbau einer Wasseruhr für den Waschraum, denn die Wasserkosten einer Wäscherei sind zu hoch, als daß sie nicht laufend kontrolliert werden sollten.

Dampfverbrauch. Als Richtzahl wurden bereits weiter oben 2—3 kg Dampf je kg Wäsche genannt. Bei Anstalten, Hotels u. dgl., bei denen für verschiedene Abteilungen Dampf zu liefern ist, erscheint es wesentlich, den Dampf- und Wasserverbrauch der Wäscherei genau zu verfolgen, es wäre verfehlt, etwa an Hand eines geringen Waschmittelverbrauches die Wirtschaftlichkeit des Betriebes beurteilen zu wollen.

Verbrauch an Waschmitteln. Den Verbrauch an Waschmitteln pflegen in vielen Fällen die Betriebsleitungen festzulegen und diesen dabei in schärferer Weise vorzuschreiben als etwa den Wasser- und Dampfverbrauch. Als Richtzahl für den Aufwand in Anstalten ist 1 Pfennig je kg Wäsche genannt worden. Zu betonen bleibt, daß es sich hier nur um einen Anhaltspunkt handelt. Es liegen noch nicht genügend Untersuchungen vor, um über den Einzelfall entscheiden zu können. Es kann sowohl ein zu hoher wie zu niedriger Verbrauch an Waschmitteln je kg Wäsche falsch sein, in ersterem Falle hat man an eine Vergeudung von Seife zu denken, in letzterem zufolge Verwendung von billigen Alkalien an eine Gefährdung der Wäschestoffe.

G. Waschvorschriften für weiße Baumwoll- und Leinenwäsche.

32. Einheitliche Waschvorschriften?

Bei Betrachtungen über Waschverfahren in der Literatur pflegt die Frage, ob einheitliche Waschverfahren möglich wären, eine Rolle zu spielen. Es hat nicht an Bestrebungen öffentlicher wie privater Stellen gefehlt, einheitliche Waschvorschriften zu geben, man hat jedoch geglaubt, daß sich bindende Vorschriften nicht verordnen ließen, weil die Arbeitsbedingungen zu unterschiedlich seien.

Entspricht es nun den Gegebenheiten der Praxis, daß einheitliche Vorschriften unmöglich sind? Die Antwort hat bedingt verneinend zu lauten. In der Erkenntnis der zunächst bestehenden großen Unterschiede müssen die Bestrebungen fürs erste darauf gerichtet sein, gleichartige Voraussetzungen zum Arbeiten zu schaffen. Hierzu gehört vor allem das Arbeiten mit weichem Wasser und weiterhin das Vorhandensein von technisch einwandfreien, maschinellen Einrichtungen. Hartes Wasser beeinflußt nicht allein den Verbrauch an Waschmitteln, sondern auch die Waschtechnik, da Faserinkrustationen zu vermeiden sind. Ein Betrieb mit weichem Wasser arbeitet unter weit günstigeren Bedingungen. Ebenso lassen als veraltet anzusprechende Waschmaschinen, Wasserleitungen mit zu geringem Rohrquerschnitt, zu kleine Dampf- und Heißwasseranlagen die qualitativ anzustrebenden Leistungen zumal nicht in einer gegebenen Zeit erreichen. Die Dauer ist für ein Waschverfahren jedoch ein sehr wesentlicher Faktor. Wenn also gesagt wird, eine Angleichung der Waschverfahren sei nicht möglich, so ist dies zunächst richtig. Da sich aber die angedeuteten Voraussetzungen schaffen lassen, sogar geschaffen werden sollen, steigen die Aussichten auf einheitlichere Waschverfahren.

Eine Angleichung der Waschverfahren ist möglich, wenn technisch einheitliche Arbeitsbedingungen geschaffen werden. Eine gewisse Vereinheitlichung lag bereits im Zuge der Zeit und in dieser Richtung hätten die Bestrebungen weiter zu gehen. Umgekehrt werden heute etwaige Wünsche von Krankenhäusern und anderen Anstalten nach Einheitsvorschriften von einsichtigen Wäschereisachverständigen abgelehnt, man wird vielmehr nach eingehender Darlegung der betrieblichen Verhältnisse von Fall zu Fall entscheiden.

Den örtlichen Verschiedenheiten wie dem fachlichen Können ist selbstverständlich stets Rechnung zu tragen. Die Ansprüche an den Weißgrad und das Freisein von Flecken sind verschieden, die Vereinheitlichung wird nicht so weit zu gehen haben, alle Unterschiede ausgleichen zu wollen. Der Wäscher mag die Konzentrationen, die Temperaturen, die Zeiten in gewissem Umfange abändern, um die unterschiedlichen Arbeitsverhältnisse zu berücksichtigen. Es sind nur Richtlinien aufzustellen, dem Praktiker muß sein Recht bleiben, und es wäre ein Trugschluß zu glauben, man könne bei Normung mit ungelernten Leuten auskommen.

33. Mengenverhältnisse, Zeiten, Temperaturen.

Wäschemengen je Maschine. Wie weit man die Waschmaschine mit Wäsche ladet, hat entscheidenden Einfluß auf den Ausfall. Anzuraten bleibt vorab für möglichst gleiche Wäschemengen zu sorgen, denn gleichen Waschausfall kann man nur bei etwa entsprechenden Wäschemengen erwarten.

Jedoch ist ein ganz bestimmter Füllungsgrad am geeignetsten. Eine zu geringe Füllung bedeutet unwirtschaftliches Arbeiten, denn die Maschine wird nicht in ihrer Leistungsfähigkeit ausgenutzt. Ein Überladen sollte ebensowenig stattfinden, die Fallhöhe der Wäsche wird gemindert, Lauge wie Spülwasser können nicht in genügendem Maße die Wäsche durchdringen. Der Waschausfall muß also schlechter sein, sofern man die Wasch- und Spüldauer nicht erhöht. Bei Betriebsuntersuchungen wurde immer wieder festgestellt, daß die Bemühungen durch Überbeladen der Trommel die Produktion zu steigern und sparen zu wollen, falsch sind. Wenn sich z. B. ergibt, daß bei einem Überbeladen um ein Drittel des Sollgewichtes die Waschzeit um die Hälfte verlängert werden mußte, um zum gleichen Erfolg zu kommen, so hatte man unwirtschaftlich gehandelt.

An Richtzahlen für Maschinenfüllungen sind in der vom Reichsausschuß für Lieferbedingungen (RAL) beim RKW herausgegebenen Schrift[1] 1 kg Wäsche je 10 l Trommelinhalt genannt worden. Diese Richtzahl ist lediglich eine Vergleichsziffer, um die Größen der Waschtrommeln verschiedener Fabrikate — also verschiedener Durchmesser und Längen — vergleichen zu können. In der Praxis ist zu rechnen mit 12—14 l Trommelinhalt je 1 kg Wäsche. Entscheidend ist hierbei der Schmutzgrad des Waschgutes.

In einer Besprechung der RAL-Vorschriften im „Wäscherei-Centralblatt“ [2] gab z. B. ein nicht genannter Verfasser an, er habe bei Prüfung von Betrieben folgende Ladegewichte für eine 850 × 1200-mm-Maschine gefunden, die nach RAL mit 68 kg Wäsche zu beschicken gewesen wäre:

a) bei wenig getragener Leibwäsche, Privat-Tisch- und -Bettwäsche 60—65 kg
b) Hotel-Tisch- und -Bettwäsche . . . . 70—76 „
c) Anstaltswäsche . . . . 72—80 „
d) besonders schmutzige Leibwäsche . . . . 52—56 „
e) fettige Küchen- und Hauswäsche . . . . 54—60 „
f) Oberhemden ca. 100 Stück . . . . 48—52 „

Die Betriebe ändern also den Bedürfnissen entsprechend die Richtzahlen.

---

[1] Reichsausschuß für Lieferungsbedingungen: Wäschereianlagen. Richtlinien für die Ausschreibung und Lieferung. Bestellnummer RAL 780. Berlin: Beuth-Verlag GmbH.

[2] Wäscherei-Centralbl. 1931, Nr. 21, S. 240.

Jedem Wäscher sollte von seinen Maschinen bekannt sein, wie sich das Verhältnis Liter-Trommelinhalt zu 1 kg Wäsche stellt. Der Literinhalt der Trommel wäre zu berechnen nach der Formel: halber Durchmesser (in cm) $\times$ halber Durchmesser $\times$ Trommellänge $\times$ 3,14 = Trommelinhalt in cm³. Division durch 1000 ergibt Liter-Inhalt. Eine Trommel von 850×1200 mm wäre also zu beladen mit $42{,}5 \times 42{,}5 \times 120 \times 3{,}14 = 680\,595$ cm³ = 680 l = 54 kg Wäsche bei 1 kg je 12 l Trommelinhalt, und 41 kg Wäsche bei 1 kg je 14 l Trommelinhalt.

Bei Großwaschmaschinen darf man eine etwas größere Wäschemenge je l Trommelinhalt rechnen. Es ist also nicht nur mit dem Verschmutzungsgrad sondern ebenfalls mit der Trommelgröße das Ladegewicht zu variieren. Bei Kammermaschinen haben wir zu berücksichtigen, daß die Zwischenwände Platz wegnehmen. Da sich hier die Gefahr einer ungleichen Beladung der einzelnen Kammern und damit eines ungleichen Waschausfalles ergibt, erfordert eine entsprechende Überwachung. Erscheint die Wäschemenge für eine Kammer zu reichlich, so sollte man sie besser auf zwei Kammern verteilen.

Wassermenge je Maschine. Es gilt zweierlei zu beachten: Einerseits beeinflußt das Verhältnis der Wassermenge zur Wäsche- und Waschmittelmenge die chemisch-physikalischen Vorgänge, anderseits ist ein gewisser Flottenstand einzuhalten, um eine gute mechanische Reinigungswirkung anzustreben. Die Wäsche soll nicht trocken laufen, sie darf jedoch ebensowenig schwimmen. Üblicherweise bemißt man das Wasser nach dem Wasserstande und nicht nach der Literzahl. In etwa entspricht die Höhe der Flüssigkeit einer gewissen Litermenge von Flotte, doch sind die Ablesungen leicht ungenau. Bei Zugabe abgemessener Mengen von Stammlösungen oder von Wasser, etwa mittels Eimern von bekanntem Fassungsvermögen, bleibt zu bedenken, daß die Wäsche unterschiedliche Mengen von Wasser aus dem vorhergehenden Waschgange zurückhält. Naße Wäsche saugt bis zu 300% des Trockengewichtes an Flüssigkeit auf. Diese restliche Flotte beeinflußt in erheblichem Grade die berechneten Konzentrationen der Nachsätze an Stammlösungen gleichwie die Vorgänge beim Spülen. Nur gewissenhaftes Einhalten der vorgeschriebenen Wasserstandshöhen ermöglicht eine gleiche Arbeit zu liefern.

Über die vorteilhaftesten Flottenlängen (Verhältnis von Flotte zu Wäschemenge) in der Weißwäscherei kennen wir bisher keine großen Untersuchungen. Die Bauart der üblichen Trommelwaschmaschinen setzt Änderungen des Verhältnisses auch sehr bald Grenzen. Für die Spülwassermenge kann man die folgenden Richtlinien aufstellen: Bei offenen Waschmaschinen wird etwa ein Drittel des Literinhaltes der Innentrommel, bei längsgeteilten Großwaschmaschinen — Pullman, Ypsylon, Stern — etwa ein Viertel des Volumens der Trommel als Spülwassermenge zu rechnen sein. Wäschemenge in kg zur Waschflotte in l wird sich verhalten wie 1 : 2 ½ bis 4 und darüber.

Laugenhöhen anzugeben, setzt genaue Kenntnis der Flotte nach ihrer Konzentration voraus. Zudem ist hier bedeutungsvoll der Abstand zwischen Innen- und Außentrommel. Die Schemazeichnung Abb. 37 zeigt drei Waschmaschinen mit Abständen von 50 mm zwischen Innen- und Außentrommel. Wächst dieses Maß auf 100 mm, so steigt der Bedarf an Lauge oder Spülwasser um mehr als das Doppelte. Bei einiger Überlegung wird ohne weiteres klar, welche Bedeutung der tote Raum für die

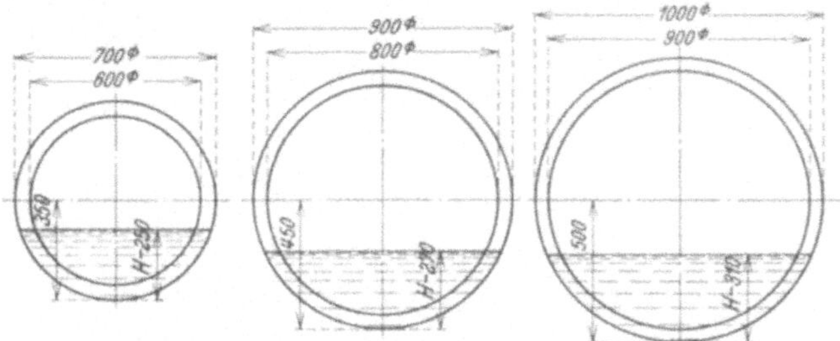

Abb. 37. Querschnitt von Waschtrommeln mit 600, 800 und 900 mm Durchmesser. H = Spülwasserstand, 3 l Spülwasserzusatz je 10 l Trommelinhalt. Fassung je 1 m Länge: 38 kg, 50 kg, 64 kg.

Wirtschaftlichkeit einer Maschine hat. Der neuzeitliche Maschinenbau hat diesem Gesichtspunkte besondere Beachtung geschenkt. Man hat auch gefunden, daß z. B. bei indirekter Dampfheizung der Dampfkasten mehr toten Raum ausfüllt wie eine Heizschlange.

Wenn man anstrebt einen gewissen Laugen- und Wasserhöhenstand in der Maschine für einen bestimmten Arbeitsgang einzuhalten, so ist nicht nur ein Wasserstand, der die Flottenhöhe im Innern der Maschine sofort erkennen läßt, absolutes Erfordernis, sondern auch eine entsprechende Lochung, durch die die Flüssigkeit in das Innere der Trommel gelangt. Gerade hier beim Waschgut muß die gewünschte Flottenhöhe vorhanden sein. Es nützt nichts, sie im toten Raum zwischen Innen- und Außentrommel zu haben.

Waschmittelmengen je Maschine. Entscheidend für den Wascherfolg ist nicht allein die Grammzahl an Seife und Alkalien je Waschmaschine, sondern die Grammzahl je Liter, die Konzentration der Lösungen. Es genügt nicht auf die Grammzahl an Waschmitteln je Maschine zu achten, sondern die Konzentration — Verhältnis von Waschmittel- und Wassermenge — bleibt gleichfalls zu berücksichtigen, denn es kann nicht belanglos sein, ob etwa 200 g Soda in 200 oder in 300 l Flotte gelöst zur Einwirkung kommen. Man berechne zunächst die Wassermenge je Maschine und danach die Waschmittelmenge. Nach Möglichkeit sollte durch analytische Kontrollen überwacht werden, ob die Ansätze in Ordnung gehen.

Dem Beschmutzungsgrad der Wäsche ist in gewissem Umfange das Verhältnis von Seife zu Soda, wie die gesamte Waschmittelmenge anzupassen. Im allgemeinen mag man rechnen von 1 Teil Seife zu 2 Teilen Soda bis zu 2 Teilen Seife zu 1 Teil Soda[1]. Weder das Waschen mit Reinseife allein kann für Baumwolle und Leinen als das beste Verfahren gelten, denn erst bei gewissen Alkalizusätzen beobachten wir das größte Schmutzlösevermögen, noch kann das Waschen mit stark sodahaltigen

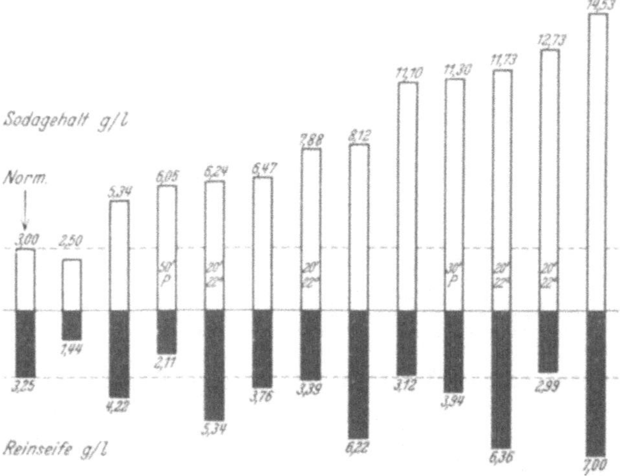

Abb. 38. Bei Prüfung von Waschlaugen gefundene Soda- und Seifenmengen je Liter. P = permutiertes Wasser.

Seifenpulvern empfohlen werden. Als Leitsatz hat zu gelten: **Das Waschmittel ist Seife, dem gewisse Alkalizusätze zur Erhöhung der Waschwirkung beizugeben sind.** Zu reichliche Verwendung von Soda beeinträchtigt die Faserfestigkeit und überdies wird die gleiche Klarheit und Reinheit der Wäsche nicht wie bei einer geeigneten Dosierung erreicht. Der Praktiker wolle nie übersehen, daß erhebliche Mengen von Alkalien aus der Vorwaschlauge in das Seifbad kommen, denn das Waschgut hält viel Flüssigkeit zurück. So können die sog. Kochlaugen unerwartet scharf werden wie die Zusammenstellung (Abb. 38) zeigt. Solche Flotten mit einem Sodagehalt bis zu 14,5 g im Liter müssen die Wäsche gefährden.

Der Verwendung von Seife sind nach oben und nach unten Grenzen gesetzt, bei einem zu hohen Gehalt je l Flüssigkeit schäumt

[1] Die Zahlen gelten für das Waschen mit weichem Wasser. Vgl. betr. Waschtechnik bei hartem Wasser, S. 21ff.

die Waschmaschine über, so daß ein Teil der Waschlauge ungenutzt in den Kanal fließt, umgekehrt bedeutet eine zu niedrige Konzentration geringeres Schmutz-Suspendierungsvermögen. Bei einem Zusammenbrechen der Schaumschicht hat man die Bildung von Schmutzläusen in der Wäsche zu befürchten. Für den Praktiker gilt das Mitlaufen einer Schaumschicht auf der Außenseite der Waschtrommel als sicheres Zeichen dafür, daß er genügend Seife in der Maschine hat. Von der Schaumbildung als solcher hängt zwar das Lösevermögen für Schmutz weniger ab. Schaum kann sich jedoch nur halten, wenn genügend Seife zum Suspendieren des Schmutzes vorhanden ist, und so gilt Schaum als Kennzeichen für den gewollten und erforderlichen Überschuß an Seife. Der Alkaligehalt soll stets in einem richtigen Verhältnis zum Seifengehalt stehen, wie im vorigen Abschnitt angegeben wurde. Vgl. im übrigen betr. Seifen- und Alkalimengen S. 54. In besonderen Fällen wie bei stark fettiger Wäsche, etwa Metzgerwäsche, Küchenwäsche aus Hotels bedarf es stark alkalisch eingestellter Laugen, die Zugabe von Reinseife kann u. U. relativ recht niedrig sein, da die Schmutzwäsche derart fettig ist, daß sich mit Hilfe des zugegebenen Alkalis weitere Seife bildet. Vor allem wolle sich der Wäscher stets sagen, daß die „Schärfe" sehr von der Arbeitstemperatur abhängt. Ob man mit einer Lauge die Wäsche kocht oder sie nur heiß behandelt, besitzt allergrößte Bedeutung. Mag eine Einweichflotte mit Gehalt an freiem Ätzalkali angehen, so muß eben diese Lösung die Textilien beim Kochen gefährden. Es heißt hier wieder: wie man ein Waschmittel anwendet, ist entscheidend.

Waschzeiten. Es sind verschiedene Spannen vom Einweichen (Vorwaschen) bis zum Spülen zu beachten. Wir haben nicht allein an die zum Waschgang erforderliche Zeit, sondern ebenso an den weiteren notwendigen Zeitaufwand zum Ausspülen der Seife und des Alkalis zu denken. Die Waschzeit muß von größter Bedeutung für die Wirtschaftlichkeit eines Waschverfahrens sein, wir sind bei Erörterung solcher Frage vorwiegend auf Untersuchungen des Amerikanischen Wäscherei-Institutes [1] angewiesen.

Soweit man in der Praxis gleiche Waschzeiten anstrebt, sind die in dem Abschnitt: Einheitliche Waschverfahren ? gemachten Ausführungen zu berücksichtigen. Sind diese erfüllt, läßt sich in gewissem Grade die Waschzeit „normen". Sind gleiche Bedingungen vorhanden, so kann der Wäscher zwar durch schärfer alkalisches Kochen oder durch stärkeres Bleichen die Waschzeiten abzukürzen suchen. Solche Praxis ist jedoch zu verwerfen, denn die Gewebe leiden und fraglicherweise wird man eine

---

[1] Lennox, Ch. E. u. B. H. Gilmore: A Practical Study of Sudsing and Rinsing Time. Laundryowners National Association, Joliet 1929.

klare Wäsche erhalten. Schon um die Ausgaben für Dampf, Strom, Lohn usw. niedrig zu halten und eine große Tagesleistung zu erzielen, ist andererseits nicht länger als notwendig zu waschen. Es gilt also den geeigneten Mittelweg zu finden, zumal man von kurzen Waschgängen eine geringere mechanische Beanspruchung der Wäsche erwarten darf.

Einwandfreie Waschtechnik vorausgesetzt, ist für die gesamte Waschdauer (Einweichen bis Spülen) heute mit 40—90 Minuten zu rechnen, je nachdem es sich um wenig oder kaum beschmutzte Tisch- und Bettwäsche von Hotels oder um stark gebrauchte Gewichtswäsche handelt.

Was die geeignete Dauer der einzelnen Waschphasen anbelangt, seien Kurven der amerikanischen Untersuchungen gebracht. Diese umfangreichen Versuche wurden unter Verwendung von nur weichem Wasser in einer 42 × 84zölligen (1132 × 2264 mm) Trommelwaschmaschine bei 300 e. Pfd. Wäschefüllung gemacht. Die Ergebnisse erfuhren überdies eine Überprüfung durch längere Überwachungen in gewerblichen Betrieben. Bereits zum Einweichen (Vorwaschen) erfolgte eine Zugabe von etwas Seife, so daß sich auf der Außenseite der Waschtrommel eine geringe Schaumschicht zeigte. Man fand, daß im Seifbade nach Ablauf von fünf Minuten der Schmutzgehalt der Lauge noch wenig ansteigt. Unter guten technischen Bedingungen braucht demnach das einzelne Seifbad nicht länger als zehn Minuten zu laufen. Man mag der Verschmutzung entsprechend mit 2—5 Waschgängen zu je 10 Minuten rechnen. Zehn Minuten schließen sozusagen bereits einen Sicherheitsfaktor ein. Bei längerer Laufzeit stieg der Schmutzgehalt zwar weiter an, jedoch war in dieser Verlängerung keine Wirtschaftlichkeit zu sehen, so daß vorteilhafter ein neues Seifbad von wiederum 10 Minuten folgt, und wenn notwendig weitere. Das Spülen hat einzusetzen, wenn das Seifbad nur noch wenig schmutzig abfließt. Solche Technik trägt der unterschiedlichen Verschmutzung der Wäsche am besten Rechnung und gestattet dennoch den Betrieben nach gleichen Grundsätzen zu arbeiten.

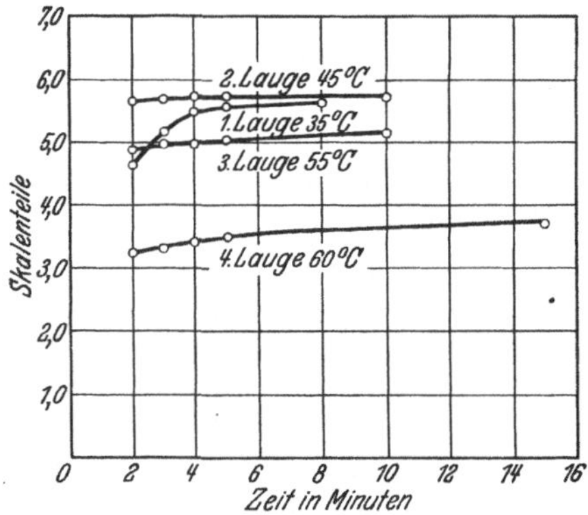

Abb. 39. Durch Ausschleudern von Probeflüssigkeit abgesonderte Schmutzmengen, Skalenteile.

Für das Spülen ergaben die genannten Untersuchungen, daß das einzelne Spülbad nicht länger als fünf Minuten zu laufen braucht. Der Alkaligehalt des ablaufenden Wassers stieg an sich bereits nach zwei Minuten — nachdem der Spülwasserstand in der Maschine erreicht war — nur noch wenig an. Das Spülen bezweckt das Auslaugen der restlichen Schmutzbrühe und der verwendeten Wasch-Bleichflotten und somit wurde mit hohem Wasserstand gearbeitet. P. Brettschneider trat demgegenüber für einen niedrigen Wasserstand beim ersten Spülbade ein, um die Seifenlauge zufolge des verstärkten Falles der Wäschestücke gewissermaßen auch mechanisch auszuquetschen. Verwendung von zunächst wenig Wasser ist in jedem Falle notwendig, wenn nur hartes und kaltes Wasser zur Verfügung steht, denn mit zunehmender Verdünnung steigt die Möglichkeit einer Ausscheidung von Kalkseifen und Kalkniederschlägen in der Wäsche an. Beim Arbeiten mit weichem und heißem Wasser ist es hingegen angebracht, zu einem hohen Wasserstande aufzufüllen, um die auszuspülenden Substanzen schneller wegzubringen. Das Schmutzlösevermögen der Seife war durch Reiben und Fallen der Wäsche in der Maschine zu erhöhen, beim Spülen ist dies nicht notwendig, darum ist viel Wasser im einzelnen Arbeitsgang zu nehmen. Wieviel Spülbäder erforderlich sind, wäre durch Titrieren des Alkaligehaltes des ablaufenden Wassers und dessen Klarheit zu ermitteln. Für eine einfachere Kontrolle ist mit einigen Tropfen alkoholischer Phenolphthaleinlösung 1 : 100 zu versuchen, ob im letzten Spülwasser noch eine Rosa- oder sogar Rotfärbung eintritt. In diesem Falle wäre weiter zu spülen. Der Sicherheit halber prüfe man, ob nicht das Frischwasser bereits eine schwachalkalische Reaktion zeigt. Vgl. S. 175. Die Zahl läßt sich nicht schematisch festlegen. Um so reichlicher der Zusatz von Seife und Alkali zum Waschgange war, um eine so größere Zahl von Spülbädern wird erforderlich sein zum genügenden Auswässern. Man rechne mit 3—5 Bädern. Aus der Zahl der notwendigen Seif- und Spülbäder läßt sich die geeignete Gesamtwaschdauer ermitteln.

Diese Untersuchungen über das Verhalten von Waschlaugen und Spülbädern gelten nur für das Arbeiten in Trommelwaschmaschinen. Unter anderen Bedingungen wären die Waschzeiten erneut durchzuprüfen. So ist hier zu berücksichtigen, daß die Wirkung der Waschlaugen durch die ständige Umwälzung der Wäsche und deren Fall erhöht wird. Es wird hier jedoch notwendig, auf eine unerwünschte Erscheinung, mit der wir beim Arbeiten in Trommelwaschmaschinen zu rechnen haben, einzugehen, die für die Waschdauer von Belang ist.

Während man bei einer Hauswäsche — als Durchschnittsfall angenommen — die Stücke zunächst in Holzbottichen einweicht, dann in einem weiteren Zuber Flecken ausreibt, um das Kochen der Wäsche im Kessel folgen zu lassen und zum Schluß die Stücke in einem Bottich spült, so daß die Wäsche vier getrennte Behandlungen durchmacht und jeweils zwischendurch ausgewrungen wurde oder doch die Flotte ablaufen konnte, erfolgen bei der Maschinenwäscherei sämtliche Phasen vom Einweichen bis zum Spülen an einer Stelle. Wir haben damit zu rechnen, daß beim Öffnen des Ablaßventils nur die Hälfte der Flotte abfließt, da die Wäsche einen großen Teil aufsaugt und zurückhält[1]. Es fließen dementsprechend beim Ziehen des Ablaßventils nur etwa 50% der Schmutzmenge ab. Die Vereinigung verschiedener Arbeitsstufen an einem Platze liegt zwar im Zuge heutiger Technik, es hat aber als ein Mangel des Arbeitens in Trommelwaschmaschinen zu gelten, daß man die Wäsche zwischen den einzelnen Phasen nicht besser abquetschen kann. Theoretisch ist darum in den Trommelwaschmaschinen auch nur ein stufenweises Auslaugen des Schmutzes in mehreren hintereinandergeschalteten Seif- und Spülbädern möglich.

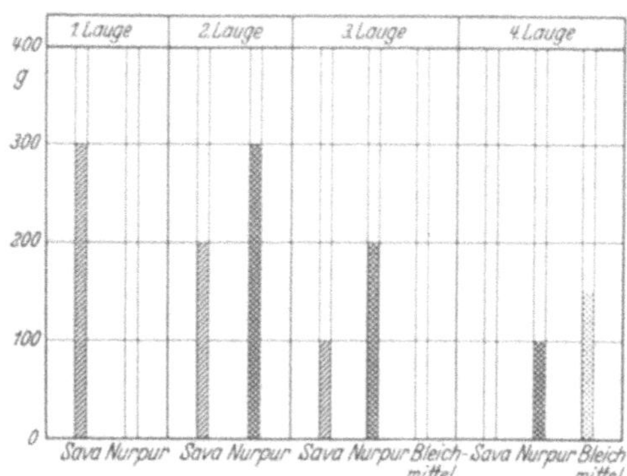

Abb. 40. Schematische Darstellung der Zusätze an Waschmittel. Nach Ing. Chem. E. Keit Sunlicht Gesellschaft A.-G.

Ein Arbeiten mit höherem Laugenstand würde ermöglichen, einen größeren Prozentsatz an Schmutzlauge abzulassen, aber die mechanische Reinigung zufolge Reibens und Fallens der Wäschestücke, auf die wir nicht verzichten können, würde geringer werden. Immerhin ist es angebracht zum Einweichbade — Vorwaschen — einen höheren Wasserstand zu nehmen, um beim erstmaligen Ziehen des Ablaßventils eine relativ größere Laugenmenge ablassen zu können. Für einen höheren Wasserstand beim Einweichen setzte sich auch P. Brettschneider ein. Die gröberen, durch Spülen entfernbaren Schmutzteile werden wenig mechanisch zu lockern sein, so daß vorteilhafter eine stärkere Auslaugung bei höherem Wasserstand angestrebt wird. Man hat weiterhin empfohlen, nach Abfluß der Flotte die Maschine mit offenem Ventil noch zwei bis drei Minuten laufen zu lassen, um auf diese Weise aus der Wäsche eine größere Wassermenge durch den ständigen Fall auszudrücken. Zeitlich gemessen geht dieses Ausquetschen doch relativ langsam vor sich und es ist die Frage, ob wir bezüglich gesamter Waschdauer nicht günstiger abschneiden, wenn wir sogleich ein neues Seifbad folgen lassen. Zudem

[1] Das Verhältnis kann je nach Bauart der Maschine schwanken, eine noch größere oder kleinere Laugenmenge zurückbleiben.

ist eine größere mechanische Beanspruchung der Wäsche in der leerlaufenden Trommel anzunehmen, denn falls Waschgut ohne genügend Seife trocken läuft, bewirkt dies eine starke Bildung von Fusseln.

In dem Mehrlaugenverfahren haben wir wohl das der Eigenart der Trommelwaschmaschine am besten angepaßte Waschverfahren zu sehen. Wenn man nur mit einem Seifbade arbeitet, tritt gegebenenfalls beim Spülen eine derartige Verdünnung der Lauge ein, daß die Seife den Schmutz nicht mehr zu suspendieren vermag. Die emulgierten Schmutzpartikelchen fallen wieder aus und setzen sich auf der Wäsche fest, so daß wir mit einem Vergrauen der Stücke zu rechnen haben. Das Mehrlaugenverfahren liefert eine klarweiße Wäsche, da wir die Schmutzbrühe systematisch unter Aufrechterhalten einer gewissen Seifenkonzentration auswaschen, indem wir die Schmutzlauge mehr und mehr durch reine Seifenflotte verdrängen. Es ist zum Schluß also nur noch die restliche Seifen-Alkaliflotte auszuwässern, was gleichfalls planmäßig zu geschehen hat, da größere Reste an Alkali zu einem Vergilben der Wäsche beim Trocknen und Lagern führen.

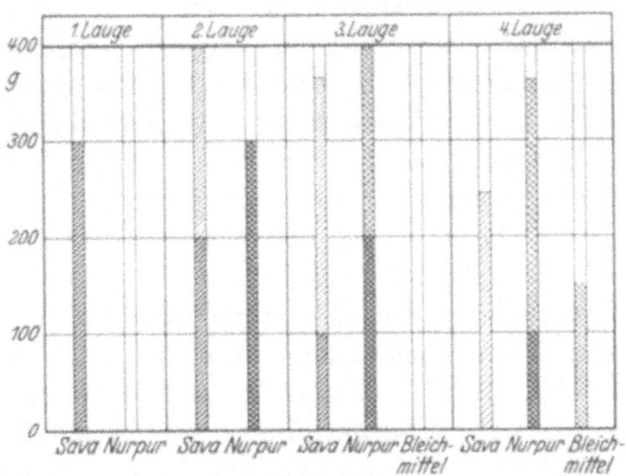

Abb. 41. Schematische Darstellung der in den einzelnen Waschgängen tatsächlich zur Einwirkung kommenden Mengen an Waschmittel unter Berücksichtigung der vom Wäschegut zurückgehaltenen Laugenmengen. Nach Ing. Chem. E. Keit.

Weiches Wasser und eine zweckdienliche technische Einrichtung sind Voraussetzungen, worauf wiederholt hingewiesen sei, da sich andernfalls Schwierigkeiten ergeben, welche die Vorzüge des Mehrlaugenverfahrens nicht in Erscheinung treten lassen.

Temperaturen. Für die einzelnen Arbeitsgänge des Waschverfahrens: Einweichen, Waschen, Bleichen und Spülen sind die jeweilig geeigneten Wärmegrade einzuhalten, was die Verwendung von Thermometern bedingt.

Für das Einweichen hat eine Temperatur von 35—40° C als am geeignetsten zu gelten. In kaltem Wasser löst sich der Schmutz weniger gut, während bei Verwendung von zu heißem Wasser mit einem Einbrennen von gewissen Flecken zu rechnen bleibt. Mit einem Schätzen der Temperaturen sei man vorsichtig. Solange keine Thermometer vorhanden sind, wäscht man u. U. besser mit kaltem Wasser. Nach Erfahrungen ist kaltes Wasser auch zum Einweichen älterer Blutwäsche geeigneter, längere Einwirkungszeit vorausgesetzt.

Bezüglich der Seifbäder galt bis vor wenigen Jahren ein Kochen der Wäsche als der wesentliche Bestandteil des gesamten Waschverfahrens und so sah man vielfach die Waschküchen beim Eintreten in dichte Nebelschwaden gehüllt. Von der Ansicht, das Kochen sei allgemein notwendig, ist man jedoch mehr und mehr abgekommen. Grundsätzlich die Wärmegrade festzulegen, bleibt schwierig, denn es ist einerseits der Art der Schmutzwäsche und anderseits der Seifenart Rechnung zu tragen. Längere Betriebsversuche sollten in jedem Betriebe die erforderlichen Temperaturen finden lassen, es sind auch nach Wäschearten Unterschiede zu machen, so bei Hotelbett- und Küchenwäsche, man wolle nicht alles auf eine Norm bringen. Für weiße Baumwoll- und Leinenwäsche genügen zumeist 80—90° C. Solange Thermometer fehlen, ist allerdings aus Sicherheitsgründen vorzuziehen bis zum Kochpunkt zu gehen, um dann den Dampf sofort abzustellen oder höchstens 10 Minuten bei kleingedrehtem Dampfventil am Kochen zu halten.

Nicht stets mit kochenden Laugen zu arbeiten ist einmal eine wirtschaftliche Forderung, um unnützen Aufwand an Heizmaterialien zu vermeiden. Vorauszusetzen bleibt, daß der Betrieb technisch überwacht werden kann und überwacht wird, denn sonst hätten wir mit wechselnden Wäscheausfall zu rechnen, weil das Kochen bisher als u. U. notwendiger Ausgleich gegenüber Schwankungen in der Arbeitsweise zu dienen hatte. Die Gefahr des Auslaufens bunter Sachen steigt beim Kochen. Selbst für Indanthrenfärbungen lautet die Garantie waschecht — aber nicht schlechtweg kochecht. Vor allem erfordert aber die Wäscheschonung, jedes unnötige Kochen der Wäsche einzuschränken oder ganz zu vermeiden. Ein Brühen von Baumwolle und Leinen mit kochendem Wasser oder schwachen Laugen mag angehen, bedenklich wird hingegen jedes längere Kochen und dies vor allem in stark alkalischen Laugen. Leider stößt man heute noch nicht zu selten auf solche Technik. Derartigen Betrieben empfehlen wir dringend, die Ausgaben für Waschmittel — nämlich für Seife — herauf- und diejenigen für Wärmeerzeugung herabzusetzen! Es ist irrig zu glauben, man arbeite ökonomisch, wenn anstatt mit Seife zu waschen mit Soda gekocht wird.

Die ersten Spülbäder sollen etwa ebenso warm wie das letzte Seifbad sein. In den folgenden ist die Temperatur stufenweise zu senken um die Wäsche zum Schluß lauwarm oder kalt aus der Maschine zu nehmen. Sofort kalt zu spülen ist grundfalsch, da hierdurch die Seife abgeschreckt, auf der Wäsche niedergeschlagen wird. Heißes Spülen erweist sich weit wirksamer, da Seife und Alkali besser und schneller auslaugbar sind als in kaltem Wasser. Darum wolle der Wäscher sehr wohl erwägen, ob es wirtschaftlicher erscheint mit einer geringeren Menge heißen, oder einer größeren Menge kalten Wassers zu arbeiten. An sich würde es sogar nicht notwendig sein, in den letzten Spülbädern auf eine niedrige Temperatur zu kommen, wenn sich für die Arbeitenden nicht Unzuträglichkeiten beim Auspacken der Wäsche ergäben, denn das Ausschleudern der heißen Wäsche dürfte vorteilhafter sein.

Bei der Frage, ob heiß oder kalt gebleicht werden soll, ist hier die wärmetechnische Seite zu erörtern. Hohe Temperaturen zersetzen die Bleichmittel rasch, es ist die Gefahr einer Faserschädigung verstärkt gegeben. Somit ist ein Bleichen bei niedrigen Temperaturen wünschenswert und wird empfohlen. Es ist also zwischen die heißen Seifbäder ein Bleichen bei nicht zu hoher Temperatur einzuschalten, wenn an dieser Stelle des Waschverfahrens gebleicht wird.

Wärmetechnisch bedeutet dies ein Auf und Ab in der Temperaturkurve, der gleichmäßige Verlauf wird unterbrochen. Weiterhin ist stets die Gefahr gegeben, daß die Wäsche, die heiße Lauge zurückhält, im Bleichbade nicht genügend ausgekühlt war.

Temperaturverlauf im gesamten Waschverfahren. Die hier für die Teilvorgänge geschilderte Arbeitsweise sieht ein möglichst planmäßiges Stei-

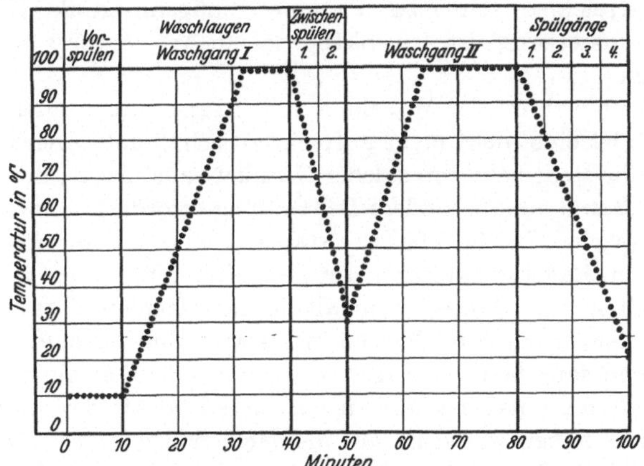

Abb. 42. Temperaturverlauf beim Waschen auf zwei Laugen mit zwischengeschaltetem kalten Spülen. Nach Ing. Chem. E. Keit, Sunlicht Gesellschaft A.-G.

gern und Senken der Wärmegrade vor. Angestrebt wird eine gleichmäßig ansteigende und abfallende Kurve, wie sie für ein wärmewirtschaftliches Arbeiten am vorteilhaftesten erscheinen muß. Die mit Flüssigkeit vollgesaugte Wäsche und die Metallteile der Maschine speichern Kälte bzw. Wärme auf, die den nächsten Arbeitsgang beeinflußt und zu berücksichtigen ist. Weicht man bei 35—40° C ein und steigert die Temperatur in den folgenden Seifbädern auf etwa 80—90° C, um dann wieder nach und nach zu niederen Temperaturen überzugehen, so ist dies wirtschaftlich wie auch bezüglich Wäscheschonung das Richtigste. Der Wäscher mache sich demgegenüber klar, welch ein Auf und Ab sich in der Wärmekurve ergibt, wenn kalt eingeweicht, dann die Wäsche gekocht, kalt zwischengespült wird und darauf nochmals eine zweite Kochung folgt. Von den beiden Kurven zeigt die letztere den geregelten Temperaturverlauf und die erste kennzeichnet die nicht gut zu heißende Wärmetechnik, wie solche in der Praxis angetroffen wurde. Wenn für viele Betriebe eine derartig systematische Temperaturregelung — mit Thermometern! — nicht erreichbar sein mag, da eine genügend große Heißwasseranlage Voraussetzung ist, so bleibt solche Arbeitsweise als Vorbild anzustreben.

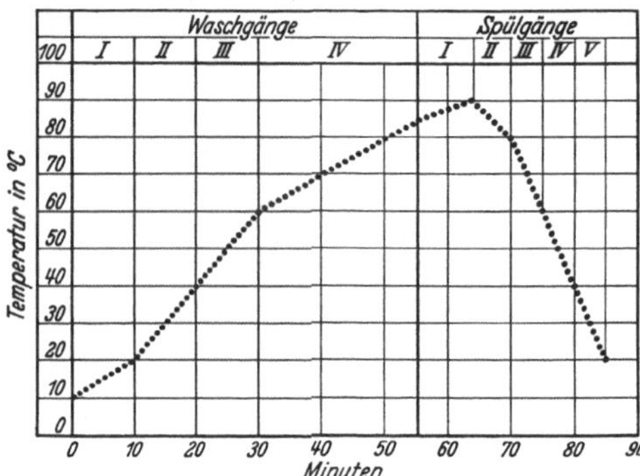

Abb. 43. Temperaturverlauf bei einem planmäßigen Steigern der Wärme innerhalb eines Mehrlaugen-Waschverfahrens. Nach Ing. Chem. E. Keit.

Daß ein Kochen der Wäsche aus hygienischen Gründen notwendig sei, ist eine nicht mehr aufrecht zu erhaltende Ansicht. Es soll hier nicht die Rede sein von solcher Krankenhauswäsche, die sterilisiert werden muß und eine besondere Behandlung erfordert. Im allgemeinen darf ein Waschen bei 80—90° C als ausreichend gelten. Aus der Entwicklung von Bakterienkulturen auf geimpften Nährböden ist nicht auf das Verhalten von Bakterien in alkalischen, heißen Waschlaugen zu schließen; denn nach dem Waschen wird weiterhin vielfach die Wäsche gebleicht und dann heiß gemangelt oder geplättet. Bleichmittel sind von starker Desinfektionskraft und das Erhitzen wirkt gleichfalls desinfizierend. Wir haben weiterhin anzunehmen, daß mit dem Schmutz die Bakterien durch die mechanische Bearbeitung und den häufigen Wasserwechsel weit besser entfernt werden als dies mit stehender Lauge möglich. Nach neuesten Untersuchungen[1] mit Buntwäsche nach dem Mehrlaugenverfahren bewirkte in Maschinen ein elfmaliger Laugenwechsel — für Seif- und Spülbäder — eine Verminderung der Zahl der Bakterien um 99,78%. Es war die Versuchswäsche weder gebleicht noch heiß gemangelt worden. Eine einwandfreie Waschvorschrift gestattet also sehr wohl, von einem Kochen der Wäsche abzusehen und auf diese Weise die

[1] Wäscherei-Centralbl. 1934, Nr. 10, Bakterientötung im Waschprozeß bei niedrigen Temperaturen.

Wäschestoffe besser zu schonen, als dies bei Verwendung von Kochlaugen möglich ist. Man wolle sich daran erinnern, daß für wollene und kunstseidene Wäsche, weiterhin für Buntwäsche ebensowenig ein Kochen gefordert wird.

34. Die Teilvorgänge des Waschverfahrens.

Einweichen. Das Einweichen (Vorwaschen) bezweckt lose anhaftenden Staub und lösliche Salze, zuckerartige Stoffe u. dgl. zu entfernen und weiterhin Stärke und namentlich eiweißhaltige Abscheidungen und Flecke, wie Blut und verschwitzte Stellen an Hemdenrändern und Kopfkissen zu lockern und ausspülbar zu machen. Hierbei ist nicht heiß zu arbeiten, da eiweißhaltige Substanzen bei höheren Temperaturen koagulieren. Das Einweichen hat also bestimmte Aufgaben zu erfüllen und darf nicht vernachlässigt werden. Wenn die Hausfrau nach altüberliefertem Brauch die Wäsche über Nacht einweicht, so erscheint dies für eine Wäscherei zumeist als zu zeitraubend und umständlich. Für zahlreiche, an einem Tage in einer Waschmaschine hintereinander zu waschende Posten wäre eine große Zahl von Einweichbottichen erforderlich. Eher ist das Einweichen von großen, nicht getrennt zu haltenden Posten wie von Krankenhauswäsche durchführbar.

Beim Arbeiten in der Maschine genügt eine weit kürzere Zeit als solche beim Einlegen in ruhende Flotte angebracht sein mag, da in der laufenden Trommel die Lösungen weit schneller eindringen und einwirken können, die schmutzlösende Wirkung der Waschmittel wird zudem durch den mechanischen Fall in der Maschine erhöht. Wenn man eine bessere Faserschonung erwartet, weil im Einweichbottich die Wäsche ruht, so steht demgegenüber wieder eine stärkere Beanspruchung durch das Umpacken der nassen, schweren Wäsche. Einwandfreie Vergleichszahlen betr. unterschiedlicher Faserschonung der beiden Arten des Einweichens fehlen.

Man begnügt sich heute zumeist mit einem kurzen „Vorwaschen" von 10 Minuten in der Maschine — im Sinne der unter: Waschzeiten gemachten Ausführungen. Gegebenenfalls kann jedoch — im Gegensatz zu den folgenden Seifbädern — für das Vorwaschen eine etwas längere Dauer, 20 Minuten, gewählt werden.

Als Einweichmittel sind Soda, Bleichsoda oder Seifenpulver, fermenthaltige Produkte wie Enzymolin oder Amylit, Degomma, Diastafor zu nehmen. Einweichen in klarem Wasser erfüllt weniger den angestrebten Zweck. Der Schmutz würde gleichwie beim Waschen in Wasser schlechter gelockert, die Gesamtwaschdauer dürfte zu verlängern sein, so daß es sich fragt, ob man billiger arbeitet. Die Reibung der Wäsche an der Trommelwand ist zudem bei einem Laufen in Wasser groß. Soda oder Bleichsoda wären zuzugeben in einem Ausmaße von 2—4 g/l[1]. Der

[1] Der Sodazusatz zur Enthärtung des Wassers ist gesondert zu berechnen.

Bleichsoda und Spezialmitteln wie Sava, Typon werden gegenüber kalzinierter Soda gesteigerte Wirkungen nachgerühmt, wie S. 23 ausgeführt. Der Erfolg des Einweichens ist noch besser bei Mitverwendung von Seife oder Seifenpulver, da die Flotte ein besseres Netzvermögen erhält und die Emulgierung der Schmutzteilchen erleichtert wird. Je mehr Schmutz schon das Einweichbad entfernt, um so leichter hält das Fertigwaschen. Das Verhältnis von Soda und Seife kann hier stark nach Soda verschoben werden, da die Lauge nur mäßig warm zur Anwendung gelangt. Zu berücksichtigen bleibt, daß ein großer Teil von Seife und Soda beim Ablassen der Lauge zurückgehalten wird und wir somit für den folgenden Waschgang weniger Waschmittel zu nehmen haben, um auf die günstige Laugenkonzentration zu kommen. Es empfiehlt sich überhaupt die benötigte Menge der Waschmittel für den gesamten Waschgang zu berechnen, um dann die Verteilung auf die einzelnen Bäder zu überlegen und dabei nicht zu vergessen, daß etwa die Hälfte der zum Einweichen genommenen Waschmittelmenge in das folgende Seifenbad gelangt, wenn die Flotte nur zu etwa 50% abläuft. Wesentlich ist wieder die Beschaffenheit des Wassers. Bei größerer Härte fragt es sich, ob geringe Zusätze von Seife nicht durch die Kalk-Magnesia unwirksam niedergeschlagen werden. Der Zusatz von Seife zum Einweichbade wirkt sich also für Betriebe mit permutiertem Wasser günstig aus. Über die unterschiedlichen Mengen gelösten Schmutzes kann man sich durch Auffangen von Proben der ablaufenden Vorwaschlauge unterrichten. Dabei ist acht auf die jeweilige Menge von Faserfusseln zu geben.

Über die Eigenschaften der Enzymprodukte ist S. 45 geschrieben. Die Firma August Jacobi empfiehlt 2—3 g/l Enzymolin, zuzüglich 50% Soda. Es ist sowohl in der Maschine wie in Einweichbottichen zu arbeiten. Die Waschdauer wird gegenüber anderen Verfahren nicht verlängert.

Der Wasserstand in der Maschine kann beim Einweichen höher sein als in den folgenden Seifbädern — etwa 5 cm —, um lose anhaftenden Schmutz besser auszuspülen, fortschwemmen zu können.

Sofern man in Bottichen einweicht, pflegt die Einwirkungszeit mehrere Stunden zu betragen. Wenn es sich den betrieblichen Arbeiten einfügen läßt, mag das Einweichen über Nacht geschehen. Ein mehrstündiges Einweichen in der stehenden Maschine erspart zwar Arbeit, da ein Umpacken der nassen Wäsche wegfällt, fraglicherweise ist jedoch an Schädigungen der Wäsche durch das längere Aufliegen auf dem Metall zu denken, wenn die Fasern metallfleckig — Kupfer! — werden.

Waschen. Nach dem Einweichen und Ablassen der Lauge soll ohne Zwischenspülen das Seifbad folgen. Man füllt das Wasser [1] bis zu dem für das Waschen geeigneten Wasserstand auf und gibt die Seife

[1] Bei hartem Wasser sind die S. 21ff. gegebenen Vorschriften zu beachten.

und das Alkali gelöst auf die laufende Trommel — zwecks schnellerer, besserer Verteilung — zu.

Ein Zwischenspülen hat als falsch zu gelten. Wenn ein einmaliger Flottenwechsel beim Ablauf die Menge des gelösten und suspendierten Schmutzes zu 50% mindern würde, so steht diesem Vorteil gegenüber, daß man die in der Maschine von der Wäsche zurückgehaltene Lauge verdünnt und somit für den folgenden Waschgang mehr Seife und Alkali nehmen muß. Es ist wohl richtig, das Wasser in der Maschine oft zu wechseln, aber es ist wesentlich, eine gewisse Laugenkonzentration durch die verschiedenen Waschgänge hindurch aufrecht zu halten.

Aufgabe der Seifenbäder ist, diejenigen Anschmutzungen zu entfernen, die in erster Linie die Gewebe „schmutzig" erscheinen lassen, im Gegensatz zum Einweichen, dem als besondere Aufgabe gestellt war eiweißhaltige Flecken aufzulösen — neben dem Ausspülen lose anhaftenden Staubes und Schmutzes und dem Auflösen von Salzen, Zucker u. dgl. — Ing. Chem. E. Keit gruppiert die Wäschesorten[1]:

1. Leibwäsche. Diese enthält hauptsächlich Hautabscheidungen, die im wesentlichen aus Hauttalg, Schweißfettsäuren und Kochsalz bestehen. Sie sind verbunden mit Teilchen der Oberkleidung, Straßenstaub, Ruß usw.

2. Bettwäsche. Die Verschmutzung ist im allgemeinen der gleichen Art wie bei Leibwäsche, aber meist nicht so stark.

3. Tischwäsche. Ihre Beschmutzung besteht fast ausschließlich aus Speise- und Getränkeresten jeder Art. Diese hinterlassen nicht nur Fettflecke, sondern auch Anfärbungen, die oft schwer zu entfernen sind (z. B. Kakao-, Rotweinflecken).

4. Küchenwäsche. Ihre Beschmutzung ist der der Tischwäsche ähnlich, meistens ist sie aber weit fettiger und außerdem mit Ruß, Staub und ähnlichem stärker durchsetzt.

Es sind die in Fett eingehüllten kohle-silikathaltigen Staub-Rußteilchen, die es in den Seifbädern auszulaugen gilt. Sie müssen von der Faser abgehoben und im suspendierten Zustande weggeschwemmt werden, da sie weder auflösbar, noch bleichbar sind. Die Seife hüllt gewissermaßen diese Teilchen ein in einen Film, so daß sie in dieser Form aus der Wäsche weggeschwemmt werden können. Ein gutes Suspendierungs- und Emulgierungsvermögen gegenüber Schmutz zeichnet vor allem Seife aus, darum ist diese — und nicht Soda — bei Verwendung entsprechender Mengen als das eigentliche Waschmittel anzusehen. Über die Wahl einer geeigneten Seife vgl. S. 47. Soda- oder ein anderes Alkali ist der Seifenlauge beizugeben zur Erhöhung der Waschkraft. Ein vollwertiger Ersatz von Seife — zuzüglich des notwendigen Alkalis — als Waschmittel für die Weißwäscherei ist bis heute nicht gefunden worden. Gegenüber anders lautenden Versprechungen sei man vorsichtig. An sich haben wir uns bessere Waschmittel zu wünschen, denn Seife besitzt zwar gute Netz- und Suspensions-

[1] Worauf es ankommt, S. 22. Herausgegeben von der Sunlicht-Gesellschaft.

kraft, ihre Empfindlichkeit gegenüber Kalk und Magnesia ist jedoch ein großer Nachteil.

Daß das Auslaugen der Schmutzflotte aus einer Trommelwaschmaschine nur mit wiederholten Seifbädern in vollkommener Weise möglich ist, wurde S. 128 begründet. Um den Zweck der Seifbäder, die Wäsche von den Verunreinigungen wie Kohle, Staub, Fett zu befreien, zu erfüllen, haben wir zu beachten: 1. Es ist eine geeignete Laugenkonzentration anzuwenden, welche die größte Schmutzmenge zu suspendieren und emulgieren vermag, um nicht mehr Seifbäder zur Erzielung einer klar weißen Wäsche zu gebrauchen als notwendig. 2. Es ist eine geeignete Temperatur einzuhalten. Bei höheren Temperaturen vermag eine Seifen-Alkali-Lösung fraglicherweise mehr Schmutz aufzunehmen, es ist jedoch nicht notwendig und nicht zweckmäßig zu kochen. 3. Es ist eine genügende Zahl von Seifbädern zu geben, um den Schmutz genügend ausgelaugt zu wissen. 4. Es ist eine genügende Wasserstandshöhe in der Maschine einzustellen, welche die Wäsche fallen läßt, denn das Schmutzlösevermögen ist mechanisch zu unterstützen. Anderseits darf die Wäsche nicht trocken laufen, da sonst die Stoffe leiden.

Über die technischen Einzelheiten von Laugenkonzentration, Wasserstand, Temperatur, Waschzeit sind die nötigen Angaben schon gemacht worden.

Bleichen. Nicht alle Verunreinigungen lassen sich durch Einweichen und Waschen beseitigen. Kakaoflecken, Rotweinflecken u. dgl. sind nicht auswaschbar, sondern durch Bleichen zu entfernen. Ebenso wird man eine vergilbte Wäsche zu bleichen haben um den gewünschten Weißgrad zu erhalten. Soweit derartige Verunreinigungen vorliegen, ist also das Waschverfahren mit Einweichen und Waschen nicht erfüllt, vielmehr umfaßt das Waschverfahren sinngemäß ein Bleichen.

Über die Einzelheiten der Bleichtechnik vgl. S. 85.

Arbeiten mit sauerstoffhaltigen Waschmitteln. Wenn im allgemeinen als richtig zu gelten hat, die Hauptmenge des Schmutzes mit Seife-Alkali auszuwaschen, um dann mit Bleichmitteln restliche Flecke zu entfernen, so hat die Mitverwendung von Bleichmitteln wie Perborat in Seifenpulvern unter bestimmten Voraussetzungen seine Berechtigung, nämlich den Vorzug der Einfachheit. Eine einwandfreie Waschtechnik, wie wir solche in diesem Buche zu schildern haben, erfordert Sachkenntnis und ein Gefühl für korrektes Arbeiten. Wir haben jedoch in den Wäschereien von Hotels, Krankenhäusern aber auch in gewerblichen Betrieben noch vielfach mit für die Zwecke der Maschinenwäscherei nicht genügend vorgebildeten Arbeitskräften zu rechnen. So mögen für kleinere Betriebe wegen unvollkommener technischer Einrichtungen, vor allem wegen Fehlens einer systematischen Wasserenthärtung Waschbleichmittel geeignet sein, denn der Wäscher erhält von der Seifenfabrik ein für die übliche Arbeitstechnik ausprobiertes Gemisch, in dem das Perborat stabilisiert ist. Der Verwaltungsdirektor eines Krankenhauses hat z. B. bei Verwendung solcher Produkte die Sicherheit, daß nicht unzuverlässige Arbeiter aus Nachlässigkeit Soda oder Bleichlauge nach Gutdünken für Waschgänge zu reichlich nehmen und die Fasern gefährden. Steht nur ein einziges Pulver zur Verfügung, so bleibt bei größerer Entnahme immerhin das Mischungsverhältnis gewahrt. Ob nicht die Mengenverhältnisse der jeweiligen Art der Wäsche anzupassen wären, bleibt eine andere Frage. Keineswegs sei gesagt, daß die aufgezählten Betriebsarten nun unbedingt den Waschbleichmitteln den Vorzug geben müssen. Soweit selbsttätige Waschmittel genommen werden, richte man sich genau nach den beigegebenen Vorschriften. Es erübrigt sich hier die Arbeitsweisen im einzelnen zu schildern.

Mit dieser Beurteilung der selbsttätigen Waschmittel für die Maschinenwäscherei soll in keiner Weise ein Werturteil bezüglich ihrer Verwendung im Haushalte verbunden sein. Wie betont, verlangt die Maschinenwäscherei ein geschultes Personal, die Arbeitsbedingungen in der Hauswäscherei sind andere.

Spülen. Wenn schon die Zusammensetzung und Art der Verwendung von Seifbädern entscheidende Bedeutung haben, darf man die Technik des Spülens nicht unterschätzen. War es die Aufgabe der Seifen-Alkalilauge, den Schmutz zu lösen und aus der Maschine wegzuschwemmen, so hat das Spülen Reste der Schmutzbrühe und nicht zuletzt die Waschmittel zu beseitigen. Geschieht dies mangelhaft, so erhalten wir keine klare Wäsche, diese vergilbt leicht, weist einen unschönen Griff auf und nimmt einen ranzigen Fettgeruch an. Bei unsachgemäßem Spülen mit hartem Wasser schlägt sich viel Kalkseife und Calciumkarbonat auf der Wäsche nieder, wir haben u. U. mengenmäßig mehr Abscheidungen auf der Wäsche als der Schmutz vorher ausmachte! Mit zunehmenden Inkrustierungen nimmt das Vergrauen der Wäsche, vor allem der rauhere Griff bei Kalkkarbonat- und Kieselsäureabscheidungen zu, ein schnellerer Verschleiß der durch die Inkrustierungen brüchig gewordenen Fasern ist zu erwarten. Handelt es sich vorwiegend um Kalkseifen, so zeigt die Wäsche einen unschönen, schmierigen Griff.

Weiches Wasser, und zwar heißes hat unbedingt theoretisch den Vorzug. Daß leichtlösliche Seifen von günstigem Titer weniger Schwierigkeiten machen, längeres Spülen Zeit und Geld kostet, wolle der Wäscher beim Kauf der Seife nicht vergessen. Wie S. 128 erörtert, können wir Schmutzbrühe und Waschlaugen nur durch wiederholte Spülbäder auslaugen, wobei die Höhe des Wasserstandes Bedeutung hat. Zum Spülen die Maschinen überlaufen zu lassen, bedeutet nicht allein Verschwendung, vielmehr fragt es sich, ob nicht eine vorschnelle Verdünnung mit kaltem Wasser gelöste oder emulgierte Schmutzanteile wieder ausfallen läßt. Ausschließlich mit weichem Wasser zu arbeiten, ist zwar an sich richtig, um jegliche Abscheidungen von Kalkseifen auf der Wäsche zu vermeiden, es ist jedoch hierbei kaum möglich eine alkalifreie Wäsche zu erhalten. Selbst wenn das aus der Maschine abfließende Wasser den gleichen p_H-Wert wie das Frischwasser zeigt, reagieren die Wäschestücke noch deutlich alkalisch, denn die Fasern adsorbieren Alkali. Beim Mangeln und Bügeln, späterhin beim Lagern neigen dann solche Stücke zum Vergilben. Daß ein letztes Absäuern der Bleichware dieser einen frischeren Ton verleiht, ist dem Textilbleicher sehr wohl bekannt. Die Arbeitstechnik pflegt oft dahin zu gehen, die Gewebe zunächst weitgehend auszulaugen, um dann mit kaltem, harten Wasser die restliche Alkalität zu beseitigen. In diesem Falle wird also gewollt die restliche Soda als kohlensaurer Kalk und die Seife als Kalkseife niedergeschlagen. Es darf sich allerdings nur noch um geringe Alkalimengen handeln, andernfalls nehmen die Inkrustierungen im Verlauf der wiederholten Wäschen einen unerwünschten Umfang an.

Bezüglich Wasserstand, Temperatur, Dauer des Spülens vergleiche man die früheren Angaben.

Absäuern. Bei der üblichen Technik des Spülens mit permutiertem Wasser verwenden die Betriebe aus genanntem Grunde zum letzten Bade gern hartes Wasser. Soweit in den Betrieben das heiße Wasser permutiert, das kalte hingegen hart ist, gibt das letztere Anlaß zu Abscheidungen, dies wolle man nicht vergessen. Im Auslande ging die neuere Technik dazu über, ein Absäuern der Wäsche als letzte Stufe des Waschverfahrens anzugliedern. Diese Arbeitsweise verdient unsere Aufmerksamkeit, denn sie bringt unzweifelhaft einige Verbesserungen im Ausfall der Wäsche.

Voraussetzung für das Absäuern ist jedoch im allgemeinen ein Arbeiten mit weichem Wasser, also das Vorhandensein einer leistungsfähigen Permutitanlage. Als Chemikalien kommen in Betracht: Oxalsäure, Essigsäure, Ameisensäure, Natrium- und Ammoniumbifluorid. Oxalsäure und Fluorsalze sind es, die ein weiches Wasser bedingen, da sie mit Kalk leicht reagieren und Niederschläge bilden, die sich in der Wäsche absetzen würden. Eben diese Mittel, zu denen noch Silicofluoride treten, eignen sich nicht zuletzt gut zum Lösen von Rostabscheidungen. Das Nachbehandeln mit Säure bezweckt nämlich neben dem Neutralisieren restlichen Alkalis das Lösen von eisenhaltigen Abscheidungen. Nachdem nun Permutitwasser aus eisernen Leitungen und Behältern leicht Rost aufnimmt — vgl. S. 7 —, kam das Absäuern schneller in USA in Aufnahme, da hier die Betriebe in größtem Umfange mit Nullwasser arbeiten.

Ebendort bestehen aber auch weniger Bedenken wegen des Säuerns in den Trommelwaschmaschinen. Es ist nämlich noch nicht genügend geklärt, ob im Dauerbetriebe Kupfertrommeln einem Angriffe unterliegen. Die in Betracht kommenden Konzentrationen sind zwar gering gleichwie die Einwirkungsdauer. Bei Maschinen aus Nirostastahl, Monellmetall oder Holz fallen solche Bedenken ohne weiteres fort. Wir möchten fürs erste ein Absäuern vorwiegend den Betrieben anraten, in denen gut geschulte fachliche Kräfte ein Verständnis für sorgsames Arbeiten haben. Denn abgesehen von der Metallfrage, ist zu beachten, daß eintrocknende Oxalsäure die Gefahr einer Faserschädigung mit sich bringen kann, so daß gegebenenfalls nach dem Absäuern nochmals kurz zu spülen wäre. Betriebe, die ein Absäuern einführen wollen, werden deshalb gut daran tun, sich über Einzelheiten von Chemikern beraten zu lassen und hin und wieder die Fertigwäsche mit Farbstoffindikatoren zu überprüfen, daß keine freie Oxalsäure bleibt. Essig- und Ameisensäure sind bezüglich etwaigen Eintrocknens von Resten völlig unbedenklich, wie der Praktiker vom Nachbehandeln kunstseidener Wäsche, von Strümpfen u. dgl. weiß. Hier bezweckt das Absäuern, den Textilien den beliebten krachenden Griff echter Seide zu verleihen.

Als Arbeitsweise wird empfohlen von den Säuren bzw. sauren Salzen dem letzten Spülbade solche Mengen beizugeben, daß ein p_H-Wert von 5 des Spülwassers erreicht wird. Die Karbonathärte bzw. die äquivalente Menge von Natriumkarbonat im Permutitwasser beeinflußt die Höhe des Zusatzes in geringem Umfange. Beim Abschleudern des Wassers in der Zentrifuge pflegt der p_H-Wert wieder anzusteigen, so daß man dem p_H 7 — dem Neutralpunkt — näherkommen wird, der erreichbare Wert hängt letzten Endes von dem Verhalten des Spülwassers, des Reinwassers, ab.

H. Waschvorschriften für Wolle, Kunstseide und Seide, bunte Wäsche.

Die verschiedenartigen Textilfasern zeigen — für den Wäscher bedauerlicherweise — ein unterschiedliches Verhalten beim Waschen. Gegenüber der widerstandsfähigen Baumwolle und dem schon alkaliempfindlicheren Leinen ist bei Kunstseide mehr auf die geringe Naßfestigkeit und die Möglichkeit eines Rauhwerdens der Stücke, bei Wolle auf die große Empfindlichkeit gegenüber Alkalien und die Neigung zum Filzen und Einlaufen, bei Seide auf eine gewisse Alkaliempfindlichkeit und die Möglichkeit des Rauhwerdens zu achten. Da derartige Textilien zudem meist gefärbt sind, erfordern sie gleich bunten baumwollenen und leinenen Sachen eine sachgemäße Behandlung. Bleiben versehentlich Stücke in einem Posten weißer Wäsche, so ist mit einem teilweisen oder völligen Verderben zu rechnen und auf der anderen Seite wurde vielleicht die Weißwäsche farbfleckig.

Im übrigen hält das Reinigen von Kunstseide und Seide wegen ihrer im Vergleich zu Baumwolle glatteren Oberfläche leichter, zumal bei getönten Wäschestücken nicht auf einen klar weißen Grund hinzuarbeiten ist. So genügen Laugen von geringerer Schärfe und kürzerer Einwirkungszeit unter schwachem mechanischen Bearbeiten. Ein geringerer Bedarf an Waschmitteln bedeutet wiederum ein leichteres Ausspülen.

Einem Waschen in Maschinen steht nichts im Wege. Schon in Anbetracht der kleineren Wäschemengen wird man jedoch kleinere Trommeln wählen, zudem sind bei Seide, Kunstseide und Wolle Maschinen mit großem Durchmesser ungeeignet, da bei großer Fallhöhe mit einem Rauhwerden, bei Wolle mit einem Filzen zu rechnen wäre. Der Wasserstand ist höher als sonst bei Weißwäsche üblich zu wählen, die Umdrehungen der Trommel sollten gemindert werden, denn eine stark mechanische Bearbeitung des Waschgutes ist nicht notwendig, im Gegenteil zu vermeiden. Die Zahl der Seif- und Spülbäder hängt vom Schmutzgrad ab, man vergleiche die grundsätzlichen Ausführungen S. 128. Bei jedem Laugen- und Spülwasserwechsel soll die Maschine still stehen, damit die Seide und Wolle nicht in der Maschine fällt und gestaucht wird. (Bei weißer Baumwoll- und Leinenwäsche wird eine derartige Vorschrift wegen des Zeitaufwandes wegfallen. Daß jedoch dort auf schnellen Zu- und Abfluß des Wassers zu achten ist, ist betont worden.) Die Gefahr des Ausblutens nicht echtfarbiger Stücke steigt bekanntlich mit der Temperatur, weshalb auf diese zu achten bleibt, man suche mit höchstens 50—60° C auszukommen, wenn angängig mit niederer.

Waschen von Wolle, Seide und Kunstseide. Wollsachen sind nach Möglichkeit getrennt zu waschen, ein etwaiges späteres Abspülen von auf der Kunstseide oder Seide sich absetzenden Wollfasern verursacht unnötige Arbeit. Sofern man Wolle in Maschinen wäscht, nicht Handwäsche bevorzugt, sind kleine Trommeln zu wählen. Es sind für Wolle auch besondere Waschmaschinen gebaut worden, in denen das Waschgut nur eine geringe Bewegung und mechanische Bearbeitung erfährt. Bei Wolle sind starke Temperaturschwankungen zu vermeiden, diese würden zu einem Filzen beitragen, man nehme zum Spülen Wasser von etwa dem gleichen Wärmegrade des vorausgehenden Seifbades. Eine Temperatur von 40°C ist möglichst nicht zu überschreiten. Vor allem bedenke man, daß Wolle sehr alkaliempfindlich ist; in Reinseife ohne, oder doch nur mit geringem Zusatz von Alkali ist das Waschmittel zu erblicken. Die neutralreagierenden Fettalkoholsulfonate eignen sich für das Waschen von Wolle, zumal die Bildung von Kalkseifenniederschlägen vermieden bleibt, die sich sonst leicht aus hartem Wasser in der Wolle absetzen, weshalb eben hier die Forderung nach weichem Wasser doppelt zu beachten bleibt. Die Waschmittel sind so reichlich zu nehmen, daß sich eine dicke Schaumschicht auf der laufenden Trommel zeigt. Das Filzen der Wolle hängt mit vom Grade der Alkalität ab, wobei die Temperatur und mechanische Bearbeitung wesentlich sind. Die neuartigen Produkte lassen ein Waschen in neutralen Lösungen zu.

Durch Zugabe von etwas Säure wie Essig zum letzten Spülbade lassen sich die Farbtöne auffrischen, die Wolle erhält einen festeren Griff. Ein Zuviel an Essig vermag zwar nichts zu schaden, die Stücke werden jedoch einen stärkeren Geruch annehmen, es genügt, daß das Wasser nach dem Herausnehmen der Wäsche noch schwach sauer schmeckt, Lackmuspapier sich schwach rot anfärbt.

Beim Waschen von Seide und Kunstseide in der Maschine empfiehlt sich gleichfalls hoher Wasserstand, um ein Rauhwerden, ein Absplittern von Faserenden zu vermeiden. Da sich Seidenwäsche leicht reinigen läßt, soll die Waschzeit nur kurz sein. Wie bei Wolle werden Temperaturen bis 40° C ausreichend sein, ein Zusatz von Alkalien zum Seifbade erübrigt sich. Ein letztes Spülen unter Zugabe von etwas Essig verleiht der Wäsche wieder den krachenden Seidengriff und den Glanz. Kunstseide ist in nassem Zustande nicht zu zerren oder zu wringen, bei der geringen Naßfestigkeit kommen sonst leicht Beschädigungen der Stücke vor. Kunstseide wird oft zu Mischgeweben verarbeitet — etwa Baumwollkette und Kunstseidenschuß —. Es werden sich hier nicht so leicht Schäden wie in rein kunstseidenen Geweben ergeben, immerhin ist Vorsicht angebracht. Kunstseide ist sorgfältig zu bügeln, Einpressen von Falten kann zu Fadenbrüchen führen. Beim Plätten von Azetatkunstseide ist auf die Temperatur des Bügeleisens zu achten, bei höheren Wärmegraden schmilzt diese Kunstseidenart sozusagen.

Waschen bunter Wäsche. Die Sortierung in Farbstoffklassen hat nach den S. 115 gegebenen Anleitungen zu erfolgen. Erscheint die Gefahr eines Ausblutens gegeben, so wäre zunächst die Wasserprobe zu machen. Ergibt sich beim Eintauchen eines Zipfels in kaltes, klares Wasser bereits ein Ausbluten, so ist das Stück kaum naß zu waschen, es wäre vielmehr dem Kunden ungewaschen zurückzuschicken oder auf dessen ausdrückliche Verantwortung hin zu behandeln. Bunte Baumwoll- und Leinenwäsche kann in Maschinen gewaschen werden, Waschdauer und Temperaturen sind niedriger einzusetzen als bei weißer Wäsche. Das Waschverfahren kann gekürzt werden, weniger Seif- und Spülbäder genügen. Nasse bunte Sachen sollen niemals aufeinandergepreßt längere Zeit liegen — so in Wäschewagen —, denn die Gefahr des Abfärbens besteht gerade in diesem Falle. Die zur Begründung des Mehrlaugenverfahrens gemachten Ausführungen — S. 128 — sind zu beachten, da sie hier gleichfalls zutreffen.

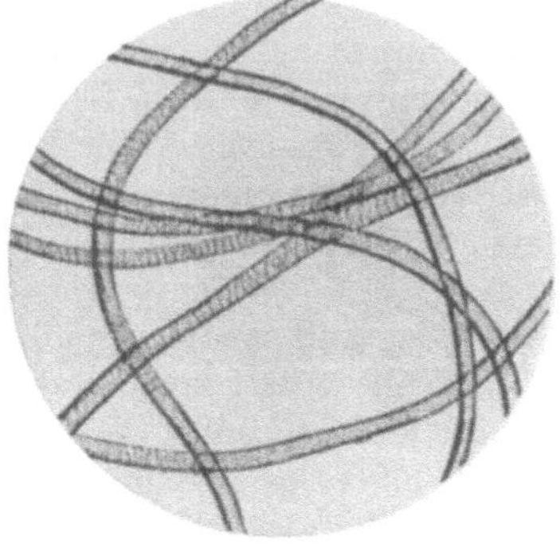

Mit Gardinol gewaschene nicht verfilzte Wollfasern.

Verfilzte Wollfasern.

Abb. 44.

Nicht verfilzt, mit Gardinol gewaschen.

Verfilzte Strumpfnähte. Alkalisch gewaschen.

Abb. 45. Strumpfnähte (Wollstrümpfe verfilzen leicht in den Nähten).

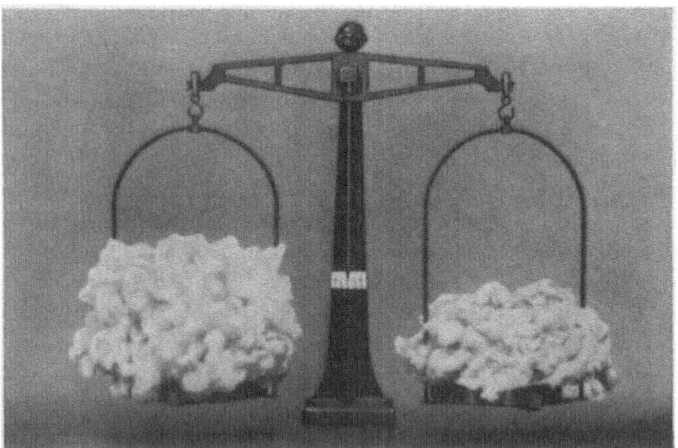

Abb. 46. Rohwolle *1* mit Gardinol, *2* mit Seife-Soda gewaschen.

(Abb. 44—46. Zur Verfügung gestellt von der Chem. Fabrik H. Th. Böhme, A.-G., Chemnitz.)

III. Textilien.

35. Anforderungen an Textilien.

Bei Herstellung von Stoffen sind folgende Gesichtspunkte zu berücksichtigen.

1. Gebrauchszweck: Faserart, z.B. Wolle für Textilien, die wärmen sollen, Verarbeitung als Wirkware, wenn auf starke Dehnbarkeit zu sehen ist, und Ausrüstungsart, z. B. indanthrenfarbige Textilien bei Ansprüchen an Wasch- und Lichtechtheit.

2. Lebensdauer: Diese hängt bei Wäschestoffen ab von der Trag- und Waschabnutzung. In vielen Fällen wird die erstere von ausschlaggebender Bedeutung sein (Kragen, Monteuranzüge u. a.), in anderen weit mehr die zweite (Tischwäsche in Hotels u.a.).

3. Gutes Aussehen: Neben Zweckmäßigkeit der Faser- und Verarbeitungsart wird auf ansprechende Form und Musterung gesehen.

4. Die jeweilige Moderichtung: Soweit es sich nicht um ausgesprochene, nur für kurze Tragdauer berechnete Modeartikel handelt, dürfen die anderen Gesichtspunkte nicht zurückstehen.

Für ein Wäschestück kommt nicht allein eine hohe Zahl wiederholbarer Wäschen in Betracht, dasselbe darf auch nicht in Form und Aussehen zu unansehnlich für den weiteren Gebrauch werden. So wird einerseits zu verlangen sein, daß die Textilindustrie auf die Eignung im Gebrauch und die Waschbarkeit genügend Rücksicht nimmt, anderseits muß der Wäscher ein gewisses Verständnis für die Eigenarten der Fasern und ihre Bearbeitung haben, um die verschiedenartigen Gebrauchsartikel richtig zu behandeln. Bezüglich Waschbarkeit von Textilien können weitere Forschungen große volkswirtschaftliche Bedeutung haben, es ist eine engere Zusammenarbeit von Textilindustrie und Wäschereigewerbe anzustreben. Es hat sich die Erkenntnis durchzusetzen, daß es letzten Endes nur eine Verteuerung bedeutet, ausgesprochene Wäscheartikel aus schwach eingestellten Geweben unter Verwendung von Stärke und mancherlei Appreturmitteln zu füllen, um eine bessere Qualität vorzutäuschen. Gerade die Großverbraucher von Wäsche sollten helfen die Normbestrebungen zu fördern, die eine möglichst zweckentsprechende Verarbeitung der Textilien vorsehen.

I. Faserarten.

36. Pflanzenfasern.

Baumwolle. Diese in der Weltwirtschaft wichtigste Textilfaser ist vorwiegend einzuführen aus den Vereinigten Staaten, Indien und Ägypten. Der Wert der Rohbaumwolle wird beurteilt nach der Länge und Feinheit der Einzelfaser, sowie deren Farbe, da diese Eigenschaften für die Verarbeitung und den Verwendungszweck der Gewebe wesentlich sind. Eine feinfädige Faser von sehr guten Eigenschaften liefert Ägypten, sie ist bekannt als Makobaumwolle. Ostindische Baumwolle stellt eine gröbere Faser dar, die sich somit für feinere Gespinste weniger eignet. Da die Baumwolle etwa 5% Verunreinigungen wie farbige wachsartige Fette, Pektinstoffe u. a. enthält, sucht die Textilveredelung diese Verunreinigungen durch Beuchen und Bleichen weitgehend zu entfernen.

Baumwolle verhält sich gegenüber den beim Waschen gebräuchlichen Chemikalien und den in Betracht kommenden Einwirkungen recht passiv. Wasser, ohne chemischen Einfluß auf Baumwolle, läßt beim Erhitzen oder Dämpfen die Textilien plastisch, formbar werden. Völlig trockene Gewebe sind durch Plätten oder Mangeln kaum zu glätten; um Falten und Knitter zu beseitigen, muß die Wäsche eine gewisse Feuchtigkeit aufweisen. Wenn in der Appreturanstalt die größere Dehnbarkeit der feuchten Stoffe ausgenutzt wird, um sie durch starkes Anspannen zu überstrecken, so führt dies für den Wäscher zu Unannehmlichkeiten, da die Kundschaft geneigt sein wird, das Einlaufen, Krumpen einer nicht sachgemäßen Behandlung zuzuschreiben.

Verdünnte Alkali- und Seifenlösungen beeinflussen die Festigkeit selbst beim Eintrocknen nur unwesentlich. Weiße Baumwollgewebe neigen jedoch bei alkalischer Reaktion leichter zum Vergilben, es verfärben sich restliche Verunreinigungen in alkalischem Zustande stärker und namentlich die abgebaute „Oxycellulose“ bildet gelbliche Verbindungen, so daß auf gründliches Ausspülen von Waschmittelresten zu achten bleibt. Nachteilig wirken sich schärfere Laugen aus, insbesondere bei höheren Temperaturen und bei längerer Einwirkung. Man wolle nicht so sehr an eine Schädigung durch eine einmalige Behandlung denken, es errechnet sich jedoch aus den steten Wiederholungen ein vielstündiges scharf-alkalisches Kochen, so daß erst nach 30 oder 50 Wäschen zu beobachtende Festigkeitsverluste sehr wohl auf eine unsachgemäße Anwendung der Alkalien zurückgehen mögen. Vor allem hat ein Arbeiten mit Natronlauge als bedenklich zu gelten, die jeweiligen Bedingungen — p_H-Wert usw. — werden bei allen Alkalien, auch bei Soda, Trinatriumphosphat und Natriumsilikat entscheidend sein.

Soweit Säuren Verwendung finden, wolle der Wäscher nie vergessen, daß zwar tierische Fasern wie Wolle wenig empfindlich gegenüber

Säuren sind — dafür jedoch um so mehr gegenüber Alkalien —, daß aber eintrocknende Mineralsäuren wie Salzsäure und Schwefelsäure sogar in geringen Spuren Baumwolle und Leinen schädigen. Verdünnte kalte Lösungen können als unbedenklich gelten, heiße werden schon gefährlicher. Lösungen von Salz- und Schwefelsäure sind somit nur unter entsprechenden Vorsichtsmaßregeln anzuwenden, zumal wir gleichzeitig an die Einwirkung auf Maschinenteile zu denken haben. Wenn solche Säuren zum Behandeln von stark inkrustierter Wäsche in Betracht kommen sollen, um Kalkniederschläge zu zersetzen oder zu lösen, hat man in Holzgefäßen oder Steingutbecken u.dgl. zu arbeiten und hinterher sorgsam zu spülen, am besten eine nachträgliche Behandlung mit Seifen-Sodalaugen vorzusehen, um jegliche Säurereste neutralisiert zu wissen. Wollen wir restliche Alkalität neutralisieren im letzten Arbeitsgang eines Waschverfahrens — vgl. amerikanische Arbeitsweise S. 140 —, so kommen hierfür besser in Betracht: Essigsäure, Ameisensäure, Oxalsäure, Natriumbifluorid. Von diesen Säuren bzw. sauren Salzen ist bei den anzuwendenden Konzentrationen, Einwirkungszeiten und Temperaturen ein Faserangriff kaum zu befürchten. Sorgsames Arbeiten bleibt zu fordern, insbesondere ist die zum Putzen von Rostflecken benutzte Oxalsäure auszuspülen, eintrocknende Reste geben sonst vielleicht Anlaß zu Faserschädigungen.

Leinen. Der Flachs liefert uns einerseits Fasern, anderseits im Samen Leinöl und Futtermittel. Flachs hat für Deutschland allergrößte Bedeutung, da wir nur diese Textilpflanze (Hanf) in größerem Umfange anbauen können, um uns von Einfuhren unabhängiger zu machen. In früheren Zeiten waren Flachs und Wolle die wichtigsten Textilfasern in Deutschland. Die Anbauflächen sind jedoch seit Mitte des vorigen Jahrhunderts ständig zurückgegangen, die billigere Baumwollware vermochte einen immer größeren Markt zu erobern, und Rußland wurde zum Weltrohstoffversorger der Leinenindustrie. Um eine gewisse eigene Rohstoffbasis zu haben, gehen die Bestrebungen erfolgreich dahin den deutschen Flachsanbau wieder zu verstärken.

Vor Baumwollstoffen zeichnet Leinengewebe eine größere Festigkeit, ein größerer Glanz und ein kühlerer Griff aus. Leinen ist als das edlere Material anzusprechen, Leinen ist jedoch gegenüber Alkalien empfindlicher als Baumwolle, um seine Vorzüge erhalten zu wissen, haben wir eine sachgemäße Behandlung in der Wäsche zu fordern. Leinen besitzt eine höhere Festigkeit bei gleicher Garnnummer als Baumwolle, kann aber zufolge falscher Behandlung vorzeitiger verschleißen, weshalb vom Wäscher Fachkenntnisse zu verlangen sind.

Unterscheidung von Baumwolle und Leinen. Leinengewebe zeigen in der Durchsicht ein ungleichmäßigeres Aussehen, der einzelne Faden weist mehr dicke und dünnere Stellen auf, die aus Einzelfasern gebildeten Faserbündel von Flachs liefern nicht ein so gleichmäßiges Garn wie Baumwolle. Die Unterscheidung hält mitunter nicht leicht, weil man Baumwolle auch mit Absicht noppig spinnt und die Appreturtechnik es weitgehend versteht, baumwollenen Stoffen das Aussehen und den Griff von Leinen zu geben. Der Praktiker sucht weiterhin aus der Form der Rißenden des Garnes — bei Leinengespinst sind die Enden starrer, bei Baumwolle mehr gekräuselt, — oder aus der größeren Festigkeit des ersteren Schlüsse zu ziehen.

Weiterhin kann man sich der sog. Ölprobe bedienen. Ein Stückchen des Gewebes von einigen Quadratzentimetern wird zunächst mit verdünnter Sodalösung ausgekocht um etwaige Appretur zu entfernen, getrocknet und dann von den Randfäden allseitig befreit, so daß Kette und Schuß einige Millimeter überstehen. Nach Durchtränken des Musters mit Olivenöl und Entfernen des überschüssigen Öles betrachtet man es im durchgehenden Lichte gegen ein Fenster haltend, hierbei erscheinen die Leinenfäden hell, die Baumwollfäden relativ dunkel, im auffallenden Lichte ist es umgekehrt. Weitere Untersuchungsmethoden beruhen auf einem Anfärben mit Farbstoffen, die auf die beiden Fasern ungleich aufziehen. Am sichersten ist die mikroskopische Prüfung, da die Baumwoll- und Flachsfasern charakteristische Formen besitzen.

Hydro- und Oxycellulose. Bei den Einwirkungsprodukten von Säuren spricht der Chemiker von „Hydrocellulose", bei Schädigungen durch oxydierende Bleichmittel hören wir von „Oxycellulose". Vielfach sucht man irgendwelchen Faserverschleiß mit diesen Worten abzutun und will vorwiegend im Arbeiten mit Bleichmitteln die Ursache eines vorschnellen Verschleißes zufolge Oxycellulosebildung sehen. Oxycellulose und Hydrocellulose sind gewissermaßen Zwischenprodukte der Verzuckerung von Zellulose. Oxy- oder Hydrocellulosierung bedeuten für den Wäscher eine Faserschwächung. Der Chemismus dieser Vorgänge ist recht verwickelt, es erscheint hier nicht angebracht auf Einzelheiten einzugehen, wohl aber haben wir den Nachweis solcher Faserschäden zu erörtern, eine gleichfalls nicht so einfache Aufgabe. Es hält nämlich mitunter schwer den Nachweis, namentlich über den zahlenmäßigen Umfang eines Faserangriffes beizubringen. Die Ermittelung der Festigkeit eines Wäschestückes genügt nicht zur Bewertung, sofern nicht die anfängliche Sollfestigkeit gleichzeitig bekannt ist. Eine Angabe, der Probestreifen habe eine Reißfestigkeit von beispielsweise 45 kg ergeben, besagt zu wenig, wenn wir nicht wissen, wie groß dieselbe ursprünglich war, denn wir haben mit den verschiedensten Stoffqualitäten zu rechnen, die Festigkeit hängt von der Garnsorte und von der Webdichte ab. Festigkeitsprüfungen lassen auch nicht immer einen unmittelbaren Schluß zu, ob etwa die Ware bei der letzten Behandlung überbleicht wurde. Gegebenenfalls wird eine erfolgte Beeinflussung nicht voll erkannt, weil die Abbauprodukte noch verkittend wirken, erst nach einem weiteren Behandeln mit alkalischen Flotten, nach einem Herauslösen jener Kittstoffe tritt die Faserschwächung voller in Erscheinung.

Der chemische Nachweis gründet sich auf das Reduktionsvermögen der Oxy-Hydrocellulose. Es gibt hier eine größere Zahl analytischer Verfahren, bekannter ist die Prüfung mit Fehlingscher Lösung. Aus dieser kupferhaltigen Lösung scheidet sich gegebenenfalls beim Kochen ein roter Niederschlag auf der Faser ab, dessen Menge einen Rückschluß auf den Grad des Faserabbaues gestattet. Ein anderes Reagens ist Neßlersche Lösung. Hiermit tritt eine bräunliche bis graue Verfärbung ein. Die Ausführung dieser und anderer Reaktionen erfordert jedoch eine genügende Schulung, da sonst leicht Fehler unterlaufen. Die Prüfung wird zudem unsicher, wenn etwa vorhandene Appreturmittel wie lösliche Stärke ihrerseits ein Reduktionsvermögen besitzen und ebenso Faserbegleitstoffe wie Pektin in Betracht kommen. Man erhält also unter Umständen positive Reaktionen, obschon eine Faserschädigung nicht vorliegt, und kommt gegenteilig zu einem schwachen Befund, falls nach dem Überbleichen usw. bereits eine alkalische Behandlung erfolgt war, denn wie bereits erklärt, lösen sich die Abbauprodukte mehr oder weniger in alkalischen Flotten auf. Wenn bei der Untersuchung die vorhergegangenen Behandlungen nicht bekannt sind, so haben qualitative und quantitative Bestimmungen des Reduktionsvermögens nur bedingten Wert. Insbesondere hält es meist schwer zu unterscheiden, ob ein Wäscheschaden durch Säure oder Oxydationsmittel verschuldet wurde, da Hydro- und Oxycellulose ähnliche Reaktionen liefern. Der Wäscher wolle etwaige chemische Untersuchungen den Fachleuten überlassen.

Eine weitere zum Nachweis von Schädigungen der Fasern heranzuziehende Eigentümlichkeit ist deren veränderte Anfärbbarkeit. Ehedem stützte man gerne die Prüfung auf das Verhalten beim Anfärben mit Methylenblau, welcher Farbstoff reine Baumwolle nur schwach anfärbt; um eine tiefere Anfärbung zu erzielen, bedarf es eines vorangegangenen Beizens mit Chemikalien. Eine oxycellulosierte oder hydrocellulosierte Baumwolle zeigt ein größeres Anfärbevermögen, so daß man aus der Tiefe des Blaus auf ein Überbleichen schloß. Abgesehen davon, daß sich die jeweiligen Arten der Baumwolle usw. nicht gleich verhalten, ist vor allem zu beachten, daß eine durch Abscheidungen inkrustierte Faser, namentlich bei Inkrustierungen mit Kieselsäure, gewissermaßen gebeizt ist und somit die Farbe aufnimmt. Da häufiger gewaschene Stücke einen gewissen Aschengehalt aufweisen, gestattet die Färbeprobe keinen sicheren Nachweis einer etwaigen Oxycellulosierung.

Das etwaige Reduktionsvermögen von Wäschestoffen erklärt im übrigen das Vorkommen von Fehlern in Buntwäsche mit Indanthrenfärbungen. Diese als waschecht zu bezeichnenden Färbungen werden in den alkalischen, heißen Laugen vorübergehend reduziert, der Farbstoff ist nunmehr alkalilöslich, drückt ab und verursacht Verfärbungen. Alte, stark abgewaschene (überbleichte) Wäsche gibt somit eher den Anlaß, daß Buntwäsche verdirbt.

In der Praxis deutet ein auffallendes Vergilben der Wäsche auf eine Faserschädigung. Beim heißen Trocknen, Plätten oder längerem Lagern auftretende zitronengelbe Verfärbungen sind verdächtig! Die Verfärbung macht sich stärker in der Hitze geltend, das Gelb geht beim Abkühlen zurück. Namentlich bei alkalisch reagierender Ware fällt die Vergilbung auf. Um also ein verdächtiges Gewebe zu prüfen, tränkt man es mit einer Seifen-Sodalauge, windet gleichmäßig ab und trocknet ohne zu spülen. Im Laboratorium wäre ein kleinerer Abschnitt mit Lauge zu kochen und auf eine gelbe Verfärbung der Flüssigkeit und der Probe zu sehen. Je mehr Abbauprodukte vorhanden, um so gelber ist die zu beobachtende Verfärbung. Dabei erscheint es zweckmäßig, einen Vergleich mit einer als einwandfrei bekannten Ware unter den gleichen Bedingungen anzustellen, damit man das etwaige abweichende Verhalten erkennt. Jedoch auch solche Prüfung ist nicht eindeutig, denn es bleibt an ein Verfärben anderer Begleitstoffe zu denken, so an ein Vergilben von Schmutzresten, Kalkseifen, Appreturmitteln, wie bekanntlich auch nicht vollgebleichte neue Textilien nach dem ersten Waschen nicht mehr den Bleichgrad der Lieferung zeigen, ohne daß hier eine Oxycellulosierung vorliegt. Es sind die restlichen noch nicht ausgebleichten Pektinstoffe bei solcher Verfärbung beteiligt. Desgleichen kann ein Vergilben der Wäsche mit Rostabscheidungen zusammenhängen. Somit ist der Nachweis von „Oxycellulose“ nicht immer so einfach, und ein schwacher Befund schließt nicht aus, daß Oxycellulose vorhanden war, die aber inzwischen schon weitgehend ausgelaugt wurde.

Einfluß von Hitze. Zu heißes Bügeln führt zu einem Versengen der Baumwolle, starke Schädigung verrät sich durch braune Brandflecken. Erklärlicherweise haben wir anzunehmen, daß eine unerwünschte Beeinflussung schon bei Temperaturen eintritt, bei denen die Cellulose noch nicht derart erhitzt wurde, daß Schwel- und Zersetzungsprodukte die Fasern verfärben. Als kritische Temperatur sind 150—180°C genannt worden, doch bleibt mehr die jeweilige Dauer der Einwirkung zu berücksichtigen. Beim Heißmangeln eines feuchten Stückes wird die Wärme zunächst zum Verdampfen der Feuchtigkeit verbraucht, eine Minderung der Faserfestigkeit wird erst weiterhin eintreten können. Die Erfordernis, die Bezüge der Heißmangeln von Zeit zu Zeit zu erneuern, lehrt zur Genüge, daß sich der vielstündige Einfluß der Wärme auswirkt.

Starkes und längeres Ausdörren macht die Fasern spröde, ein zu heißes Arbeiten bleibt auf jeden Fall zu vermeiden. Die Textilien sind hygroskopisch und besitzen jeweils einen gewissen Gehalt an Feuchtigkeit, der bei 65% relativer Luftfeuchtigkeit für Baumwolle etwa 8% ausmacht. Übertrockene Fasern weisen eine geringere Festigkeit auf, bei Prüfungen ist deshalb eine bestimmte Luftfeuchtigkeit bzw. Faserfeuchtigkeit einzuhalten, die Probestreifen sind eine gewisse Zeit im Prüfraum zu lagern, damit sie die richtige Feuchtigkeit annehmen. Wie die Ergebnisse unter dem Einfluß der Feuchtigkeit schwanken können, mögen die vom Materialprüfungsamt Groß-Lichterfelde-West z.B. bei 5 cm breiten Streifen aus Makozwirnstoffen mit 36 cm Einspannlänge erhaltenen Werte zeigen:

Relative Feuchtigkeit	15—20%	65%	85—90%
Kettrichtung	218 kg	244 kg	269 kg
Schußrichtung	233 „	280 „	286 „

Einfluß von Licht. Vorhangstoffe lehren, daß Licht und insbesondere Sonne die Faserfestigkeit auf die Dauer vollständig zu zerstören vermögen. Unter Umständen haben wir bei Gardinen mit an die Einwirkung von Gasen zu denken. Wenn die Schäden erst nach dem Waschen auftreten, so wird das Auswaschen der Appretur den zunächst noch vorhandenen Zusammenhang gelöst haben. Auch mögen die Fasern noch in einem gewissen Verband gewesen sein, ebenso wie Papier in trockenem Zustande zwar eine gewisse Festigkeit zeigt, sich aber nicht waschen läßt, da die aufquellenden kurzstapeligen Fasern nicht mehr verklebt bleiben. Bei Streitfällen wegen Verschleißens von Vorhängen wolle man prüfen, ob etwa nur die vorwiegend dem Licht ausgesetzt gewesenen Teile morsch sind. Bemerkenswerterweise vermögen gewisse Farbstoffe das Sonnenlicht in seiner oxydierenden Wirkung zu aktivieren, so daß nur die belichteten Teile eines farbgemusterten Vorhangs auffallender mürbe geworden sein können.

Sonstige pflanzliche Fasern. Jute. Die aus den Stengeln der in Indien wachsenden Jutepflanze gewonnene Textilfaser ist empfindlicher als Baumwolle und Leinen gegen den Einfluß von Chemikalien und somit für Wäscheartikel weniger geeignet. Schon bei längerem feuchten Lagern neigt die Faser zum Verrotten. Die langen, zu verspinnenden Faserbündel bestehen aus kleinen Elementarzellen von nur wenigen Millimeter Länge. Kommt es beim Waschen zu einem Zerlegen dieser Bündel in die Einzelzellen, so fehlt der nötige Drall, der das Gespinst zusammenhalten könnte. Jute wird deshalb vorwiegend nur für Säcke und Verpackungsmaterial verarbeitet.

Hanf. Hanf, gleich Leinen und Jute eine Bastfaser, ist etwas hart und steif, so daß sie für Gebrauchsstoffe weniger zu verwerten ist. An sich hat Hanf eine gute Reißfestigkeit wie Leinen. Diese Eigenschaft sowie eine relativ große Widerstandsfähigkeit gegenüber Feuchtigkeit macht Hanf zu einem geeigneten Material für Seile, Bindfäden, Segeltuche.

Ramie. Die Faser besitzt guten Glanz und Reißfestigkeit. Die Widerstandsfähigkeit gegenüber den Chemikalien der Wäscherei ist gut, so daß Ramie in Mischung mit anderen Fasern zu Wäschestoffen verarbeitet werden kann, sie ist aber teuerer als Baumwolle.

Kotonisierung von Flachs und Hanf. Das Verbaumwollenen von Flachs und Hanf sowie von anderen Bastfasern ist ein wichtiges Problem, um die auf die Länge der Baumwollfasern gebrachten Faserbündel in Mischung mit dieser gleich Baumwolle oder Streichgarn verspinnen zu können. Bekannt geworden ist Gminder Halblinnen, das vorwiegend als Kleiderstoff Verwendung findet. In der Wäscherei hat man bei diesen und anderen Kleiderleinen ein schärfer alkalisches Kochen und vor allem eine stärkere mechanische Behandlung zu vermeiden, da sich lose gesponnene und lose gewebte Stoffe leichter aufrauhen, wollig werden.

Die Zahl der zu Textilien verarbeitbaren Fasern ist groß. Selbst aus Papier gearbeitete Stoffe können für Sonderzwecke, so für Dekorationszwecke, sehr brauchbar sein, für Wäschestoffe eignen sich dieselben nicht. Zwar lassen sich auch derartige Stoffe, etwa Handtücher, öfters „waschen", wenn man sie auf einer glatten Unterfläche ausgebreitet mit Seifenlauge vorsichtig ausbürstet und entsprechend sorgsam fertigstellt und trocknet. Würde man sie in die Waschmaschine geben, so löst sich der Verband der kurzstapeligen Fasern, die Garne zerfallen. Zudem ist die Naßfestigkeit gering, selbst ein derbgearbeitetes Gewebe dürfte bei einem Auswringen sofort zerreißen, denn es fehlt der Drall, welcher die Fasern zusammenhält.

37. Kunstseide.

Der Gruppe der pflanzlichen Textilien hinzuzurechnen ist Kunstseide. Die verschiedenen Verfahren zur Herstellung von Kunstseide beruhen darauf, Cellulose wie Baumwolle und Holzcellulose in Lösung zu bringen, um sie in Fadenform auszuspinnen. Wir unterscheiden an Kunstseidenarten: Nitro-(Chardonnet-)Kunstseide, welche die älteste Kunstseidenart darstellt, heute aber nur mehr historische Bedeutung hat, Viskosekunstseide, Kupferkunstseide, Azetatkunstseide. Die vor ungefähr 50 Jahren aufgenommene Herstellung der Kunstseide konnte steigende Bedeutung erlangen, ihre Stellung in der Verarbeitung von Textilien darf aber nicht überschätzt werden, wie dies in Laienkreisen vielfach geschieht.

In dem „Kunstseiden-Taschenbuch" von Dr. H. Stadlinger 1929, waren die Produktionsverhältnisse der vier wichtigsten Textilien wie folgt angegeben:

Verbrauch in Millionen kg im Jahre		
Baumwolle	ca.	5500 Mill. kg
Schafwolle.	„	1350 „ „
Kunstseide	„	133 „ „
Seide	„	47 „ „
Zusammen . .	ca.	7030 Mill. kg

Danach machte Kunstseide vom Gesamtweltverbrauch rd. 1,9% aus, der Verbrauch mag jetzt 3% betragen. Der deutsche Inlandsverbrauch betrug 1933 etwa 33 Mill. kg, er dürfte 1934 auf 40 Mill. kg steigen, wozu noch 10—12 Mill. kg Stapelfaser (Vistra usw.) kommen. Eine erhebliche Steigerung ist geplant, um Mischgespinste aus Kunstfasern mit Baumwolle, Flachs, Wolle herzustellen. Die Herstellung von Wäschestoffen aus Mischgespinsten wird für die Wäscherei höchst bedeutungsvoll sein. Wir haben uns zu sagen, daß Bettwäsche, Handtücher, Tischwäsche mengenmäßig ausschlaggebend sind unter den Wäschestoffen und hierfür bislang ganz überwiegend Baumwolle und Leinen als gebrauchsfähiger verarbeitet wurden.

Viskose. Die weitaus größte Bedeutung unter den Kunstseidenarten hat heute Viskose. Baumwollfasern oder Zellstoff werden mit Natronlauge behandelt und mit Schwefelkohlenstoff in Xanthogenat, eine braune sirupartige Masse (viskos = klebrig) verwandelt, aus der die Fäden ausgesponnen und durch Fällungsbäder abgeschieden werden. Je nach der Feinheit der Düsen besteht der Textilfaden aus einer gewissen Zahl — etwa 20—30 — feinster Einzelfäden, gleichwie die Reinseide aus einer Anzahl von Kokonfäden zusammengedreht ist. Die Kunstseide gelangt gebleicht zur weiteren Verarbeitung in die Weberei. Bekannte deutsche Viskosemarken sind „Agfa" und „Glanzstoff". Eine Abart der Viskose ist „Vistra". Im Gegensatz zu Gespinsten aus Baumwolle, Leinen, Wolle u. a. mit kurzer Stapellänge bestehen Seiden- und Kunstseidengarne aus sozusagen „endlosen" Fasern. Für die Herstellung von Vistra wird das Viskosegespinst in Form kurzer Stücke wie Baumwolle versponnen. Vistra hat somit einen mehr wolligen Charakter.

Kupferoxyd-Ammoniak-Kunstseide. Baumwollinters werden in einer ammoniakalischen Kupferlösung aufgelöst. Aus der blauen Lösung lassen sich sehr feine Einzelfäden herstellen. Das Wort Kupfer deutet nur auf die Verwendung eines kupferhaltigen Lösungsmittels hin, die fertige Seide selbst enthält kein Kupfer mehr. Am bekanntesten ist „Bemberg"-Kunstseide.

Azetatkunstseide. Aus dem Einwirkungsprodukt von hochkonzentrierter Essigsäure auf Baumwollinters ist eine azetylierte Kunstseide zu gewinnen, die gegensätzlich zu Viskose und Kupferseide nicht schlechtweg eine regenerierte, d. h. nur umgeformte Zellulose vorstellt.

Bei Kunstseide ist die starke Minderung der Festigkeit in nassem Zustande technisch von Belang. Man soll deshalb Kunstseide nur mit gewisser Vorsicht waschen, ein Auswinden nasser Stücke bleibt unter allen Umständen zu vermeiden, jede mechanische Beanspruchung wird gefährlich, ein Waschen in Netzen kann vorteilhaft sein. Da jeder einzelne Webfaden aus einer größeren Zahl von feinsten Spinnfäden besteht, rauht die Kunstseide und ebenso die Reinseide bei einem Reiben und Scheuern leicht auf und wird dadurch unansehnlicher. Alles örtliche Reiben, so bei einem Putzen von Flecken ist zu vermeiden, man hat bei einem etwaigen Behandeln von Flecken die Seidenstoffe mehr abzutupfen. Um keine Scheuerstellen beim Zentrifugieren zu erhalten, packe man die Wäsche in ein Schutztuch, das die unmittelbare Berührung mit der Trommel verhindert. Der glatte Kunstseidenfaden schmutzt weniger als etwa Baumwolle, kunstseidene Wäsche läßt sich folglich leichter reinigen, so daß keine so starke mechanische Beanspruchung und kein Waschen bei hohen Temperaturen mit höherem Alkalizusatz erforderlich wird. An sich zeigt die aus Cellulose bestehende Kunstseide eine relativ gute Widerstandsfähigkeit gegenüber Alkalien und Einwirkung höherer Temperaturen. Ein Bleichen von kunstseidenen Stücken kommt meist nicht in Betracht, da es sich um gefärbte Ware zu handeln pflegt. Die Knitterfestigkeit der Kunstseiden ließ in früheren Jahren oft zu wünschen übrig, die Eigenschaften der Fabrikate konnten inzwischen sehr verbessert werden. Abb. 47 zeigt ein kunstseidenes Mundtuch, das zufolge mehrjährigen Lagerns im Schrank, wohl unter gewissem Druck, bei wiederholtem Scheuern in den Bruchfalten schon vor dem Waschen schadhaft geworden war. Man vermeide jedes starke Mangeln und Bügeln gefalteter Stücke.

Unannehmlichkeiten beim Plätten kann Azetatkunstseide mit sich bringen. Ist die Temperatur des Bügeleisens oder der Presse zu hoch, so schmort, schmilzt die Kunstseide, so daß es grundsätzlich wünschenswert wäre, azetatkunstseidene Wäsche durch Schildchen zu kenn-

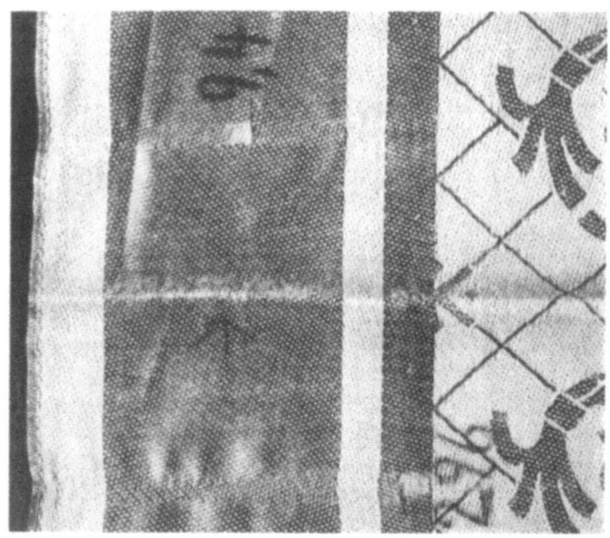

Abb. 47. Brüchiges kunstseidenes Mundtuch. Aufnahme: Dipl.-Ing. Reumuth-Böhme, Chemnitz.

zeichnen, um von vornherein dem Stücke die notwendige Aufmerksamkeit schenken zu können. In der Chemisch-Wäscherei bzw. beim Behandeln von Flecken bleibt zu beachten, daß Azetatkunstseide von Azeton und einzelnen anderen Fleckenmitteln aufgelöst wird.

Unterscheidung der Baumwolle und Kunstseidenarten. Baumwolle und Kunstseide dürfen dem Augenschein nach zu unterscheiden sein, ein Verwechseln mit mercerisierter Baumwolle liegt jedoch nicht fern. Während aber der Baumwollfaden sich aus kürzeren Fasern zusammensetzt, haben wir bei Kunstseide lange Faserstrecken, sofern es sich nicht um Vistra und Mischgespinste handelt. Hier empfiehlt sich die mikroskopische Prüfung. Wichtig kann es sein, schnell Azetatkunstseide von Viskose- und Kupferseide zu unterscheiden: Man brennt einzelne Fäden oder besser ein zusammengedrehtes Fadenbündel an und beobachtet, daß letztere Seiden mit wenig ausgeprägtem Geruch unter Zurücklassen von wenig Asche verbrennen, während Azetatkunstseide bei der Brennprobe auffallender sauer riecht, sowie einen blasig-kohligen Rückstand bildet.

38. Tierische Fasern.

Wolle. Schafwolle, daneben die unter den Begriff „Wolle“ fallenden Haare von Ziegen und Kamelen, ist nach Baumwolle der wichtigste Textilrohstoff. Für die Weißwäschereien kommen allerdings nur Sportkleidung, Strümpfe, Unterkleidung u. dgl. in Betracht.

Wolle besitzt gegenüber Baumwolle und Leinen eine weit größere Elastizität. Waschtechnisch von Belang ist ihre Neigung zum Filzen und Einlaufen. Es bleibt zu vermeiden, Wolle bei höheren Temperaturen und größerer Alkalität unter stärkerem Bearbeiten und Hantieren in der Waschflotte zu waschen, sie ist nicht der sonst gebräuchlichen Behandlung in der Waschtrommel auszusetzen.

Längeres Kochen in Wasser wird der Wolle wenig zuträglich sein, gegen warme und heiße Alkalilösung ist dieselbe sogar sehr empfindlich. Natronlauge vermag Wolle bei einem wenige Minuten dauernden Kochen vollständig zu lösen. Wolle darf nur bei möglichst niedriger Temperatur in schwach alkalischen Bädern gewaschen werden. Für das Waschen von Wolle haben die Fettalkoholsulfonate in neuerer Zeit Bedeutung erlangt, vgl. S. 43.

Die wollenen Textilien sind meist sauer gefärbt und die Färbungen eben deshalb alkaliempfindlich. Um die Farbtöne aufzufrischen, empfiehlt sich ein Zusatz von etwas Essig zum letzten Spülbade.

Zum Bleichen ist Chlorlauge nicht geeignet, man bevorzugt heute die Sauerstoffbleichmittel unter Regelung der Alkalität und unter Vermeiden zu hoher Temperaturen.

Sog. krumpfreie Wolle hat eine Vorbehandlung mit saurer Chlorlauge durchgemacht. Die Elastizität derartig behandelter Wolle ist geringer, ebenso aber meist die Festigkeit. Auch solche Waren sind vorsichtig zu waschen um ein Filzen zu vermeiden, da das Chlorieren in fraglichem Umfange Sicherheit gibt.

Seide ist durch sehr hohe Festigkeit, Dehnbarkeit und Glanz ausgezeichnet. In die Weißwäscherei kommt Seide gleich Wolle nur in geringerem Umfange (da die Kundschaft vielfach befürchtet, man werde die Stoffe zusammen mit Weißwäsche behandeln!?).

In nassem Zustande besitzt Seide wie Wolle eine geringere Festigkeit, sie ist aber gegen Alkalien weniger empfindlich. Alles schärfere Waschen und Reiben bleibt zu vermeiden, da das Aussehen sonst leidet, ein leichtes Hantieren in warmer Seifenlauge wird genügen, keinesfalls wolle man ein scharfes Waschpulver in heißer Lösung anwenden, um die wenig schmutzende Faser zu reinigen. Nach dem Ausspülen säuert man mit Essigwasser ab, um die Seide wieder griffig zu machen und die Farben aufzufrischen.

Für ein etwaiges Bleichen kommen die Sauerstoffmittel in Betracht, Chlorlauge wäre verfehlt.

Seidene Wäsche wolle man „ohne Garantie“ waschen, wie die chemischen Waschanstalten-Färbereien Aufträge mit solcher Einschränkung annehmen. Kommt es doch vor, daß Seidenstoffe im Naßzustande nur noch eine geringe Festigkeit besitzen, weil sie durch längeres Lagern oder andere Umstände mürbe geworden sind, ohne daß dies die Kundschaft voll erkannt hat. Namentlich für hochbeschwerte Seiden trifft dies zu. Da zum Beschweren von hellen Seiden vorwiegend Zinnverbindungen Verwendung finden, fällt eine derartige Ware durch ihre schwere Verbrennbarkeit auf, es hinterbleibt viel Asche.

K. Verarbeitung der Rohfasern.

39. Spinnen.

Auf die Technik der Verarbeitung im einzelnen einzugehen, würde in einem Wäschereibuch zu weit führen, es ist auf die Spezialliteratur zu verweisen.

Literatur:

Gürtler, M.: Spinnerei und Zwirnerei. Sammlung Göschen Nr. 184.
— Weberei, Wirken. Sammlung Göschen Nr. 185.
Kind, W.: Wäscherei, Bleicherei, Färberei. Sammlung Göschen Nr. 186.

Für den Wäscher ist wesentlich zu wissen:

Garnnummer. Mit größerer Feinheit steigt die Nummer. Die Anzahl Meter Garn, die auf 1 g geht, stellt die Meternummer dar. Entfallen also auf 1 g z. B. 25 m, so spricht man von der Nr. 25. Von solchem Gespinst würden demnach 1000 m 40 g wiegen, es sind 25 solcher Längen auf 1 kg zu rechnen. Gebräuchlicher sind die englischen Garnnummern, englische Maße und Gewichte bilden hierfür die Grundlage. In Kürze sei nur gesagt: Baumwollgarn von der englischen Nr. 20 ist bei metrischer Verrechnung = Nr. 34, und Leinen von der englischen Nr. 20 entspricht der metrischen Leinen-Nr. 12.

Drall. Von der Anzahl der Drehungen hängt die Festigkeit des Gespinstes mit ab, ein loseres, entsprechend weicheres Garn besitzt eine geringere Reißfestigkeit. Ebensolches Garn eignet sich aber z. B. besser für gut saugfähige Stoffe. Verwebt kann solches Gespinst sehr wohl den Gebrauchsanforderungen entsprechen, wenn durch eine genügende Abbindung die Einzelfasern sich aus dem Faden nicht mehr lockern können, gleichwie durch Verfilzen einer zunächst lockeren Faserschicht ein besserer Zusammenhalt zu erreichen ist. Ein einzelner Dochtfaden besitzt nur eine sehr schwache Festigkeit, ein aus solchen Fäden gewebter Stoff kann sehr wohl fest sein. Garne mit größerem Drall finden vorwiegend Verwendung als Kettgarne, man spricht bei Baumwolle von Watergarnen, bei Flachs von Linegespinst, die loser gesponnenen Garne dienen dem Weber als Schuß, die Bezeichnungen sind Mule und Tow (Werggarne).

Gleichmäßigkeit. Sind Garne in den einzelnen Fadenstrecken sehr ungleich fest, ist ein Gewebe ungleich dicht gearbeitet, so kommt es leichter zu Brüchen und Einrissen, abgesehen davon, daß die Wäsche ein weniger schönes Aussehen zeigt. Ungleichheiten können bekanntlich auch auf einem ungleichen Ausrecken von Wäschestücken beruhen. Um die Festigkeitsverhältnisse zu bewerten, genügt es nicht, einen einzelnen Faden oder Gewebestreifen zu prüfen, sondern es ist der Durchschnitt aus einer größeren Zahl von Versuchen zu nehmen. Die Reißwerte hängen mit von der Einspannlänge ab. Bei Prüfen weniger kurzer Stücke mögen ausnahmsweise starke oder schwache Stellen vorliegen, das Ergebnis wäre von diesen Zufälligkeiten abhängig, erst bei Überprüfung von nicht zu wenigen Proben ist ein besserer Durchschnitt zu erwarten. Die Zahl der erforderlichen Versuche hat sich nach den jeweiligen Begleitumständen zu richten, je größer die Ungleichheit, um so mehr Einzelprüfungen erscheinen angebracht.

Festigkeit und Dehnung. Als Maß der Festigkeit gilt meist die gewichtsmäßig ausgedrückte Kraft oder Zugbeanspruchung, die einen Faden oder ein Gewebe reißen läßt. Das Versuchsmaterial wird dabei an den Enden durch Klemmen festgehalten und am einen Ende durch steigende Belastung bis zum Reißen beansprucht, die absolute Festigkeit an einer Skala in Gramm oder Kilogramm abgelesen. Erklärlicherweise besitzt ein dickeres Garn eine größere Festigkeit. Eine Angabe, das Garn hat x g Festigkeit, besagt deshalb nicht genug, wenn wir nicht die zugehörige Garnnummer kennen. Bei einem Stoff müssen wir wissen, wie breit der Versuchsstreifen war und welche Festigkeiten üblicherweise von entsprechenden Qualitäten zu erwarten sind. Von Garnen wird man etwa 30 Einzelfäden zu reißen haben, von Stoffen fünf und mehr Streifen, um zu einem einigermaßen zuverlässigen Mittelwert zu gelangen. Mitunter machen sich weit mehr Prüfungen erforderlich wegen zufälliger anormaler Werte. Bei Prüfung von Fäden, die man aus einem öfter gewaschenen Stück freilegte, ergeben sich Schwierigkeiten wegen der etwaigen Verfilzung, die Fäden verlieren leicht den Drall und damit ihren Zusammenhalt.

Eine besondere Ausdrucksform für die Festigkeit ist die Reißlänge in Kilometern. Die Reißlänge gibt an, bei welcher Länge ein freihängend gedachtes Probestück unter seiner eigenen Zuglast abreißen würde. Die Reißlänge (R) errechnet sich aus dem Produkt von metr. Nr. (N) und Reißfestigkeit in kg (P), $R = N \cdot P$.

Neben der absoluten Festigkeit hängt der Gebrauchswert von Textilien mit von einer gewissen prozentualen Dehnung und Elastizität ab, ein starres, nicht nachgiebiges Gebilde kann vielfach weniger geeignet sein. Verliert ein Wäschestück an Dehnbarkeit, so wird es mechanischen Beanspruchungen in geringerem Maße genügen und eher verschleißen.

Um die voraussichtliche Gebrauchsfähigkeit, die Qualität der neuen Stoffe objektiv zu bewerten, ermitteln wir die Reißfestigkeit, gleichwie wir den Ausfall von Waschversuchen nach dem Umfange des Rückganges der unter gleichen Bedingungen gefundenen Reißfestigkeit einschätzen. Subjektive, gefühlsmäßige Beurteilungen fallen leicht unsicher aus, sofern nicht die Versuche bis zu einem offensichtlichen Verschleiß fortgesetzt werden. Zur Ausführung von Reißversuchen machen sich Präzisionsinstrumente erforderlich, die in ihrer Anschaffung nicht billig sind. Die Abbildung S. 183 zeigt einen Dynamometer für Festigkeitsprüfungen von Stoffstreifen. Es mag mitunter fraglich sein, ob der Gebrauchswert eines Wäschestücks ausschließlich von der Reißfestigkeit abhängt, so stellt die Mode andere Anforderungen! Zur Beurteilung von Textilgeweben dient auch der Punktierdynamometer nach Schubert, mit welchem man die Kraft mißt, die zum Einstoßen eines Bolzens bestimmter Größe, etwa von 5 mm, erforderlich ist. Solcher Apparat gestattet die örtliche Festigkeit eines Stoffes aufzuklären, um z. B. zu erkennen, ob eine Fleckstelle stärker in der Festigkeit gelitten hat. Nochmals sei betont, daß bei Reißversuchen Einzelprüfungen schwerlich genügen, und das Urteil auf einen Mittelwert aus einer größeren Zahl von Untersuchungen zu stützen ist. Wenn Wäschereien Gutachten einfordern, haben sie nicht zu kleine Proben dem Laboratorium einzusenden, zumal falls die Festigkeit in der Kett- wie in der Schußrichtung überprüft werden soll. Behördliche Prüfungen sehen das Reißen von 5 cm breiten Streifen mit 36 cm Einspannlänge vor. Da mehrere Streifen zu reißen sind um einen Mittelwert zu erhalten, so erfordert die Prüfung die Vorlage eines Stückes von der Größe eines Mundtuches.

Bei Beurteilung des Verschleißes häufig gewaschener Stücke kann auch die Saumnähfäden zu prüfen wichtig sein, man wolle deshalb die Säume nicht abschneiden.

40. Weben.

Ein Gewebe entsteht durch Eintragen des „Schusses“ in die „Kette“, wechselndes Über- und Unterkreuzen von Schuß und Kettfäden liefert die „Bindung“. Diese gibt der Ware die für den Gebrauch nötige Haltbarkeit und von ihr hängt das Muster ab. Die Zahl der Bindungsarten ist sehr mannigfach, als Grundbindungen haben wir: Leinwand, Köper, Atlas.

Die Leinwandbindung ist die einfache Verkreuzung der Fäden. Es liegt abwechselnd ein Schuß- und ein Kettfaden oben. Die Wiedergabe solcher Technik, der Rapport, durch dessen Wiederholung das Gewebe entsteht, umfaßt nur zwei Kett- und zwei Schußfäden. Die Köperbindung liefert schräge Gratrichtungen (Diagonale). Die Atlasbindungen zeigen regelmäßig verstreut liegende Bindungspunkte und geben dem Gewebe eine glatte Oberfläche, um das Material durch seinen Glanz, seine Farbe, seine Musterung wirken zu lassen. Wir haben bei Wäschestoffen mit 5—8bindigem Atlas zu rechnen. In letzterem Falle geht ein Faden über sieben untenliegende hinweg, er „flottiert" stark.

Zur Darstellung einer Bindung bedient man sich des quadratisch unterteilten Patronenpapiers. Auf diesem wird die Verkreuzung der Garne, die Bindung, dadurch ersichtlich gemacht, daß jene Verkreuzungsstelle, wo der Kettfaden über dem Schußfaden liegt, mit einem Punkte verzeichnet wird. Die Grundbindungen sind in dieser Weise in Abb. 48 wiedergegeben.

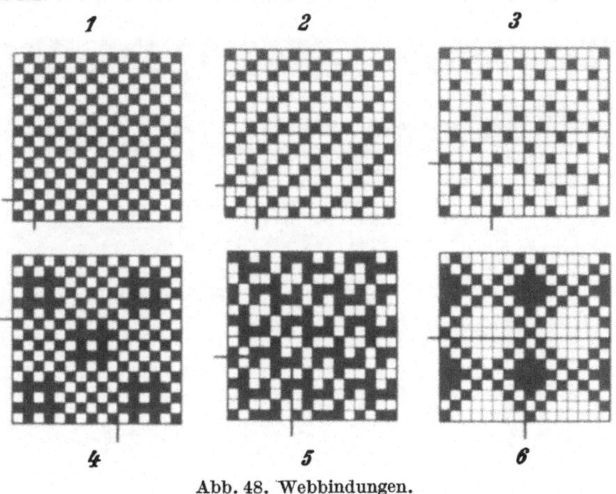

Abb. 48. Webbindungen.

Frottierstoffe bedürfen zweier Kettbäume. Es wird eine Grundbindung gewebt, das zweite Fadensystem in Schlingenform herangeschlagen. Für den Wäscher wird wesentlich, daß die Bindung fest ist, sich die Schlingen nicht ausziehen lassen.

Für Wäschestoffe eignen sich Bindungen mit länger flottierenden Fäden weniger, insbesondere bei Verwendung von lose gesponnenen Garnen, denn es besteht eine gewisse Gefahr, daß die flottierenden Fäden nach Aufquellen in den Laugen durch Scheuerwirkung aus dem Verband gehen, Einzelfasern sich mangels Drall ablösen. Schäden sind insbesondere möglich, wenn zufolge der Musterung ein Verschieben, Verzerren der Fäden leichter hält, weil die Verkreuzung die Einzelfäden nicht genügend in ihrer Lage festhält. So geben mitunter ungeeignete Atlaskantenstreifen — Mäandermuster — Anlaß zu Fehlern in Tischwäsche.

Von Belang ist die Fadendichte, d. h. die Zahl der Fäden in Kette und Schuß je Zentimeter oder Zoll — welche Maßeinheit noch üblich ist —, ferner die jeweilige Garnnummer von Kette und Schuß. Der Einfluß dieser einzelnen wichtigen Faktoren auf die Gebrauchsfähigkeit und die Abnutzung beim Waschen erscheint noch nicht so genügend geklärt, als daß wir hier einwandfreie Gesetzmäßigkeiten aufstellen dürften. Kette und

Schuß sollen aufeinander abgestellt sein. Es genügt nicht eine gute Kette zu verwenden, wenn der Schuß minderwertig, etwa überbleicht ist. Ebenso wird die Gebrauchsfähigkeit nicht den Erwartungen entsprechen, wenn eine feinfädige Kette nur lose eingestellt ist bei Eintragen eines starkfädigen losen Schusses. In solchem Falle werden die Fasern der Schußgarne nicht genügend festliegen, als daß sie sich nicht lockern könnten. Wenn Leinenhandtücher u. dgl. einen vorschnellen Verschleiß zeigen, so liegt dies z.T. an der losen Verarbeitung der Faserbündel, da diese sich

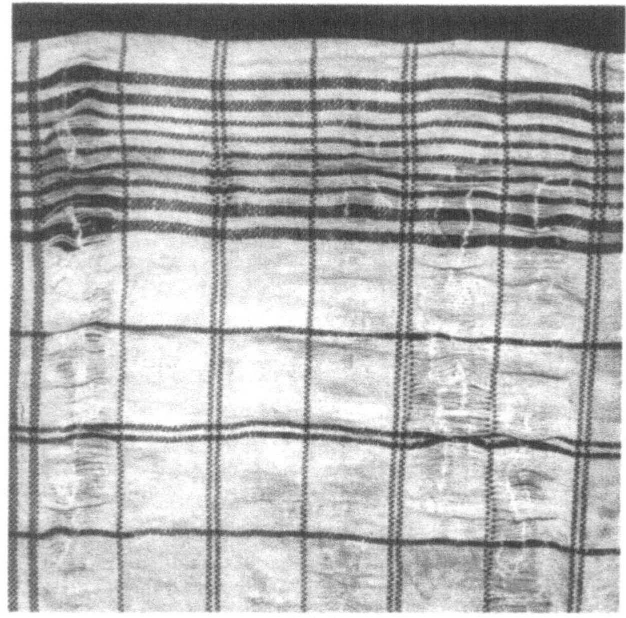

Abb. 49. Weniger geeignete Verwendung einer starkfädigen Zwirnkette und eines feinfädigen Schusses mit zu loser Abbindung.

beim Waschen mehr und mehr in die Einzelfasern auflösen, z.T. und nicht zuletzt an einer unerwünscht starken mechanischen Beanspruchung der Stoffe in den alkalischen Waschlaugen, welche die Fasern durch Aufquellen in ihrem Zusammenhang lockerten.

Mischgewebe. Zur Erzielung besonderer Effekte oder auch um an einer teureren Faserart zu sparen, werden Gewebe aus verschiedenartigem Material hergestellt. So ist ein Halbleinen ein Gewebe mit Baumwollkette — zumeist — und Leinenschuß. Einen größeren Absatz fanden in letzterer Zeit Kunstseidenmischgewebe, so Tischdecken mit Baumwollkette und Kunstseidenschuß. Auch Leinen und Kunstseide werden zu Tischdecken u.a. verarbeitet. Kunstseidene Mischgewebe sind leichter zu waschen als reinkunstseidene, die Baumwolle verleiht einen gewissen Halt, die mangelnde Naßfestigkeit der Kunstseide wirkt sich nicht so nachteilig aus. Im allgemeinen werden wir uns in der Behandlung nach dem empfindlicheren Material zu richten haben, so sind Oberhemden mit Azetatkunstseidenstreifen mit der für diese Kunstseide notwendigen Vorsicht zu plätten. Für Unterwäsche kommen Gemische von Kunstseide und Wolle in Betracht.

Webfehler und Webknoten. Die Erschütterungen des Webstuhls durch den Schützenschlag bringen es mit sich, daß hin und wieder Kett- oder Schußfäden reißen, um so häufiger bei minderwertigen Garnen. Der Weber weiß die Enden anzuknüpfen, ohne daß ein zu dicker Knoten entsteht. Knoten finden sich auch im Spinnereigarn. Die Knoten bilden immerhin dickere Stellen im Gewebe und mögen vielleicht — aber doch nur sehr ausnahmsweise! — der Anlaß zu Löchern in der Wäsche sein, sei es, daß ein dickerer Knoten beim Mangeln zerpreßt wird, sei es, daß eine dickere Stelle mangels Drall ausfasert. Der Praktiker versteht nämlich unter Webknoten auch die häufiger vorkommenden, technisch nicht ganz vermeidbaren dickeren Garnstellen, an denen sich die Fasern mehr häuften, denen aber ein entsprechender Drall mangelt. Webknoten geben fernerhin Anlaß zu Löchern, weil mitunter an solchen Schönheitsfehlern spielerisch geputzt wird um sie zu verbessern, wie auch der Weber bei unachtsamem Putzen mit seinem Messer den Stoff beschädigt, so daß späterhin hier vorzeitig ein Loch sich bildet. Daß sowohl in der Kett- wie in der Schußrichtung Webfehler unterlaufen, weil ein Fadenstück fehlt oder eine ungleich dichte Stelle entstand, ist nicht immer zu vermeiden. Unregelmäßigkeiten beim Weben verschulden auch größere „Webnester“, bei denen mehrere Fäden gerissen sind. Der Weber sucht derartige Fehler durch Herandrücken der benachbarten Fäden auszugleichen, in der Appretur werden die Mängel weiter verklebt, so daß dieselben dem Käufer fürs erste entgehen. An sich sollen Fehler am Rande durch rote Fäden gekennzeichnet und dem Käufer die fehlerhafte Stelle beim Kaufe zugerechnet werden. Treten die Schäden nach dem Waschen mehr in Erscheinung, so kann den Wäscher eine Schuld nicht treffen. Das Aussehen solcher Schadenstellen ist meist so charakteristisch, daß man bei einer Reklamation die eigentliche Ursache nachweisen kann, denn Einschnitte, Einrisse oder etwaige Wäscheschäden zufolge örtlicher Wirkung ungelöster Wasch- und Bleichmittel pflegen nicht mit dem Faden zu verlaufen, sie liegen schräg im Gewebe und es werden bei örtlichen Schäden durch Chemikalien Kette wie Schuß zu Schaden gekommen sein.

41. Bleichen und Ausrüsten der Textilien.

Appretieren. Um der vom Webstuhl kommenden Ware ein für den Verkauf ansprechendes Aussehen zu geben, ist sie zu „veredeln“. So werden abstehende Fäserchen vor dem Bleichen abgesengt, durch Mangeln, Kalandern unter hohem Druck, unter Friktion und Erhitzen wird Glanz und ein gewisser Griff erzielt. Ein starkes Beschweren von Wäschestoffen ist zu verwerfen, dem Käufer wird ja nur ein volleres, griffigeres Gewebe vorgetäuscht, wenn sich die Füllappretur bald, vielleicht schon bei der ersten Wäsche wieder herauswäscht. Je nachdem, ob das Gewebe im Griff kräftiger oder geschmeidiger oder auch im Gewicht schwerer ausfallen soll, bringt man die verschiedenartigsten Verdickungsmittel, fetthaltige oder wasseranziehende Körper, mineralische Pulver wie Porzellanerde, Talkum und Mischungen irgendwelcher Präparate auf. Es finden Verwendung Stärke, in erster Linie Kartoffelstärke, Gummitragant, Appreturöle, Seifen, Talg, Glyzerin, stark hygroskopische Mineralsalze wie Magnesiumchlorid, dann die bereits genannten Füllstoffe wie Kaolin, Talkum.

Höher beschwerte Ware verrät sich durch Stäuben beim Durchreißen, die Füllmasse läßt sich ausreiben, nach dem Waschen ergibt sich ein hoher Gewichtsverlust, beträgt doch die Beschwerung im Einzelfalle bis 100% und mehr. Stärke läßt sich mit Jodlösung nachweisen, je dunkler, blauer die eintretende Verfärbung, um so mehr Appret ist vorhanden. Diese Reaktion ist so empfindlich, daß von dritten, gestärkten Stücken beim Waschen übertragener Appret leicht einen positiven Befund liefert, auch wenn ein Stärken des fraglichen Stückes nicht vorgenommen wurde, zudem läßt sich die Webschlichte oft nur schwer restlos entfernen. Falls bei einem neuen Stoff sich die Fäden nur in einer Richtung dunkel färben, so handelt es sich um nicht nachappretierte Stuhlware, bei der allein die geschlichteten Kettfäden die Reaktion geben.

Zu erwägen bleibt, ob nicht eine Kennzeichnung der Höhe der Beschwerung anzustreben wäre, damit jeder Käufer klarer sieht, mit was für einer Ware er es zu tun hat. Wenn Webereifirmen unappretierte Stoffe propagieren, so verdienen derartige Bestrebungen die volle Unterstützung der Wäscher.

Kalandern und Mangeln. Wie bei der Fertigstellung glatter Stücke in der Weißwäscherei werden Mangeln und Kalander in der Textilveredelung verwandt, doch pflegt man mit weit höherem Druck zu arbeiten, was hier ohne weiteres möglich ist, da wir glatte Bahnen ohne Knöpfe, Säume usw. haben. Beim Kalandern läuft die Ware zwischen einer geheizten Stahlwalze und einer unter hohem Druck angepreßten glatten Gegenwalze aus Papier, Baumwolle oder anderem Material. Um zu größeren Produktionen zu kommen, hat man vielwalzige Kalander bis zu 16 Walzen gebaut. Je nach der Art der Walzen und der Warenprüfung fallen Griff und Glanz der Waren aus. Um einen Hochglanz auf Bettdamasten, Linon u. dgl. zu erzielen, finden die Stampfkalander, Beetlemaschinen Verwendung, auf denen man die auf einen Baum aufgewickelte Ware längere

Zeit gewissermaßen hämmert. In ähnlicher Weise werden die auf Walzen aufgewickelten Waren unter starkem Druck gemangelt, wie der Wäscher die Kastenmangel kennt. Sind die Leistenkanten oder Musterstreifen zu straff gewebt, so kann scharfes Kalandern zum Abplatzen von Fäden führen, wie die Abb. 50 u. 51 zeigen. Solche Fehler stellen sich gegebenenfalls erst nach wiederholten Wäschen heraus und geben Anlaß zu fraglich berechtigten Reklamationen.

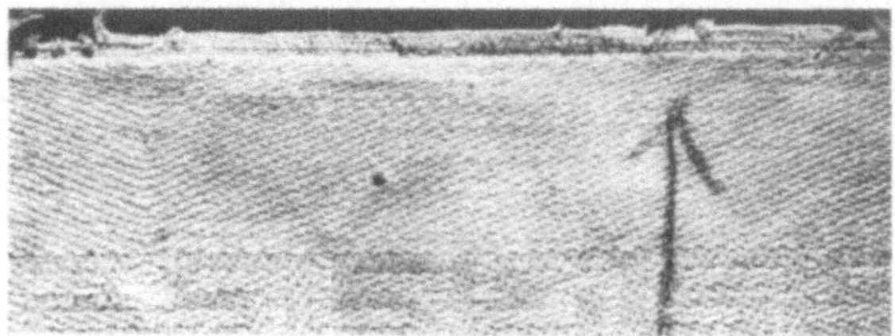

Abb. 50. Schadhafte Webkante.

Es fragt sich, ob nicht solche durch Mangeln und Kalandern dem Stoffe verliehene Eigenschaften beim Waschen schnell schwinden, denn etwa nur durch das starke Kalandern angedrückte Fasern werden sich wieder aufrichten, irgendwelche Weichmachungsmittel schon von der ersten Lauge entfernbar sein, doch ist keineswegs zu bestreiten, daß es die heutige hochentwickelte Veredelung versteht, Waren in charakteristischer Weise auszurüsten, so daß Glanz und Griff bei sachgemäßem Waschen erhalten bleiben, vgl. Satins w. u.

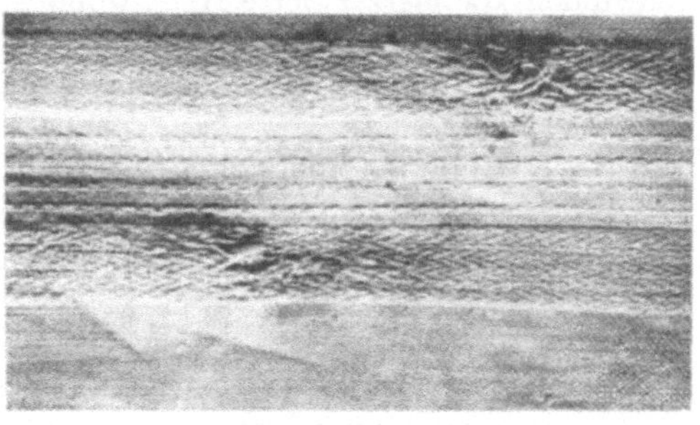

Abb. 51. Zerpreßte Musterstreifen. Aufnahmen: Dipl.-Ing. Reumuth-Böhme, Chemnitz.

Krumpen. Erfolgt die Fertigstellung der Gewebe, das Trocknen, auf Spannrahmen vor dem Kalandern und Mangeln, so lassen sich Baumwolle und Leinen in der Breite und Länge ausrecken, sie laufen aber bei erneutem Naßwerden stark ein. Schon mit dem Messen der Stückware sind gewisse Änderungen verbunden, wenn die Ware unter einer gewissen Zugwirkung steht, bzw. tritt beim Kalandern, Mangeln der Stoffe ein Breitpressen ein. Jede nur mit gewisser Spannung fertigstellbare Webware neigt mehr oder weniger zu einem Einlaufen beim Naßwerden. Um einem Einlaufen von Drellanzügen vorgebeugt zu wissen, verlangt z. B. die Militärverwaltung bei Drell eine Garantie für Nichtkrumpen. Um dies zu erreichen, ist z. B. eine 84 cm breit zu liefernde Ware zunächst auf dem Webstuhl 88 cm breit herzustellen und dann durch Abbrühen und Trocknen zu krumpen, damit weitere Wäschen kein starkes Einlaufen mehr verursachen.

In letzter Zeit gab die Reklame für das Sanforisierverfahren Anlaß, für die Fertigstellung der Stückwaren Maschinen zu verwenden, die ein Ausspannen vermeiden. Sanforisierte Stoffe sollen nicht mehr als 0,5% einlaufen. Bei Beanstandungen von gewaschenen Kragen, Oberhemden oder Berufsmänteln liegt die Schuld an einem Einlaufen allerdings nicht immer bei der Ausrüstungsanstalt, möglicherweise hat die Konfektion fehlerhaft gearbeitet, indem die Stücke beim Nähen und Bügeln zu stark ausgereckt wurden.

Merzerisieren. Ein weiterer technischer Begriff, von dem der Wäscher gewisse Kenntnisse haben soll, ist die Merzerisation. Man versteht hierunter das Glanzgeben der Baumwolle. Die Baumwolle besitzt zunächst nicht die glatte Oberfläche wie Leinen und sieht deshalb stumpfer aus. Bringt man aber durch Behandeln mit kalter, starker Natronlauge die Fasern zum Aufquellen und verhindert gleichzeitig durch Ausspannen ein Einlaufen, so erhält die Baumwolle eine glattere Oberfläche und dadurch ein besseres Aussehen. Die Runzeln der Faseroberfläche verschwinden, die merzerisierte Baumwolle ist runder. Diese Veränderung der Faser ist dauernd, sie verschwindet nicht wieder beim Waschen wie ein durch Kalandern oder Mangeln erzielbarer Glanz.

Den Merzerisierglanz weiß man bei Satins u. dgl. noch zu steigern durch Kalandern der Baumwollgewebe unter Verwendung einer mit feinen Rillen versehenen Druckwalze. Die Anzahl der Rillen schwankt von 8—20 und mehr je Millimeter. Durch die Lichtbrechung an den parallelen glatten Flächen der eingepreßten Rillen entsteht ein hoher Glanz, der dem Baumwollgewebe ein seidenähnliches Aussehen verleiht. Dieser Preßglanz ist nur bedingt waschbar, wenn die Rillen nicht unter starkem Druck bei hoher Temperatur eingebrannt sind.

Rauhen. Um Baumwollgeweben ein tuchartiges Aussehen zu geben, werden dieselben gerauht, z. B. Flanelle, unter Verwendung von schnell rotierenden, mit Drahthäkchen versehenen Walzen. In der Wäscherei sind die Stoffe mit gewisser Vorsicht zu behandeln, der Flor kann gegebenenfalls schwinden.

Färbungen. Nach dem jeweiligen Färbeverfahren unterscheidet man:

a) Substantive Färbungen. Es sind dies die mit „Baumwollfarbstoffen" hergestellten Direktfärbungen auf pflanzlichen Fasern. Solche in ihrer Anwendung sehr einfachen Farbstoffe färben die Fasern an, ohne daß ein Vorbehandeln dieser mit Beizen erforderlich ist. Die substantiven Färbungen besitzen nur fragliche Waschbarkeit, sie bluten aus, d. h. sie färben auf weiße Stoffe leicht ab. Unter Siriusfarbstoffen hat man recht gut lichtbeständige Farbstoffe zu verstehen, denen jedoch die Waschbarkeit mangelt, solche Färbungen eignen sich also für Vorhangstoffe u. dgl., aber nicht für Waschartikel. Durch Nachbehandeln mit Metallsalzen oder durch das sog. Diazotieren ist die Echtheit mancher Färbungen zu verbessern, doch bleibt es fraglich, ob die Waschechtheit höheren Ansprüchen genügt.

b) Küpenfärbungen. Die in Wasser und Alkalien unlöslichen Farbstoffe werden durch Reduktion unter Verwendung von Hydrosulfit in alkalischer Flotte alkalilöslich und können in dieser Form als Leukoverbindung die pflanzlichen Fasern anfärben. Durch Einwirkung des Luftsauerstoffes bildet sich der eigentliche Farbstoff wieder zurück. Auf diese Weise wird seit altersher Indigo gefärbt, welches Blau jedoch heute weniger gebräuchlich ist. Eine führende Stellung erhielten die durch vorzügliche Echtheitseigenschaften und Farbenschönheit ausgezeichneten Indanthrenfarbstoffe. Zu den Küpenfärbungen gehören weiter die Hydron- und Algolfarbstoffe.

c) Entwicklungsfarben. — Naphthol AS. Die in Wasser unlöslichen und deshalb nach den üblichen Färbemethoden nicht anwendbaren Farbstoffe sind auf der Faser selbst herzustellen, indem man letztere mit der löslichen Base tränkt und in ein zweites Bad bringt, welches die erforderliche Diazoverbindung enthält. Naphthol-AS-Färbungen weisen sehr lebhafte Farbtöne auf, die in ihren Echtheitseigenschaften vielfach den Indanthrenmarken entsprechen. Erwähnt sei hier noch Anilinschwarz, das nach besonderem Verfahren aus Anilin hergestellt wird und als recht echt zu gelten hat.

d) Beizenfärbungen. Von dieser ehedem wichtigeren Gruppe hat heute nur noch Türkischrot, hergestellt mit Alizarin, Bedeutung, andere Alizarinfärbungen wurden verdrängt, da die Färbetechnik zu umständlich ist.

e) Schwefelfarbstoffe. Mit dem reduzierend wirkenden Schwefelnatrium ist eine stark alkalische Farbflotte zu erzielen, welche in ähnlicher Weise wie eine Indanthrenküpe zum Färben dient. Die Färbungen sind zumeist wenig lebhaft, charakteristisch ist eine geringe Chlorechtheit — abgesehen von einigen wenigen Schwarzfärbungen.

f) Basische Farbstoffe, Anilinfarben. Sie sind auf vorgebeizter Baumwolle zu färben. Die zwar lebhaften Farbtöne haben meist weniger gute Echtheitseigenschaften, so daß diese früher wichtige Farbstoffklasse nur mehr geringe Bedeutung hat. Gegebenenfalls sucht der Färber irgendwelche Vorfärbungen durch Übersetzen mit den lebhaften basischen Farbstoffen zu schönen, doch hat solche Überfärbung fragliche Waschechtheit. Blauviolette Farbstoffe hat man als Bläue verwendet.

g) Saure Farbstoffe. Sie dienen vorwiegend für Wollfärbungen, Baumwolle, Leinen wird nur wenig angefärbt. Eben deshalb, wegen des langsamen Aufziehens, eignen sich saure Blaumarken zum Anbläuen.

Die Echtheit der Färbungen wird nach den Normen bewertet wie solche von der Echtheitskommission des Vereins Deutscher Chemiker aufgestellt worden sind. Den Verbraucherkreisen wurde dank der Propaganda der I. G. Farbenindustrie die Schutzmarke Indanthren bekannt. Unter Indanthrenfärbungen haben wir Küpenfärbungen mit unübertroffenen Echtheitseigenschaften „unübertroffen lichtecht, waschecht, wetterecht" zu erwarten. Die Indanthrenmarke dürfen weiterhin Färbungen anderer Gruppen erhalten, sofern dieselben „indanthrenecht" sind, wie Türkischrot, manche Naphthol-AS-Färbungen. Nach den Normen wird die Waschechtheit von Färbungen auf Baumwolle und Leinen in der Weise geprüft, daß zwei Gewichtsteile Färbung mit je ein Teil Baumwolle und Kunstseide verflochten und eine halbe Stunde mit 5 g Marseiller Seife und 3 g Soda bei einem Flottenverhältnis 1 : 50 gekocht werden, worauf man innerhalb einer halben Stunde auf 40° C abkühlen läßt. Die Flechte wird anschließend zehnmal nach jedesmaligem Eintauchen in die Flotte in der Hand durchgeknetet, gut ausgedrückt, gründlich in kaltem Wasser gespült und nun getrocknet. Eine zweite Vorschrift sieht nur eine Behandlung bei 40° C vor. Je nach der Änderung von Farbton, Farbtiefe und etwaigem Anfärben von Weiß hat die Einstufung I, III, V zu erfolgen, wobei V die beste Note darstellt.

Für die Praxis ist bedeutungsvoll die Stärke des mechanischen Bearbeitens von Buntwäsche. Vorstehende Normen sehen kein Reiben vor, nur ein Durchkneten und Ausdrücken. Bei dunklen Indanthrenfärbungen, Türkischrot u. dgl. mag mitunter beim schärferen Reiben ein erheblicher Anteil farbigen Pulvers auswaschbar sein, wobei sich dieser Farbschmutz in anderen Teilen der weißen Wäsche wieder festsetzt. Derartiger Farbstaub sollte gleichwie Ruß durch Seife völlig auswaschbar sein, denn es handelt sich nicht um ein eigentliches Anfärben, aber das feine Farbpulver setzt sich doch mitunter sehr fest an, so daß der Praktiker von einem Anfärben spricht. Die Verfärbungen machen sich um so mehr geltend, je größer der Anteil der farbigen Wäsche ist. Denn wenn etwa in einem Wäscheposten nur einige wenige Handtücher mit rotem Streifen Farbe ablassen, so verteilt sich das rote Pulver weit mehr, als wenn etwa eine ganze Maschinenfüllung solcher neuer Tücher gewaschen wird. An sich ist es Sache der Färberei die Indanthrenfärbungen vor der Ablieferung stark zu seifen, um eben durch solche Wäsche nicht nur den klaren Farbton zu heben, sondern auch die Echtheit zu verbessern und etwaige den Fasern loser anhaftende Farbe zu beseitigen, damit die spätere Fertigware entsprechend einwandfrei ist. Falls von türkischroten Inletts Faserstaub in den weißen Bezügen blieb und nun solche Wäsche mit stärker sodahaltigen Laugen gekocht wird, so gibt es trotz des „theoretisch“ echten Türkischrots eine farbfleckige Wäsche, eine Reklamation wegen ungenügender Farbechtheit erscheint jedoch dann verfehlt.

Von großer Bedeutung wird das etwaige Reduktionsvermögen, das appreturstärkehaltige und oxyzellulosierte (alte und dem Licht ausgesetzt gewesene) Wäsche annimmt für Küpen- und Schwefelfärbungen. Indanthrenfärbungen sind nur unübertroffen waschecht! Es darf Buntwäsche nicht gekocht, zum wenigsten nicht mit schärfer alkalischen Laugen, werden, die Maschinen sollen nicht überfüllt sein. Die Stoffe dürfen nicht aufeinandergepreßt längere Zeit liegen bleiben, weshalb auch ein überlanges Einweichen nicht immer empfehlenswert ist. Unterlaufene Fehler beruhen vielfach darauf, daß man die bunten Sachen, so Tücher mit Hydronblau, nach dem Waschen ohne zu spülen längere Zeit aufeinander liegen ließ und eben hierdurch erst den durch Reduktion löslich gewordenen Färbungen die Möglichkeit gab auf Weiß abzudrücken. Etwaige Flecke sind dann sehr echt, man hat zu versuchen mit Hydrosulfit und Peregal der I. G. Farben die Waren abzuziehen. Empfehlenswert bleibt ein schwaches Absäuern der Buntwäsche mit Essigwasser um das restliche Alkali, das den Farbstoff mit in Lösung hielt, zu beseitigen. Ein Absäuern verleiht den Waren weiterhin „Griff“ und läßt viele Farben frischer hervortreten.

Daß für Färbungen auf Wolle und Seide andere Prüfvorschriften in Betracht kommen, weder so alkalische noch so heiße Flotten anzuwenden sind, versteht sich wohl. Aber ebenso ist für Färbungen auf Kunstseide ein anderer Maßstab anzulegen. So dient für die Probewäsche bei Viskose eine Marseillerseife 5 g/l bei 40° C und die Azetatseide wird nur mit 2 g Seife bei 40° C eine halbe Stunde behandelt, zum Schluß zehnmal in der Hand durchgeknetet.

Viele Färbungen zeigen nach einem heißen Trocknen zunächst einen abweichenden Ton, sie erholen sich jedoch beim Abkühlen und bei Aufnahme von Feuchtigkeit. Solange ein beim heißen Bügeln eintretender Farbumschlag, so von Violett nach Rot, nur eine vorübergehende Erscheinung ist, hätte dieser keine große Bedeutung.

Bezüglich Bleichechtheit haben wir zu unterscheiden zwischen Echtheit gegen Chlor- und Sauerstoffbäder. Die Chlorbleiche ist die energischere. Von Belang mag sein, daß eine zugesicherte Waschechtheit nicht eine Bleichechtheit einschließt. Wenn etwa Färbungen mit Schwefelfarben durch ein Chloren verdorben werden, so steht dies in keiner Beziehung zum Begriff waschecht. Der Wäscher wolle anderseits wissen, daß ein Chloren keineswegs immer das geeignete Verfahren wäre, eine fleckige Wäsche zu verbessern, so insbesondere nicht zum Ausbleichen von gelben Verfärbungen durch cremierte Gardinen usw. Manche substantive für das Cremieren von Vorhängen u. dgl. gebrauchte Farbstoffe geben durch ein nachfolgendes Chloren sogar noch echtere, kaum auszubleichende Farbtöne.

Bleichen. Baumwollstoffe sind meist im Stück gebleicht, Leinengewebe werden vorwiegend aus vorgebleichten Garnen hergestellt und gegebenenfalls später nachgebleicht. Bei Baumwolle unterscheidet man im wesentlichen nur halbweiß und vollweiß, bei Leinen hingegen mehrere Bleichstufen, angefangen von ein Viertel weiß bis vier Viertel. Nicht vollgebleichte Stoffe nehmen bei Einwirkung alkalischer Flotten einen gelberen Ton an, da aus den restlichen Begleitsubstanzen wie Pektin usw. gefärbte Verbindungen entstehen. Um also zu prüfen, ob eine Ware gut durchgebleicht ist, behandele man eine Probe mit heißer Sodalauge, die Vergilbung macht sich vor allem bei heißem Trocknen, Plätten geltend. Eine ausgesprochen gelbe Verfärbung der Abkochlauge, etwaige zitronengelbe Flecke deuten im übrigen auf Bleichfehler und -schäden, die Fasern dürften durch Oxyzellulosierung gelitten haben. Bezüglich Prüfung auf Oxyzellulose siehe S. 148 und wegen Prüfung der Festigkeit S. 183. Eine Änderung des Weißtones mag aber auch in Beziehung zu bringen sein mit einem Umschlag, Verschwinden der Bläue, die das gelbliche Weiß der Fasern verdeckte. Bei Prüfung der Festigkeit ist an eine etwaige Appretur zu denken, die zu einer Erhöhung der Festigkeit führt, da die Stärke die Fasern verklebt, verkittet. Es hängt das Prüfungsergebnis weiterhin von der Art der mechanischen Fertigstellung durch Kalandern, Mangeln usw. mit ab, denn diese Einwirkungen können ihrerseits den Zusammenhalt der Fasern im Gewebe beeinflussen.

Das Abkochen des Gutes nennt der Bleicher das Beuchen. Als Beuchflotte dient bei Baumwolle Natronlauge mit etwaigen Zusätzen von Fettlösern, in der Leinengarnbleiche wird mit Soda gearbeitet, reines Rohleinen zunächst auch mit Kalkmilch gekocht. Vorwiegend arbeitet der Bleicher mit Hypochloriten, vielfach noch mit Chlorkalk, die Sauerstoffbleichmittel finden mehr für Sonderzwecke Verwendung, so wird bei der sog. Kombinationsbleiche mit Chlorlauge vorgebleicht und durch Nachbehandeln mit Sauerstofflotten das Hochweiß erzielt. Um auf Leinen zu höheren Bleichgraden zu gelangen, sind die einzelnen Behandlungen mehrfach zu wiederholen. Die Planbleiche verschwindet selbst in der Leinenbleiche mehr und mehr, da zu lange dauernd und mit zu viel Handarbeit verbunden. Große Bedeutung hat die Buntbleiche von Geweben mit Farbstreifen erlangt, nachdem Indanthren- und andere Echtfärbungen zur Verfügung stehen, doch bedarf solche Bleichtechnik immer gewisser Vorsicht. Das Bleichgut soll säure- und chlorfrei zur Ablieferung gelangen, schon weil die nicht mit Antichlor behandelte Ware einen unerwünschten Bleichgeruch zeigt; ob Chlorreste die Lagerbeständigkeit gefährden, bleibe dahingestellt. Derbe, dicke Stoffe lassen sich nicht im zusammengerafften Strange bleichen, wie diese Arbeitsweise für

Baumwollgewebe üblich, da z.B. Einstoffkragen kein Quetschen in Strangform durch Preßwalzen vertragen. Diese Waren sind in voller Breite zu beuchen, zu bleichen und fertigzustellen.

Für den Wäscher ist von Belang, daß etwaige chemische oder mechanische Einwirkungen vielleicht erst nachträglich auffallen, weil sich die Faserschwächungen nach Entfernen des Apprets herausstellen oder die vorgeschwächten Fasern empfindlicher sind. Ob der neue Wäschestoff nicht einwandfrei gewesen ist, etwa für den Schuß ein minder gutes, in der Garnbleiche zu Schaden gekommenes Gespinst verarbeitet wurde, lehrt die getrennte Festigkeitsprüfung der Fäden von Kette und Schuß. Erweist sich der Schuß gegensätzlich zur Kette in einem Wäschestück als vermorscht, so kann die Fehlerursache nicht in der Wäscherei oder Stückbleiche zu suchen sein, denn sonst hätten beide Richtungen gelitten. Zu beachten bleibt jedoch sehr wohl, daß durch scharf alkalisches Kochen Leinengarn gegensätzlich zum Baumwollfaden leidet. Aufschluß, ob für ein Wäschestück überbleichter Stoff gedient hatte, gibt vielfach die Prüfung des zum Säumen verwendeten Nähzwirnes. Ist letzterer offensichtlich noch gut erhalten, so liegt die Annahme nahe, daß die Ware vor der Verarbeitung nicht einwandfrei gewesen ist.

L. Das Entfernen von Flecken.

Die Angaben über Fleckenentfernung geben dem Wäscher gewisse Richtlinien. Das Erkennen und Entfernen von Flecken erfordert mitunter größere Erfahrungen, so bestehen auch für die chemische Wäscherei umfangreichere Veröffentlichungen. E. M. Müller schreibt über die Wichtigkeit des Fleckenputzens:

In der gewerblichen Wäscherei muß der Fleckentfernung eine entsprechende Bedeutung zugesprochen werden. Die Kundschaft verlangt nicht nur, daß die Wäsche sauber und weiß gewaschen wird, sie wünscht vor allem auch, daß jegliche Art Flecken aus der Wäsche entfernt werden. Im allgemeinen wird dieser Arbeit nicht die Beachtung geschenkt, die sie verdient [1].

Ein Waschverfahren ist im allgemeinen nicht so einzustellen, daß restlos alle Flecken verschiedenster Art in den verschmutzten Stücken zum Schwinden kommen, denn wir hätten dann wegen der erforderlichen schärferen Behandlung mit einem stärkeren Faserangriff zu rechnen. So erwünscht es wäre alle Stücke in einem Waschgange zu reinigen — gerade durch die Nachbehandlung entstehen größere Kosten und es ergeben sich organisatorische Schwierigkeiten —, so ist ein gewisser Prozentsatz an Nachwäschen als unvermeidlich und normal anzusprechen. Strittig kann bleiben die Zahl der Nachwäschen, sie soll nicht zu hoch sein, im anderen Falle müßte man das Waschverfahren ändern.

Eine z.T. organisatorische und z.T. waschtechnische Frage bleibt, ob

[1] Müller, E. M.: Die gewerbliche Wäscherei und Plätterei. Berlin 1930 S. 152.

man die übermäßig verschmutzten Stücke vor dem Waschen aussortieren und einer Vorbehandlung unterwerfen soll, um ein Nachwaschen zu vermeiden. Es wäre damit zu rechnen, daß manche Fleckenstellen durch Vorbehandeln mit geeigneten Lösungen leichter zu entfernen sind als nach dem üblichen Waschgange, anderseits dürfte bei einer mit Aussicht auf Erfolg durchgeführten Vorsortierung eine größere Zahl von Stücken auszusondern sein, als solche bei der Nachkontrolle für Nachwaschen bestimmt wurde. So mag von Fall zu Fall entschieden werden, was vorteilhafter erscheint, auch in bezug auf die Organisation. Es sei hier auf die zweckmäßige Vorbehandlung von Arbeitsmänteln aus Fabriken mit typischen Schmutzstellen von Chemikalien oder Farbe usw. verwiesen.

Abgesehen von Stücken, die wegen stärkerer Einschmutzung eine schärfere Waschbehandlung erfordern, reicht mitunter die Mitverwendung von Bleichmitteln nicht aus, wenn schon letztere zumeist zu Hilfe genommen werden um das Aussehen der Wäsche zu verbessern. Aber Metallflecke von Rost, Grünspan oder Teerflecke sind nicht bleichbar, sie erfordern die Anwendung der jeweilig geeigneten Hilfsmittel. — Es empfiehlt sich in den größeren Betrieben eine Person für das Entfernen von Flecken heranzuziehen, damit diese im Erkennen und Entfernen von Flecken Erfahrungen sammeln kann. Ein heller Arbeitsplatz ist erforderlich. Weiterhin bleibt ein sorgsames Arbeiten notwendig, etwa auf andere Wäsche verspritzte Lösungen von Säure würden zu Zerstörungen von Fasern führen, die Chemikalien sind z. T. giftig oder explosiv, gegenüber den Dämpfen der Fettlöser ist die eine oder andere Person mehr empfindlich. Grundsätzlich bleibt ein stärkeres Scheuern und Reiben beim Fleckenputzen zu vermeiden, denn es entstehen leicht aufgerauhte Stellen, die sich namentlich bei Kunstseide in unerwünschter Weise abheben und nicht mehr zu verbessern sind. Es soll bei örtlichem Fleckenputzen der Stoff mit den Lösungen mehr betupft werden, die Schmutzflüssigkeit ist mit dem zu verwendenden Lappen aufzusaugen. Man verreibe den Fleck nicht nach außen um ihn hierbei auszubreiten, sondern arbeite von den Fleckrändern möglichst nach der Mitte zu.

Die kurze Übersicht behandelt die häufigsten Flecken und ihre Beseitigung:

Asphalt. Die an ihrer braunschwarzen Farbe, an dem in der Wärme klebrigen Griff und an ihren scharfen Konturen erkennbaren Flecke sind nach längerem Eintrocknen hart und brüchig. Asphalt ist löslich in Fettlösern wie Benzin, Azeton und Chloroform.

Blut. Blutflecke, durch eisenhaltiges Hämoglobin farbig, brennen leicht bei höheren Temperaturen ein, sie werden jedoch im allgemeinen durch ein Waschverfahren, das ein sorgfältiges Einweichen und nötigenfalls Bleichen einschließt, entfernt. Etwa zurückgebliebene, von den

Eisenbestandteilen des Blutes herrührende braune Flecken sind mit Oxalsäure od. dgl. zu behandeln.

Butter u. dgl. Das übliche Waschen wird genügen; bei vorsichtigerem Waschen in Buntwaren, Wolle zurückgebliebene Spuren wären mit Fettlösern zu behandeln. Bei stark fetthaltiger oder salbenhaltiger Wäsche ist mit stärker alkalischen Bädern zu arbeiten, auch kommt die Verwendung von Fettlöserseifen in Betracht.

Eiweißflecke von Eiern, eiweißhaltigen Speisen. Albumin läßt sich beim Einweichen mit Wasser oder besser mit Seife-Soda mehr und mehr lösen. Soweit eine Verfleckung durch Öl mit in Frage kommt, wird ein Lösen mit einem Fettlöser wie Benzin in Betracht zu ziehen sein. Typisch in ihrer Einwirkung auf Eiweiß können tryptische Enzyme und Pepsin sein.

Eisen (Rost). Aus Oxalsäure, Kleesalz und anderen Säuren wie Zitronensäure pflegen die käuflichen Fleckenstifte, Rostentferner zu bestehen. Weiter werden Hydrosulfit, Burmol als Hilfsmittel genannt. Sehr wirksam sind saure Fluorsalze — daß Bilfluorid aber sehr stark giftig ist, wolle man beachten. Bei Fluorsalzlösungen und Flußsäure ist charakteristisch ihr Verhalten gegen Glas, dieses wird geätzt. Deshalb findet man solche Salze in Holzdosen verpackt, die Lösungen in paraffinierten Flaschen. Ist ein größeres Wäschestück oder ein ganzer vergilbter Posten zu verbessern, wird man die Wäsche in einem Holzzuber in eine Säurelösung — etwa in Salzsäure mit 10 g im Liter — lauwarm einweichen. Keinesfalls dürfen Reste von Mineralsäure, auch nicht von Oxalsäure, eintrocknen, der Sicherheit halber wäre es gut, die Wäsche schwach alkalisch nachzuwaschen.

Farbstoffflecke. Wie in dem Teile Textilien dargestellt, unterscheiden wir eine Reihe von Farbstoffklassen mit sehr ungleichen Echtheitseigenschaften, so daß ihre Entfernung entsprechend unterschiedlich ist. Da der Augenschein nicht genügt, um die Art der Färbung zu erkennen, sind in etwa folgender Reihenfolge zu erproben: Natriumhydrosulfit plus Alkali, Wasserstoffsuperoxyd, Kaliumpermanganat unter Nachbehandeln mit Natriumbisulfit; Chloren unter Ansäuern mit Essigsäure oder Oxalsäure ist gegebenenfalls sehr wirksam, aber entsprechend vorsichtig durchzuführen. Bei Flecken in Seide oder Wolle sind Wasserstoffsuperoxyd oder Natriumperborat zu versuchen. Unerwünscht echt sind manche Cremierungsfarbstoffe; etwaige Abfärbungen sind auf Weißwäsche kaum zu beseitigen, durch Chloren wird das Gelb womöglich noch echter. Es sei daran erinnert, daß Indanthrenfärbungen nur „unübertroffen“ waschecht sind. Abgedrückte Küpenfärbungen lassen sich mit Hydrosulfit zwar reduzieren, das Auslaugen hält jedoch schwer.

Fingernägelpolitur. Derartige Mittel enthalten Zelluloselack. Anschmutzungen sind mit Benzin und anderen Lösungsmitteln zu beseitigen. Bei stark verschmutzten Friseurhandtüchern muß nötigenfalls scharfes Alkali zum Waschen genommen werden.

Frucht- und Gemüsesäfte. Soweit die Flecke nicht beim Waschen verschwinden, ist nachzubleichen.

Grasflecke. Wenn das Wasch- und Bleichverfahren nicht ausreicht, sind die Flecke mit Spiritus zu putzen.

Harz. Terpentinöl, Trichloräthylen und andere Flüssigkeiten sind die Lösungsmittel, vielfach wird ein Einreiben mit Fettlöserseifen zum Ziele führen.

Höllenstein. Die violetten bis braunschwarzen Flecke von Höllenstein, Silbernitrat, sind in Salzlösung einzulegen, der man einige Tropfen Salzsäure beifügte. Es ist mit Seife nachzuwaschen, sodann mit einer 40%igen heißen Lösung von Natriumthiosulfat, Antichlor zu behandeln.

Jod. Braune Flecke von Jodtinktur schwinden bei Behandeln mit einer warmen 10proz. Natriumthiosulfatlösung. Bei Jodsalben wird zunächst ein Fettlöser zu verwenden sein.

Kaffee, Kakao, Tee. Soweit Farbreste beim Waschen bleiben, sind diese auszubleichen.

Kupferflecke. Grüne Kupferflecke lassen sich mit Ammoniaklösung oder Hydrosulfit entfernen. Hartnäckigere Flecke von brauner Farbe werden mit Zyankali gelöst.

Lippenstift, Schminke, Haarfärbemittel. Fett wäre mit Fettlösern zu bearbeiten, farbige Bestandteile sind zu bleichen. Echte Haarfarben — in Friseurwäsche — sind oft so echt, daß ein Ausbleichen kaum ohne große Fasergefährdung möglich ist. Es handelt sich hier um organische Substanzen von Gerbstoffcharakter. Ähnliche Schwierigkeiten machen Flecke von Moorbädern, Lohe. Man versuche zunächst ein Absäuern, um die zwischengespülten Stücke nun nachzubleichen.

Ölfarben. Einzelne Flecken sind mit Fettlöserseifen zu weichen und dann mit Seife-Soda nachzuwaschen. Für stark verschmutzte Malerkittel wird sich ein Waschen unter Mitverwendung von Ätznatron empfehlen.

Ölschmierflecke. Neben dem Öl macht nicht zuletzt eingeschlossener Schmutz und Metallstaub Schwierigkeiten. Die verschiedenen Fettlöser sind zu versuchen, gute Dienste leisten die Fettlöserseifen, die man in konzentrierter Form aufträgt und vorsichtig auswäscht. Hartnäckige, verharzte Flecken wären mit Ölsäure oder Butter zu betupfen und zu verreiben, um nach einem gewissen Weichen in einem Seifen-Sodabade auszuwaschen. Für restliche Eisenflecke ist Oxalsäure zu nehmen.

Schuhwichse. Soweit die Flecken nicht durch Waschen entfernt werden, sind Wachsreste mit Terpentin, Trichloräthylen, Tetrachlorkohlenstoff u.ä. zu lösen, Farbstoffe bedürfen eines Bleichens.

Schweiß. Restliche Schweißränder sind mit Bleichmitteln zu verbessern.

Sengstellen. Leichte Flecken verlieren sich beim Waschen, bei schwereren wären die Stücke in eine verdünnte, schwach alkalisch gemachte Lösung von Wasserstoffsuperoxyd zu tauchen und an einem warmen Platz bis zum Ausbleichen der Flecke aufzuhängen.

Speisen- und Soßenflecken. Nach dem Waschen gebliebene Reste wären mit Fettlösern und Bleichmitteln nachzubehandeln.

Stockflecke. Mikroorganismen, Pilze, verursachen die in feuchtlagernder Wäsche auftretenden Schimmelflecke, deren Farbe nicht nur graugrün ist, sondern auch dunkel bis schwarz oder rötlich. Frischere Flecken gehen beim Waschen weg, sonst wären Chlorlauge oder andere Bleichmittel zu Hilfe zu nehmen. Starke Schimmelbildung führt zu einem Faserangriff, so daß ein Ausreiben usw. leicht mit der Bildung eines Loches verbunden sein kann.

Teer, Wagenschmiere. Es empfiehlt sich ein Einreiben und Waschen mit Fettlöserseife.

Tinten. Je nachdem ob es sich um Teerfarbstofftinten oder um Blauholzeisentinten handelt, genügt ein Nachbehandeln mit Natriumhydrosulfit, sonst kommt noch ein Bearbeiten mit Oxalsäure und anderen Rostfleckmitteln in Betracht. (Für Zeichentinten mit Asphalt empfahl man Kresol.) Für Tinte mit Silbernitrat — sog. chemische Tinte — nimmt man Zyankali (Gift!) oder eine warme 10proz. Natriumthiosulfatlösung. Anilinschwarztinte — Stempelfarbe — kann man nur durch saures Chloren — Vorsicht! — ausbleichen. Druckerschwärze ist mit Fettlöserseife einzureiben oder mit Terpentin zu bearbeiten. In ähnlicher Weise hat man die chinesische Tusche, die durch die feinstverteilte Kohle große Schwierigkeiten macht, mit einer Fettlöserseife einzureiben und auszuwaschen.

Tintenstift. Die Verfärbung ist mit Chlorlauge oder Kaliumpermanganat auszubleichen, angesäuerter Spiritus wirkt gut lösend.

Wachsflecke. Von Kerzen, Medikamenten oder Schuhwichse herrührende Flecke werden im allgemeinen durch die heißen Seifen-Sodalaugen gelöst, andernfalls ist ein Fettlöser von nicht zu niedrigem Siedepunkt wie Trichloräthylen, Tetrachlorkohlenstoff und Spiritus anzuwenden, um etwaige Fettreste zu beseitigen.

IV. Untersuchungen.

Wegen Ausführung genauerer Analysen ist auf die einschlägige Literatur zu verweisen. Quantitative Bestimmungen erfordern gegebenenfalls ein zweckentsprechend eingerichtetes Laboratorium und setzen chemische Schulkenntnisse voraus. Über einfache Nachweise und insbesondere über die Untersuchung des Wassers oder über die Gehaltsbestimmung von Bleichflotten sollte aber jeder Wäscher Bescheid wissen.

Literatur:

Heermann: Färberei- und textilchemische Untersuchungen.
Walland: Wasch-, Bleich- und Appreturmittel.

42. Untersuchung von Wasser und Hilfsmitteln.

Wasser.

Kalksalze. Ammonoxalat gibt einen feinpulvrigen, weißen Niederschlag.

Magnesiasalze. Nach Abscheiden der Kalksalze ist mit Natriumphosphat und Ammoniak zu prüfen, ob ein weiterer Niederschlag entsteht.

Härte. Die Ermittlung der Härtegrade erfolgt zweckmäßig durch Bestimmen des Verbrauchs einer Seifenlösung, welche erforderlich ist, um beim Schütteln einen feinblasigen Schaum zu bilden. Erklärlicherweise hängt der Verbrauch ab von dem jeweiligen Gehalt der Seifenlösung und von der Größe der Wasserprobe. Die etwaigen Vorschriften, wie solche z.B. die Permutit A.-G. für die Überwachung mit den ihrerseits gelieferten Lösungen gibt, sind streng einzuhalten. Die Seifenlösung muß noch den richtigen Titer, Wirkungswert je cm^3, haben. Wenn etwa solche alkoholische Seifenlösung in der Kälte Seife abgeschieden hat, ist naturgemäß die überstehende klare Flüssigkeit zu schwach. Wird später der Bodensatz von ausgeschiedener Seife wieder aufgeschüttelt und mitverbraucht, so ist gegenteilig jeder Tropfen wirksamer, die zur Bildung von Schaum benötigte Menge an Seifenlösung entsprechend geringer. Auch tritt eine Anreicherung an Seife ein, wenn aus offenstehenden Flaschen das Lösungsmittel, hier Alkohol, verdunstet. Man muß den jeweiligen Titer der Maßflüssigkeit kennen. Seifenlösungen haben vielfach nur einen ausprobierten, oder auf einen zu vereinbarenden Wirkungswert abgestellten Gehalt. Bei Normallösungen enthält 1 l der Flüssigkeit eine Chemikalienmenge, die 1 g Wasserstoff äquivalent ist. Die für genauere Analysen von Wasser gebräuchlichen $^1/_{10}$-Normal-Lösungen sind auf den zehnten Teil des Äquivalentgewichtes eingestellt. So soll z. B. eine $^1/_{10}$n HCl (Salzsäure) im Liter 3,65 g HCl enthalten.

Bei Überprüfung von Enthärtungsanlagen nach dem Kalk-Soda-Verfahren sind die von den Fabriken aufgestellten Vorschriften genau zu beachten, irgendwelche Willkürlichkeiten sind zu vermeiden. Vgl. auch S. 16.

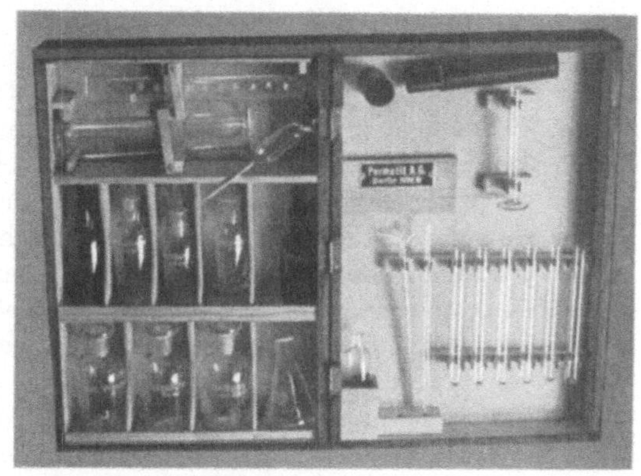

Abb. 52. Schrank mit Reagentien und Gläsern zum Untersuchen des Wassers.

Eisen. Ferrocyankali — gelbes Blutlaugensalz — gibt in der mit verdünnter Schwefelsäure oder Salzsäure versetzten Probe eine Blaufärbung — sog. Berlinerblau-Reaktion — (Rhodansalz liefert eine Rotfärbung mit Ferrisalz). Nachdem es sich meist nur um geringe Spuren von Eisen handeln wird, macht sich eine Verfärbung in fraglicher Weise bemerkbar. Um eine Färbung leichter zu erkennen, wäre eine nicht zu kleine Menge, also etwa ein halbes Liter in einer weißen Porzellanschale od. dgl. zu prüfen oder das Glas auf weißes Papier zu stellen, damit man eine tiefere Schicht auf etwaige Verfärbung hin betrachten kann. Im Laboratorium wird die Prüfung verschärft durch Einengen, Verdampfen einer größeren Probe, etwa von 1 l auf wenige cm³. Durch Vergleichen der Farbtiefe mit Lösungen von bekanntem Gehalt an Fe wird die Analyse zur quantitativen Bestimmung ausgestaltet, obschon wir meist mit sehr geringen Mengen von Eisen, oft kleinen Bruchteilen eines Milligrammes je l zu rechnen haben.

Mangan. Der Nachweis setzt größere Kenntnisse voraus.

Organische Stoffe. Auch hier ist ein Vertrautsein mit chemischen Arbeitsverfahren notwendig.

Reaktion. Zur Kennzeichnung, ob ein Wasser schwach oder stark sauer, bzw. alkalisch ist, wäre der p_H-Wert zu ermitteln, wobei p_H 7 völlige Neutralität bedeutet und die Werte über 7 steigende Alkalität, unter 7 steigende Azidität angeben, wie im Kapitel Alkalien ausgeführt.

Die Prüfungen können sich auf die ungleiche Empfindlichkeit von Farbstoffindikatoren stützen. Im Besitze einer entsprechenden Zusammenstellung bzw. der Hilfsmittel ist die praktische Durchführung nicht allzu schwer, doch bleiben die jeweiligen Vorschriften wieder streng einzuhalten.

Prüfung der Gebrauchsfähigkeit eines Wassers. Um sich ein Bild von der jeweiligen Beschaffenheit eines Wassers zu machen, dampfe man eine Probe von etwa 200 ccm in einer reinen Schale auf einem kleinen Abschnitt eines weißen Wäschestoffes von beispielsweise 1 g ein. Damit nicht ein ungleiches Erhitzen oder sogar zum Schluß ein Versengen des Stoffes erfolgt, ist die Schale auf ein Wasserbad zu stellen, d. h. auf einen zweiten Becher oder Topf, in dem das Wasser zum Kochen gebracht wird, so daß das Eindampfen nur durch Erhitzen mit Dampf geschieht. Gegen Ende des Versuches wolle man darauf achten, daß der Probestoff mit den Resten des eingeengten Wassers möglichst gleichmäßig durchtränkt wird, um nicht nur einzelne stärkere Flecken zu haben. Abscheidungen durch Härtebildner machen das Gewebe stumpf, geben ihm einen sandigen Griff. Eisen, Mangan und vergilbende organische Substanzen trüben das Weiß und verursachen braune Verfärbungen und Flecke. Je stärker solche Verunreinigungen im Wasser vorhanden sind, um so unansehnlicher wird der Gewebeabschnitt sein. Heißes Plätten verstärkt die Reaktion, d. h. die Vergilbung fällt dann mehr auf, sie verliert sich beim Abkühlen wieder, tritt aber mit längerem Lagern verstärkt wieder ein. Solche sehr einfach ausführbare Prüfung besagt dem Praktiker oft mehr als ein großer Analysenbericht mit Zahlen, über deren Einschätzung keine Klarheit besteht. Eben diese Untersuchung gestattet die Beschaffenheit eines Abwassers zu überwachen, um zeitweise auftretende Verunreinigungen beweiskräftig zu machen. Die aufzubewahrenden Stoffproben zeigen auch späterhin, wann die Beschaffenheit anormal war. Je größer die Menge des auf 1 g Stoff zum Eindunsten gekommenen Wassers ist, um so schärfer wird die Prüfung sich auswirken. Jeweilig zu überlegen wäre, ob man filtriertes oder unfiltriertes Wasser mit Trübstoffen versuchen will, was vor allem bei der Prüfung von Enteisenungsanlagen den Ausfall sehr wesentlich beeinflußt.

43. Untersuchung von Seife und Alkalien.

Seife. Wie dem Kapitel Seife zu entnehmen — vgl. S. 51 — ist die Untersuchung von Seife und Seifenprodukten nicht immer so einfach, da mancherlei Faktoren in Betracht kommen und die Ermittlung der verschiedenen Konstanten z. T. besondere Fachkenntnisse und analytische Versuchseinrichtungen bedingt. Im wesentlichen wird für den Wäscher der Gehalt an Fettsäure in Betracht kommen. Von den verschiedenen Analysenverfahren sei hier die Bestimmung des Gehalts durch Abscheiden der Fettsäure aus der wäßrigen Seifenlösung mit verdünnter Schwefelsäure angeführt. Aus einer in ihrer Konzentration passend gewählten Seifenlösung scheidet man in einem Glaskolben mit langem, graduiertem Halse die Fettsäure in der Hitze derart ab, daß die auf dem sauren Wasser schwimmende Ölschicht an der Skala ablesbar ist. Zu berücksichtigen haben wir jedoch hier, daß das spezifische Gewicht eines Öles = Fettsäure nicht gleich 1 ist und somit eine Umrechnung erforderlich wird, wenn wir den Gehalt einer Seife an Gewichtsprozent wissen wollen. Für orientierende Bestimmungen, für Vergleiche von zwei Produkten kann aber solche volumetrische Bestimmung ohne weitere Umrechnung wertvollen Aufschluß geben. Die chemische Fabrik Pyrgos, Radebeul, bringt unter dem Namen Sapometer einen zweckdienlichen Apparat in den Handel unter Beifügen von Vorschriften, wie im einzelnen die Seifenprodukte, Stückseife usw. zu untersuchen sind, so daß wir von der Wiedergabe von Einzelheiten absehen dürfen. Betont sei, daß Seifen mit Fettlösern, Türkischrotöle, Fettalkoholsulfonate andere Untersuchungsverfahren bedingen.

Um den Gehalt der Seife an Alkali — „die Schärfe" — zu ermitteln, sind Titrationen erforderlich, die chemische Kenntnisse voraussetzen. Ein gewisser Gehalt an freiem Alkali in Waschseife ist in Kauf zu nehmen, sofern die Seife nicht als solche sondern unter Zugabe von Soda verwendet wird. Es muß und kann dann belanglos sein, ob die Seife eine geringe Menge Alkali mitbringt. Die Schärfe bleibt anders zu bewerten, wenn die Seife als solche zum Waschen von Wolle usw. dienen soll. Bei Seifenpulvern wird die Alkalität vorwiegend von Soda bedingt sein.

Technisch von Belang ist der Trübpunkt, die Löslichkeit einer Seife, da hiervon die Verwendbarkeit für Heiß- und Kaltwäsche, die Ausspülbarkeit mit abhängt. Bei Bestimmung dieser Werte sind ebenso wie bei Ermittlung der Schaumzahl, der Schaumfähigkeit, vereinbarte Bedingungen einzuhalten, um zu Vergleichswerten zu gelangen, denn manche Begleitumstände haben hier größeren Einfluß als der Praktiker annimmt. So muß z. B. ausgekochtes, kohlensäurefreies Wasser zum Lösen dienen. Einige Zeit gestandene Lösungen zeigen bei Schaumversuchen zufolge Alterungserscheinungen schlechtere Zahlen. Alkalisierte Lösungen erweisen sich oft als viskoser. Man ziehe die Fachliteratur zu Rate.

Soda. Handelsübliche Soda ist im geglühten Zustande etwa 98proz., vgl. S. 67. Die quantitative Untersuchung erfolgt durch Titrieren mit volumetrischen Lösungen von bekanntem Titer, so meist mit $^1/_{10}$-n-Säure, von der 1 cm^3 jeweils 0,0053 g Na_2CO_3 bei Verwendung von Methylorange als Indikator anzeigt. (Der Indikator ist von Belang, bei Phenolphthalein hat der Farbumschlag nicht diesen Verrechnungswert.) Eine kleinere Beimengung von Kochsalz als dem Rohsalz für die Herstellung von Soda wäre ohne Bedeutung. Unerwünscht ist eine stärkere Verunreinigung durch Eisen, die sich durch Blaufärbung mit Blutlaugensalz verrät. Soda soll eine fast klare, nicht durch erdige, sandige Trübstoffe verschmutzte Lösung geben. Bei Kristallsoda wäre der jeweilige Wassergehalt, also der Verlust bei scharfem Austrocknen, Glühen zu ermitteln. In Bleichsoda haben wir ein Gemisch von Soda und Wasserglas, Natriumsilikat, welch letzteres durch Zugabe von Säure unter Abscheiden von Kieselsäure zersetzt wird. Wegen genauerer Analyse muß jedoch auf die chemischen Lehrbücher verwiesen werden. Das gleiche gilt für die Alkalien wie Ätznatron, Phosphat usw.

Untersuchung der Waschlaugen auf Seifen und Alkali. Da Laugen oder Spülwässer nur verhältnismäßig schwache Lösungen von Seife vorstellen, ist zur Untersuchung eine nicht zu geringe Flüssigkeitsmenge zu nehmen. Man wird 250 und mehr cm^3 benötigen, um durch Zugabe von verdünnter Schwefelsäure eine nicht zu kleine Menge von Fettsäure abzuscheiden. Die Abtrennung der Fettsäure macht Schwierigkeiten, weil abgelöste Wäschefasern, Eiweißstoffe usw. das Ausschütteln mit Äther erschweren. Die Flüssigkeit wird nach starkem Ansäuern gut aufgekocht und nach dem Abkühlen erst mit Äther ausgeschüttelt um das Fett aufzunehmen. Genügt längeres Stehen nicht zur Absonderung der Fett-Ätherschicht, ist ein Filtrieren erforderlich. Ein Titrieren der Lauge mit Säure gibt nur Aufschluß über die Gesamtalkalität, die sich ihrerseits zusammensetzt aus der Alkalität der Seife, der Soda, etwaigem Wasserglas usw. Nachdem jedoch der Gehalt an Seife begrenzt ist — zu starkes Schäumen! — und das Molekulargewicht der Seife — im Mittel 280 — eine relativ geringe Menge Alkali bindet, so wird die beim Titrieren festgestellte Gesamtalkalität vorwiegend auf Soda zu verrechnen sein. Deshalb kann die einfache Titration einer Probe mit volumetrischer Säure, Methylorange als Indikator, sehr wohl Aufschluß über die Schärfe geben, wennschon ein Gemisch von Seife und Soda vorliegt. Ist z. B. eine Lauge mit 2 g Reinseife im Liter gegeben, so mag eine Probe von 50 cm^3 etwa 3,3 cm^3 $^1/_{10}$ HCl verbrauchen; 50 cm^3 einer Lösung mit 2 g Soda im Liter verlangen hingegen schon etwa 18 cm^3 $^1/_{10}$ HCl. Würde eine Seifen-Sodalauge aus 2 g Seife und 2 g Soda bestehen, so hätten wir zum Titrieren gegen 20 cm^3 $^1/_{10}$ HCl nötig und bei 2 g Seife und 3 g Soda schon gegen 30 cm^3. (Diese Zahlen setzten die Verwendung von $^1/_{10}$ Säure voraus, von Normallösungen wäre nur der zehnte Teil erforderlich.)

44. Untersuchung der Bleichmittel.

Qualitativ wird Hypochlorit durch die Blaufärbung von Jodkalistärke erkannt, sofern nicht schon der typische Geruch genügt. Man verwendet entweder eine Lösung oder ein mit dieser getränktes Papier. Zu beachten bleibt, daß die Reaktion bei stärkerer Alkalität nicht eintritt und hochkonzentrierte Laugen zu verdünnen sind.

Chlorlaugen. Für die quantitative Bestimmung gibt es verschiedene Verfahren, hier sei nur verwiesen auf die Verwendung des Chlorometers der chemischen Fabrik Pyrgos, Radebeul bei Dresden. Die Analyse gründet sich darauf zu ermitteln, wieviel Kubikzentimeter einer blau gefärbten Titerflüssigkeit erforderlich sind, um die in einem Meßzylinder eingefüllte Probe der Bleichlauge anzufärben. Die zugegebene Farbe wird zunächst zerstört, ausgebleicht, und erst nach Verbrauch des Bleichmittels bleibt weitere zugesetzte Titerflüssigkeit gefärbt. Je stärker die Chlorlauge, um so mehr Meßlösung ist erforderlich, den Verbrauch zeigt die Einteilung des Zylinders an. Es lassen sich nach solchem Verfahren alle Chlorlaugen untersuchen. Aktivin verlangt eine etwas abgeänderte Arbeitsweise.

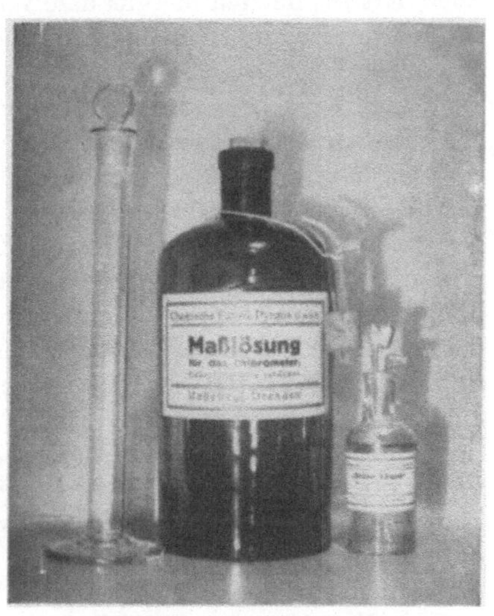

Abb. 53. Chlorometer und Meßlösung der chemischen Fabrik Pyrgos, Radebeul bei Dresden.

Sauerstoffbleichmittel. Peroxyde reagieren in ähnlicher Weise wie Hypochlorit mit Jodkalistärke. (Die beiden verschiedenartigen Bleichmittel kommen nie gleichzeitig in Betracht, da sie sich gegenseitig zersetzen.) Den Gehalt an borsaurem Salz (im Perborat) zeigt die grüngesäumte Flamme an, wenn zu einer Probe Alkohol-Schwefelsäure zugegeben wird. Für quantitative Bestimmungen ist Permanganat verwendbar. Es kommt hier das Arbeiten mit einem Oxometer (Chemische Fabrik Pyrgos) in Betracht.

45. Untersuchung der Wäschestoffe.

Aschenbestimmung von Wäsche. Über Unterscheidung von Faserarten vgl. Teil II, Textilien, vgl. auch dort Prüfung auf Oxyzellulose S. 148.

Der Aschengehalt kennzeichnet vielfach die Art des Waschverfahrens oder gibt Aufschluß über die Ursache des Verschleißes. Von einer starken Anreicherung ist ein Spröderwerden der Textilien, namentlich von Leinen, zu erwarten und damit die Gefahr einer schnelleren Abnutzung gegeben. Eine Anhäufung an Kalk-Magnesia, die auf Arbeiten mit hartem Wasser schließen läßt, macht sich meist beim Übergießen einer Probe mit Salzsäure durch starkes Aufbrausen zufolge Entweichens von gasförmiger Kohlensäure aus kohlensaurem Kalk bemerkbar, woraus wieder die reichliche Verwendung von Soda hervorgeht. Wesentlich kann es sein, den Rückstand auf Kieselsäure zu prüfen, um aus dem positiven Befunde auf die Mitverwendung von Wasserglas Schlüsse zu ziehen. Sehr wesentlich ist eine etwaige Feststellung von Kupferspuren, da ein Gehalt an Kupfer sich ungünstig bei Verwendung von Bleichmitteln auswirkt. Meist findet man in der Asche auch Eisen, da sich die aus dem Wasser oder den Leitungen stammenden Verunreinigungen in den Textilien mit den wiederholten Wäschen anreichern.

Wenn zwar eine schwache Inkrustierung durch Kalk zufolge Verkittens der Fasern zu einer gewissen Erhöhung der Faserfestigkeit beiträgt, so beeinträchtigen reichlichere Abscheidungen die Gebrauchsfähigkeit, sie verschlechtern den Griff und Glanz, sie beeinflussen die Saugfähigkeit. Grenzzahlen lassen sich nicht aufstellen, schon weil die Art der Waren mitspricht, so werden sich in einem dickeren Frottierstoff die Abscheidungen schneller häufen. Je härter das Wasser, um so größer ist die Möglichkeit der Faserinkrustierungen, die vor allem durch unsachgemäßes Spülen hervorgerufen wird. Dient weiches Wasser zum Spülen, so geben auch sehr häufig gewaschene Stoffe nur geringe Rückstände, hingegen findet man in verkrusteten Geweben 4—5% und darüber, in besonderen Fällen über 10%. Das völlige Veraschen solcher Stoffe — um eine bessere Durchschnittsprobe zu erhalten, verwende man etwa 10 g — macht alsdann einige Schwierigkeiten.

Vielfach werden sich gleichzeitig erhebliche Mengen an Kalkseife auf den Fasern finden. Um diese zu bestimmen, wäre die Gewebeprobe zunächst in verdünnter Salzsäure kalt einzulegen, dann zu wässern unter Zugabe von etwas essigsaurem Natron, um aus dem getrockneten Stoff später mit Äther od. dgl. die freie Fettsäure zu extrahieren. Bei Prüfung von beanstandeten Wäschestücken stößt man mitunter auf unerwartet hohe Werte von 5% und mehr. Qualitativ verrät schon das beim Aufkochen mit einer schärferen Alkalilauge eintretende Schäumen die Gegenwart von Kalkseifen, da durch Umsetzung z. T. Natronseife entsteht. Daß neue Stoffe von der Appretur her erhebliche Mengen an Fetten und vor allem an Beschwerungsmitteln aufweisen können, ist bei Vergleichen nicht zu übersehen. Die vorstehenden Prüfungen setzen voraus, daß etwaige Reste von Reinseife zuvor mit Wasser ausgekocht wurden. Da die jeweilige Härte und nicht zuletzt die Technik des Spülens das Anhäufen der Abscheidungen sehr wesentlich beeinflussen, gestattet der Aschengehalt nur bedingte Schlüsse auf die Zahl der durchgeführten Wäschen. Kalkseifen machen die Wäsche zwar weicher im

Griff, sie sind aber Anlaß zum Vergilben, sie vermindern die Aufsaugefähigkeit.

Weißmessung. Die zahlenmäßige Bewertung ist nicht einfach, zudem sind — in der Anschaffung teuere — optische Einrichtungen erforderlich. Der Praktiker begnügt sich meist mit einem Vergleichen gegenüber anderen Mustern. So bedeuten die Begriffe $^1/_2$ weiß oder $^3/_4$ weiß usw., die vorwiegend der Leinenbleicher anwendet, keine feststehenden Zahlenwerte. Ein optisch 100proz. Weiß ist auf Textilien überhaupt nicht zu erzielen, selbst ein Hochweiß besitzt noch Beimengungen von Schwarz, Gelb, Braun. Da die Wäschereien kaum über physikalische Einrichtungen wie Halbschattenapparat, Stufenphotometer verfügen werden, können wir davon absehen auf das Messen mit diesen Apparaten — unter Einschalten von farbigen Filtern — einzugehen. Erst wenn es gelingt, eine einfache, aber zuverlässige Meßeinrichtung — etwa unter Benutzung einer Photozelle ? — zu schaffen, wird die ziffernmäßige Bewertung des Weißgrades größere praktische Bedeutung erlangen, denn über die Bedeutung von Angaben wie 80 oder 82% Weiß vermag sich der Wäscher zunächst schwerlich ein Bild zu machen.

Da ein Weiß mit gelblichem Ton für das Auge unschön wirkt, pflegt man die Wäsche zu blauen; eine rotstichige Bläue soll das Gelb aufheben, in ein neutrales Grau verwandeln, ohne daß letzteres die weiße Eigenfarbe der Textilien in merklicher Weise abdunkelt, ein blaustichiges Weiß läßt dem Auge die Fasern frischer erscheinen[1]. In wesentlichem Umfange hängt der Eindruck auch von der Oberfläche des Stoffes, vom Glanz ab. Hier sind subjektive Momente gegeben, die die Beurteilung des Weißtones beeinflussen, bei der objektiven Messung jedoch wegfallen sollten. An sich ist zu sagen, daß unser Auge für geringe Unterschiede im Reinheitsgrade recht empfindlich zu sein pflegt. Es sind Proben in nicht zu grellem, am besten in seitlich auffallendem Lichte gegen dunklen Untergrund abzumustern. Dabei wolle man nicht vergessen, daß das Weiß eines heiß getrockneten Wäschestückes fürs erste ungünstiger erscheinen kann,

---

[1] Man wolle nicht versuchen durch überstarkes Blauen eine schlechte Wäsche zu verbessern! Solche Stücke machen einen schmutzigen Eindruck. Das viel verwendete Ultramarin ist in Wasser gänzlich unlöslich und muß gut angerührt in feinster Verteilung, am besten nach einem Durchseihen durch ein nicht zu grobes Nesseltuch zur Verwendung gelangen, damit sich keine blauen Punkte oder Flecken zufolge ungleicher Verteilung bilden. Es gibt verschiedene Marken von Wäschebläue, charakteristisch für Ultramarin ist die überaus große Empfindlichkeit gegen Säuren, die eine völlige Verfärbung bewirken. Lösliche Bläuen sind gegebenenfalls nicht alkaliecht und fraglicherweise lichtecht. Derartigen Farbstoffen gegenüber wirken Faserinkrustierungen mitunter als starke Beizen, weshalb alte Wäschestücke aus einem Wäscheposten weit blauer herauskommen. Indanthrenblau in feiner Pulverform wäre gleich Ultramarin anwendbar, hier mag die vorzügliche Echtheit zu Schwierigkeiten führen, wenn ein Stück überblaut wurde.

wobei allerdings fraglicherweise eben dieses Stück beim Lagern zum Vergilben neigen mag. Dann bleibt zu beachten, daß ungleich stark geblaute Stoffe schwieriger zu bewerten sind. Um einen Anhalt zu haben, was ein Hochweiß bedeutet, verwende man eine Weißplatte wie solche von der Einkaufsgenossenschaft des Deutschen Wäscherei- und Plättereigewerbes in Berlin NO 16 zu beziehen ist. Dieses „100proz." Weiß besteht aus einem Anstrich von reinstem Bariumsulfat. (Bei Vergleichen von Zeitungspapier mit weißem Schreibpapier erkennt man den gelben Ton, das schlechte Weiß des Druckpapieres.)

Nachdem Zufälligkeiten leicht mitsprechen, soll man sich nicht mit dem Abmustern einzelner Stücke begnügen, es geht nicht an, etwa ein derbfädiges Handtuch zum Vergleich mit einem feinfädigen, vollgebleichten Stoff zu stellen, zumal wenn das eine Gewebe durch Abscheidungen kalkiger wurde. Am besten wäre es, eine nicht zu kleine Zahl gleichartiger Tücher vergleichsweise zu waschen und die jeweilig besten sowie minderguten, fleckig gebliebenen Tücher zu sortieren und zu zählen. Oder es sind ganze Stapel von gleichartiger Wäsche gegeneinander zu stellen. Insbesondere bei Vergleichen einzelner Probestücke, von Probestreifen ist auf sorgsame Fertigstellung zu achten und zu vermeiden, daß ein falsches Bild entsteht, weil eine Anfärbung durch ein fremdes Wäschestück unterlief. Die zwar geringen Unterschiede im Weißgrad der Wäsche, welcher für die Verbraucherkreise gleichbedeutend mit Reinheitsgrad zu sein pflegt, obschon ein nur ½ weißes Leinen gleichwie ein cremierter Stoff sehr wohl sauber und rein sein kann, lassen das Verlangen nach „blütenweißer Wäsche" und somit die Verwendung von Bleichmitteln verständlich werden.

Vergilben. Verschiedene Ursachen sind zu erwägen, wie schon ausgeführt. Meist wird der Fehler an einem ungenügenden Auswaschen des Alkalis liegen, restliche alkalische Reaktion begünstigt insbesondere die Verfärbung überbleichter Fasern. Ob die Ware noch alkalische Rückstände aufweist, lehrt ein Aufträufeln einer alkoholischen, farblosen Flüssigkeit von Phenolphthalein auf den mit Wasser nötigenfalls etwas angefeuchteten Stoff. Es tritt eine rötliche Verfärbung ein, die um so tiefer ist, je alkalischer das Wäschestück blieb. Man wolle vor allem Nähte, Doppellagen in dieser Weise prüfen. Die Verfärbung läßt sich leicht auswaschen, ein schwaches Ansäuern, so mit Essigwasser, bringt im übrigen die Farbe zum Schwinden. Daß Seife und Appreturmittel mit Seife oder Borax gleichfalls schwach reagieren, erklärt den z. B. bei Stärkewäsche zu beobachtenden Rosaton.

Zu einem Vergilben tragen manche Seifen, namentlich Kalkseifen stark bei. Die Art der Seifenfette spricht hier mit, so befürchtet man ein stärkeres Vergilben bei einem Ansatz aus Leinöl und Olivenöl. Nicht zuletzt auf den Fasern abgeschiedene eisenhaltige Niederschläge, die anfänglich weniger in Erscheinung treten und erst nachträglich durch Einwirken des Luftsauerstoffes in eine farbigere Form übergehen. Zur Prüfung sind solche Waren in eine angesäuerte Lösung von Blutlaugensalz zu legen: Blaufärbung. (Um Eisen und Alkali entfernt zu wissen, geht die Technik darauf hinaus, die Wäsche zum Schluß abzusäuern, eine Arbeitsweise, die entsprechend gebaute Waschmaschinen voraussetzt, vgl. S. 140.) Weiterhin kann ein Vergilben mit einem Verschwinden der Bläue zusammenhängen, wenn Farbstoffe schlecht lichtecht sind oder falls Säuredämpfe, saure Appreturmittel das empfindliche Ultramarin beeinflussen. Will man die Lagerbeständigkeit prüfen, so ist die Probe möglichst heiß zu plätten und alsbald abzumustern.

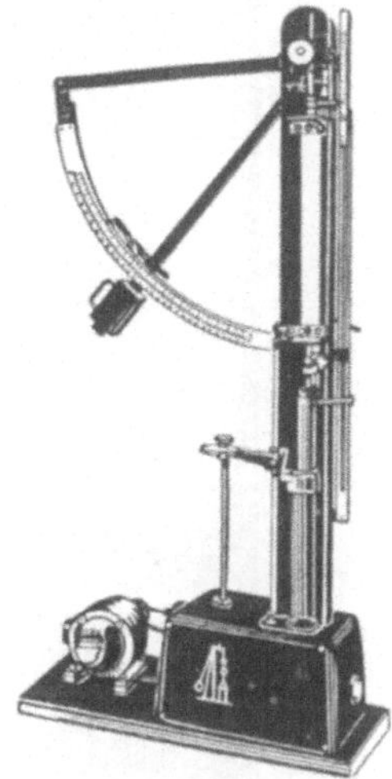

Abb. 54. Festigkeitsprüfer. Bauart Schopper.

Festigkeitsprüfung. Um die Beschaffenheit der neuen Stoffe und die Einwirkung der Waschverfahren — sowie die Abnutzung durch den Gebrauch — zu bewerten, sind mit Reißapparaten oder anderen Einrichtungen die physikalischen Eigenschaften der Textilien zu prüfen. Über die volkswirtschaftliche Bedeutung eines die Gebrauchswäsche schonenden Waschens müssen sich alle beteiligten Kreise klarer werden, denn es ist zu sagen, daß bislang mancherorts noch große Werte durch vorzeitigen Verschleiß zufolge Unkenntnis (?) verloren gehen. Handproben liefern nur einen ungenügenden Anhalt, es bedarf des zahlenmäßigen Ausdruckes der Festigkeiten um zwei Waschverfahren zu vergleichen, wenn nicht die Vergleichswäschen soweit durchgeführt sind, daß bereits ein offensichtlicher Verschleiß einsetzte. Sicherlich ist es angängig und beweiskräftig, wenn der Wäscher sich Aufschluß verschafft, welche Zahl wiederholter Behandlungen bis zum ersten Ausbessern eines Probestückes möglich war. Besser noch bleibt es, mehrere Stücke in dieser Hinsicht zu überwachen, da mit zufälligen Einwirkungen, Schnitten oder Einrissen zu rechnen bleibt. Man wolle keinesfalls übersehen, daß die Gebrauchsabnutzung sehr wesentlich mitsprechen kann, es ist nicht belanglos, ob die Stoffe ungebraucht gleich wieder in die Wäscherei gelangten oder lagern konnten, oder in Gebrauch genommen wurden, ebenso ist mit einer Beeinflussung durch das Mangeln, Plätten zu rechnen. Feststehende Werte lassen sich bis heute nicht geben, die Art der Benutzung und der Fertigstellung (Verfilzung?) werden sich ungleich auswirken, wird es doch z. B. beim Heißmangeln auf die Spannung und die Temperatur ankommen.

Die Festigkeit von Geweben ermittelt man meist an Probestreifen bestimmter Breite und Einspannlänge mit einem Dynamometer, vgl. S. 183. Die Reißfestigkeit hängt mit ab von der jeweiligen Trockenheit der Fasern und der Reißgeschwindigkeit. Daß eine Appretur den Ausfall beeinflussen kann, liegt nahe und es erscheint richtig für die Bestimmung der Anfangsfestigkeit ein Gewebe zu benutzen, das zuvor eine Wäsche mitmachte. Nachdem mit Schwankungen der Reißzahlen zufolge Ungleichheiten der Gespinste und der Stoffe zu rechnen ist, hat man das Mittel aus mehreren Einzelversuchen zu nehmen. Man wolle die Festigkeitswerte nicht allzu absolut nehmen, prozentualen Schwankungen bis zu einem gewissen Grade keinen zu großen Wert beimessen, da zufällige Einflüsse — Ungleichheit der Gewebe, Art der Fertigstellung usw. — nicht ganz ausschaltbar sind.

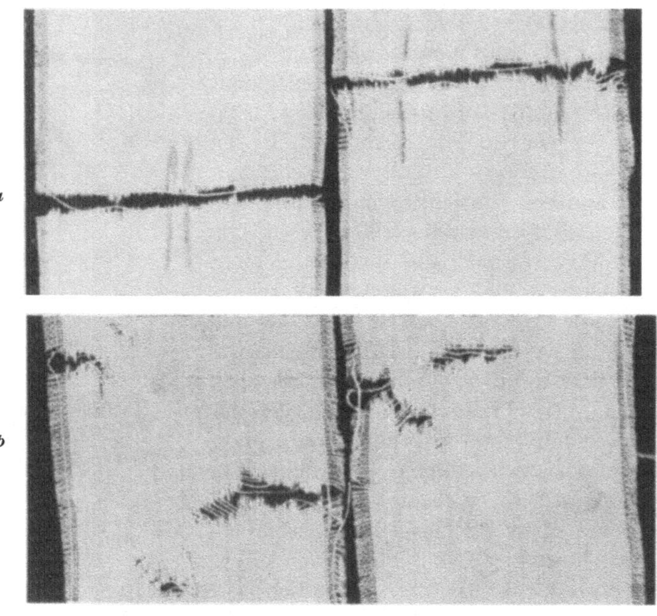

Abb. 55. Festigkeit von Kontrollstreifen nach 50 Wäschen
a) mit weichem Wasser gewaschen, das Gewebe ist weich geblieben,
b) mit hartem Wasser, seifenarmer Lauge gewaschen, das Gewebe ist verkrustet, spröde.
(Aus der Sammelmappe des Deutschen Wäschereiverbandes.)

Bei Gegenüberstellung von Versuchszahlen aus Laboratorien kann sich die Frage aufdrängen, ob die Prüfapparate gleiche Eichung besitzen. Nachstehendes Beispiel gibt die Zahlen für leinene Militärhandtücher bei Prüfen von 5 cm breiten Kettstreifen mit 36 cm freier Einspannlänge (auf gleichem Apparat) an. Neben der Kettrichtung ist gegebenenfalls der Schuß zu prüfen, da die verwendeten Garne — Halbleinen — oder die Webeinstellung ungleich sein können.

		A.	B.
K 1	Randstreifen	109 kg	97 kg
K 2		105 ,,	101 ,,
K 3		106 ,,	110,5 ,,
K 4		106 ,,	106 ,,
K 5		124 ,,	120,5 ,,
K 6		107 ,,	105 ,,
K 7	Randstreifen	116 ,,	108 ,,
		777 : 7	748 : 7
	Mittelwert	111 kg	106,8 kg

Für die Gebrauchsfähigkeit erweist sich neben der Festigkeit auch die Dehnung von Einfluß, ein zwar starkes aber nicht dehnbares,

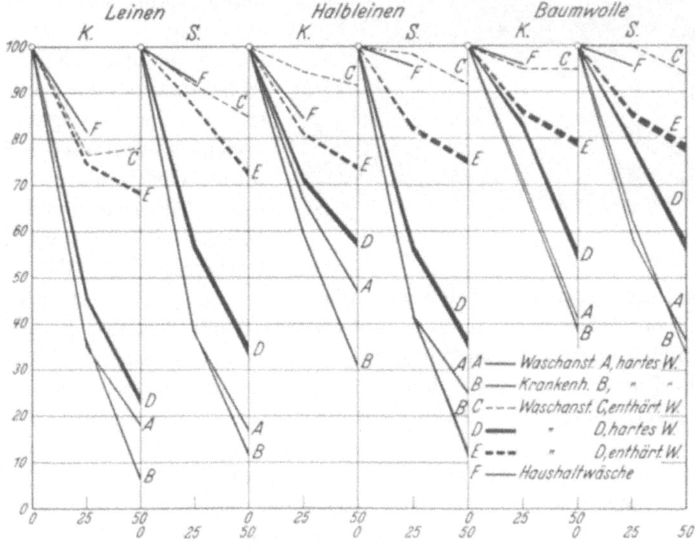

Abb. 56. Festigkeitskurven nach 25 und 50 Wäschen.

starres Gewebe wird sich oft weniger bewähren. Die prozentuale Dehnbarkeit ist gleichzeitig mit der Festigkeit zu ermitteln.

Außer den verschiedenartigen Reißfestigkeitsprüfern gelangt ein Punktierdynamometer zur Bestimmung der örtlichen Einstoßfestigkeit zur Verwendung, vgl. S. 158.

Betr. Reißlänge vgl. S. 157.

Gebrauchsfähigkeit der Gewebe. Anerkannte Normen über die Zahl der möglichen Wiederholungen, welche für Wäsche zu verlangen sind, kennen wir nicht. Die Anschauungen gehen stark auseinander. Selbstredend soll man die Fabrikate dem Verwendungszweck anpassen. Ob aber ein Mundtuch etwa 60 oder 120 und mehr Wäschen aushält, hängt neben anderen wichtigen Umständen, so vom Gebrauch, sehr wesentlich von der Behandlung in der Wäscherei ab.

Durch Mitwaschen von Probestücken für spätere Probestreifen bzw. deren Prüfung erlangt der Wäscher Aufschluß, ob sein Verfahren in Ordnung geht bzw. geblieben ist. Soweit man solche Überwachung noch nicht einführte, raten wir dringend an, dieselbe zu übernehmen. Nicht nur eine einmalige Prüfung ist vorzusehen, sondern es ist hin und wieder zu überprüfen, ob der Arbeitsgang in Ordnung blieb.

Abb. 57. Messerschnitte.

Die Beeinflussung der Festigkeit stellt sich mitunter erst nach einer größeren Zahl von Wäschen eindeutig heraus, zunächst wird namentlich bei Baumwollstoffen vielfach ein Ansteigen der Festigkeit beobachtet, weil das Gewebe durch Verfilzen und Verkitten (Inkrustierungen) der Fasern eine bessere Reißfestigkeit erhält. Die ungünstigere Sprödigkeit macht sich erst nach und nach geltend. Die Festigkeitskurven der Zahlenwerte nach 10,20—50 Wäschen und mehr scheinen deshalb nicht selten anfangs Widersprüche aufzuweisen, weil die Versuchswäsche fürs erste sogar eine höhere Festigkeit zeigt. Ebendeshalb dürfen die Wiederholungen nicht zu früh abgebrochen werden, man dehne die Kontrollen auf 50 und mehr Wäschen aus. Daß die Stoffart, so ob Leinen oder Baumwolle, von Belang ist, geht aus den vorstehenden Ausführungen hervor. Selbstredend sollen die Probetücher die übliche Behandlung erhalten, irgendwelche Abweichungen sind zu vermeiden. Wenn man sich nicht ein Urteil über seine eigenen Wäschearten verschaffen will, setze man sich wegen Lieferung eines geeigneten Gewebes mit Versuchsanstalten wie der Wirtschaftsstelle des Reichsfachverbandes der Wäschereien und Plättereien Deutschlands, Berlin-Charlottenburg 2, Schillerstraße 108 in Verbindung, zumal bei Fehlen von eigenen Prüfapparaten.

Wäscheschäden. Außer der Frage, wie sich ein etwaiger vorschneller allgemeiner Verschleiß zu erklären hat, erwächst gegebenenfalls Streit über das Entstehen örtlicher Schäden. Deren Ursache kann so mannigfach sein, daß die Erklärung schwer hält, wenn Form und Aussehen keine sicheren Schlüsse gestatten, doch kommt hier dem Praktiker und Sachverständigen die Erfahrung zu Hilfe.

So wird man bei Löchern in Handtüchern, Tisch- und Küchenwäsche bei genauerem Betrachten nicht zu selten nachweisen können, daß es sich nur um Einschnitte handelt, obgleich klaffende Lochstellen mit ausgefransten Rändern vorliegen. Werden nämlich beim Gebrauch obenauf liegende Fäden angeschnitten, so mögen diese Schäden erst nach dem Waschen und Fertigstellen auffallen, da hierbei nun der Zusammenhang

a

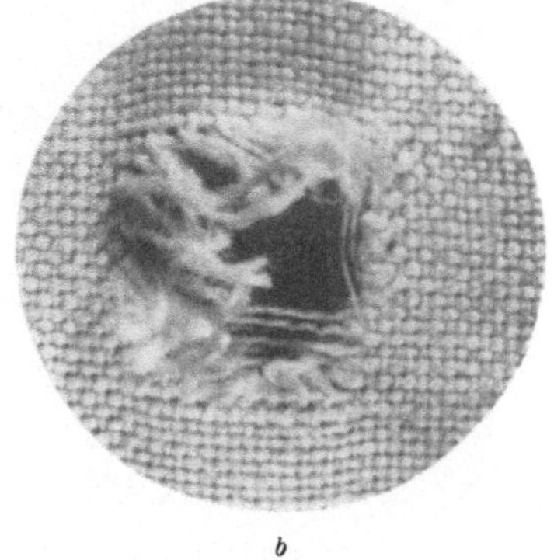

b

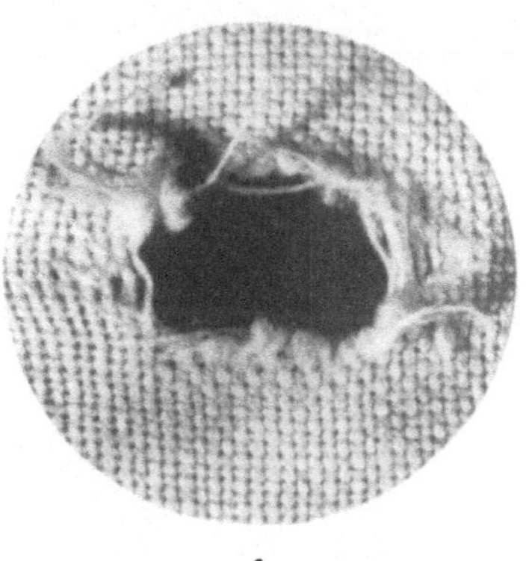

c

Abb. 58. Fortschreitende Lochbildung eines mechanisch beschädigten Stoffes.

der Fasern verloren ging und die Fasern ausfransten. Finden sich weiterhin geringere Beschädigungen, die noch deutlicher erkennen lassen, daß nur die im Gewebe oben liegenden Fäden angeschnitten wurden, so liegt die Ursache klar, soweit nicht Einrisse durch ein scharfkantiges Waschbrett od. dgl. und Scheuerstellen, Einrisse bei Benutzung der Wäsche zu berücksichtigen wären. Mechanische Zerstörungen gehen zu Lasten des Wäschers, falls wegen mangelhaften Verschlusses des Deckels der Trommel Wäschestücke hängen blieben und schlitzförmige Risse in Zangenform auftreten. Dann wolle man für schleunige Abstellung solcher Fehlerursachen besorgt sein. Ebenso kann bei unvorsichtigem Schleudern ein Wäschestück Scheuerstellen erhalten oder wegen ungeschickten Einpackens verzerrt, zerrissen werden, wie solche Beschädigungen vor allem bei unvorsichtigem Auswringen zu befürchten sind, und dies erklärlicherweise bei alten, bereits stark abgewaschenen oder losen Stoffen — Gardinen — um so eher. Mit welchen die Wäsche gefährdenden Gegenständen zu rechnen ist, zeigt Abb. 65, welche wiedergibt, was man z. B. alles in der Wäscherei des Krankenhauses Dortmund gefunden hat. Strittig werden mitunter Schäden, die auf Mäuse — Rattenfraß zurückzuführen sind. Solche namentlich bei stärker verfleckter Schmutzwäsche, die in ungeeigneter Weise lagert, vorkommende Löcher lassen wohl zunächst an ihrer halbrunden oder auch zackigen Form auf Freßstellen

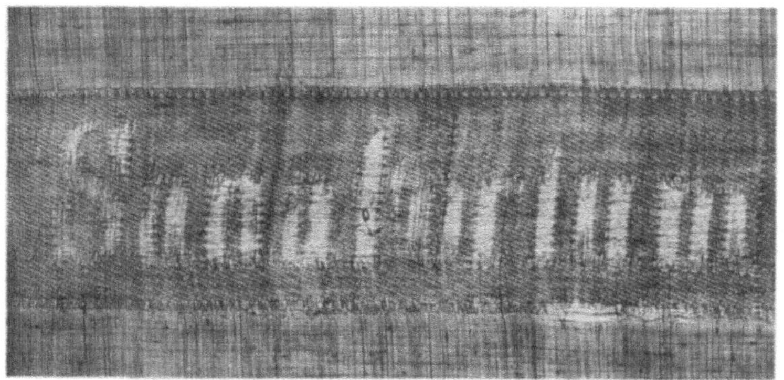

Abb. 59. Verschleiß in der Musterung.

schließen, wenn aber durch das Waschen ein Ausfransen eintrat, die Löcher weiter einrissen, hält der Nachweis nicht immer leicht.

Einen auffallenden Verschleiß zeigen mitunter stark abgewaschene —

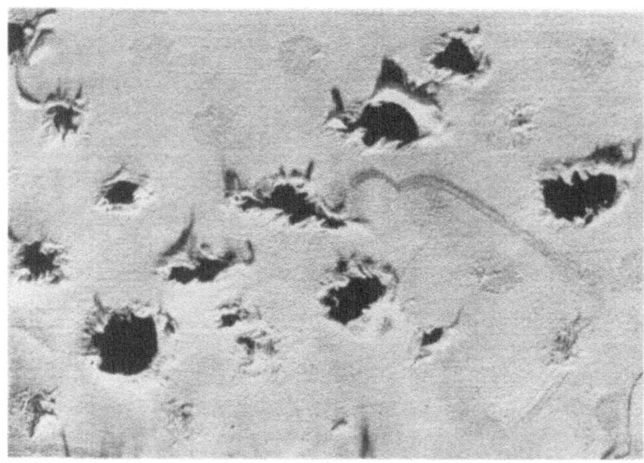

Abb. 60. Verschleiß in der Musterung. Aufnahmen der Abbildungen 59—64, 66: Dipl.-Ing. Reumuth-Böhme, Chemnitz.

inkrustierte ? — Stoffe mit flottierenden Musterfäden. Die Abb. 59, 60 geben wegen solchen Verschleißes beanstandete Leinentischwäsche wieder. Es sind die offener liegenden Fäden teilweise schon völlig gelöst.

Wesentliche Bedeutung hat die Webbindung auch für ein Verfilzen der Wäsche, wobei die Stärke der mechanischen Behandlung in der laufenden Trommel oder in der ruhenden Flotte, bzw. bei einem Reiben auf dem Waschbrett, sowie die Alkalität der Flotten und die Faserinkrustierung

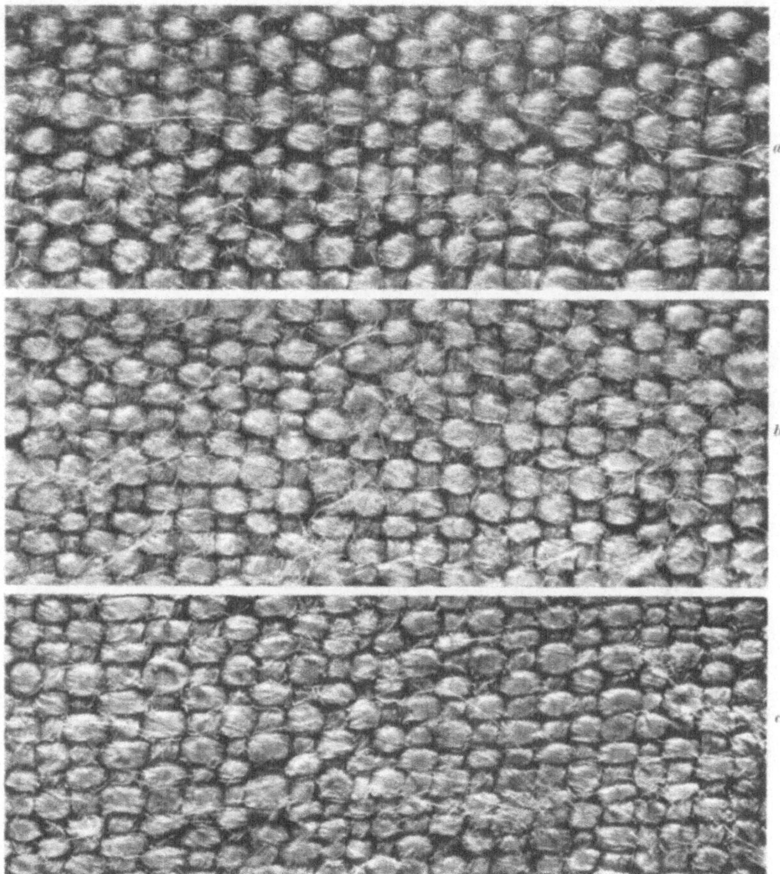

Abb. 61. Leinwandbindung. *a* neues Gewebe, *b* 25mal mit weichem Wasser gewaschen, *c* 25mal mit hartem Wasser gewaschen.

von größtem Einfluß sind. Die Aufnahmen 61—63 zeigen Leinengewebe in verschiedenartigen Abbindungen, die in einem Großbetriebe 25mal mitgewaschen wurden. Die festere Leinwandbindung hat die Fäden gegen die Scheuerwirkung besser sichern können als die Köper- oder vor allem die Atlasbindung. Namentlich letzteres Gewebe hat zufolge der durch ein Wasser von 14° Härte bedingten schärferen Behandlung seinen Glanz verloren, das Leinen ist völlig verfilzt.

Handelt es sich um eine Zerstörung durch Wasch- und Bleichmittel, die etwa örtlich die Fasern „zerfressen" konnten, weil sie ungelöst zur Einwirkung gelangten, so werden im allgemeinen immer Kett- wie Schußfäden gelitten haben, nicht aber wie bei mechanischen Einwirkungen einzelne Fäden erhalten sein. Erklärlicherweise bilden sich in bereits stark abgewaschener, alter Wäsche eher Lochschäden als in einer noch derben Ware. Der analytische Nachweis bereitet gegebenenfalls Schwierigkeiten, die Chemikalien als solche werden ausgewaschen sein, — ob die Lochränder Oxyzellulose-Reaktionen zeigen, ist fraglich, falls die Waschlauge die abgebaute Zellulose aufgelöst hat, vgl. S. 149.

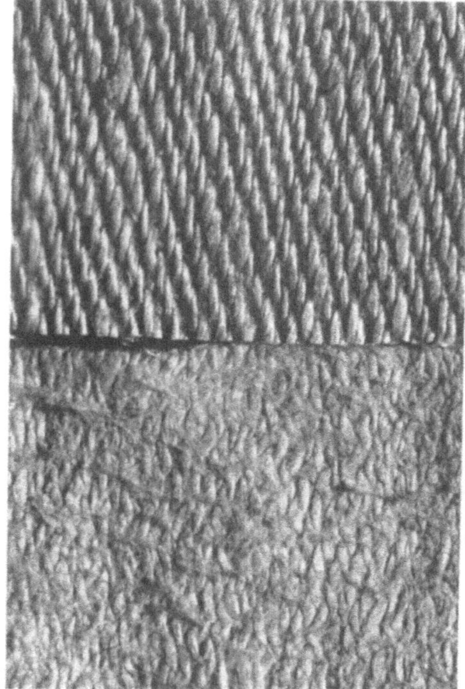

Abb. 62. Köperbindung. *a* neues Gewebe, *b* 25 mal mit hartem Wasser gewaschen.

Eine besondere Beachtung verdienen die Katalyseschäden. Durch die Gegenwart von Fremdkörpern wie namentlich von Kupferoxyd, Eisen — ferner ist an Medikamente zu denken — werden die Bleichmittel unter bestimmten Bedingungen stark aktiviert, der Aktivsauerstoff bewirkt eine Oxyzellulosierung. Schon das Auftreten von Rostflecken bedeutet eine gleichzeitige Fasergefährdung. Grünspanschmutz od. dgl. in der Wäsche wird der Anlaß zu Faserschwächungen beim Bleichen in Chlor- oder Sauerstoffbädern, falls der Katalyt sich in inniger Berührung mit der Faser befindet und die Fremdsubstanz nicht durch vorausgegangene Seifen-Alkalibäder abgespült wurde. Es ist „theoretisch" falsch, in kupfernen Waschtrommeln mit Bleichlaugen zu arbeiten. Jedenfalls soll die Wäsche nicht länger auf dem Metall liegen bleiben, wie dies bei Stillstand einer überfüllten Maschine möglich ist. Katalyseschäden finden sich selbst in neuen Wäschestücken, wenn die Infizierung des Fadens oder Stoffes schon bei der Fabrikation erfolgte. Für derartige Fehler eigentümlich kann ihre regelmäßige Anordnung sein, so sind die Fehler

u. U. in Verbindung mit einem Kettfaden zu bringen, da dieser in seinem Verlauf hin und wieder katalytisch-wirksame Metallteile enthält. Wieder ist es fraglich, ob die nach dem Waschen und Bleichen sich zeigenden Fehler, etwa die Lochränder, analytisch Kupfer oder Eisen nachweisen

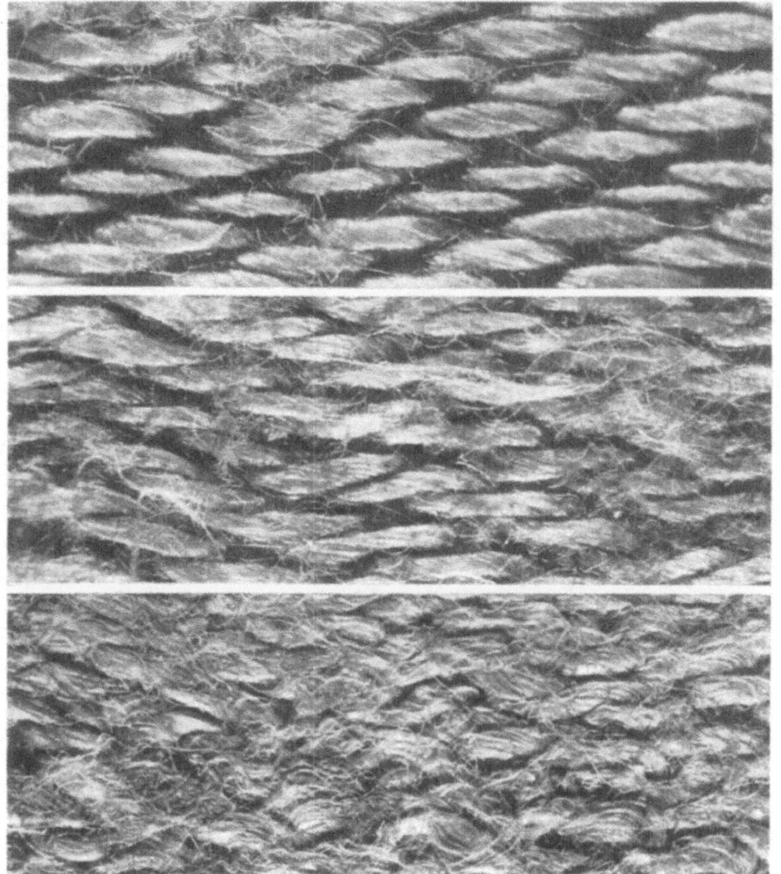

Abb. 63. Atlasbindung. *a* neues Gewebe, *b* 25mal mit weichem Wasser gewaschen, *c* 25mal mit hartem Wasser gewaschen.

lassen, weil die Fremdsubstanzen inzwischen gelöst wurden. An der einen oder anderen Stelle eines derart schadhaft gewordenen Stückes, so eines Taschentuches mit Rostschäden — Schlüsselbund! —, mag aber noch restliche Verfärbung ohne weiteres den Zusammenhang mit dem Auftreten von Löchern verständlich machen. Einige Abbildungen katalytischer Schäden erläutern diese Ausführungen. Darunter befindet sich ein ganz ausnahmsweise stark durch „Sauerstoff-Fraß" beschädigtes Stück, bei dem die Wulste der Trommel Anlaß zu Ringschäden wurden, aus welch letzteren beim Waschen kreisrunde Löcher entstanden. Bei der Maschine mit Unterfeuerung war der Transmissionsriemen gerissen, die Ausbesserung dauerte längere Zeit, so daß das Taschentuch auf dem heißen Metall lag.

Eine weitere Art von besonderen Schäden kann eintrocknendes Wasserstoffsuperoxyd verursachen. Verbraucherkreisen pflegt nicht bekannt zu sein, daß diese Flüssigkeit keineswegs harmlos ist. Die Faserschwächung durch vertropftes Peroxyd oder ein durch Aufstellen einer Flasche in einem Tuche entstandener kreisförmiger Fleck stellt sich nach dem Waschen heraus. Kam es nicht zur Bildung von Löchern, so ist vielfach typisch, daß der Fleckrand — des Kreises? — am meisten geschwächt erscheint. Unter der Ultralampe leuchtet die Außenzone auf, weil das Peroxyd zufolge eines Ansäuerns die Kalkseifen im Wäschestück zersetzte, und die freien Fettsäuren sich nach dem Außenrand hin anreicherten.

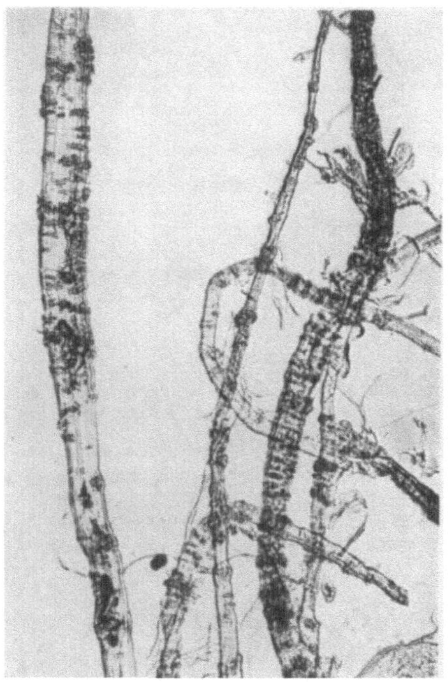

Abb. 64. Vergrößerung von kalkhaltigen Leinenfasern.

Starke Zerstörungen können durch Eintrocknen von Säuren verursacht sein. Heute hat man öfter mit einem Beflecken durch Schwefelsäure aus Akkus zu rechnen; Säurelösungen dienen weiterhin zum Putzen von Metallgegenständen. Salzsäure ist ein Bestandteil von Medizinen. Selbst sehr verdünnte Lösungen entfalten bei längerer Einwirkungszeit und vor allem in der Wärme eine verderbliche Wirkung. Nach dem Waschen ist analytisch keine Säure mehr erkennbar, da sie neutralisiert wurde, sofern nicht das Auswaschen genügt hätte. Etwaige restliche Hydrozellulose reagiert vorwiegend mit Fehlingscher Lösung. Daß Oxalsäure, Kleesalz bei unsachgemäßer Anwendung zum Entfernen von Rostflecken, namentlich beim Eintrocknen die Wäsche gefährden, sollte auch allgemein bekannt sein. Stellt sich die Faserschwächung erst nach den wiederholten Wäschen heraus, so hält die Beweisführung dann schwer.

Nachweis von Flecken. Kalkhaltige Abscheidungen, namentlich Kalkseifen, wirken beim Ausfärben mit Blauholz, Alizarin als Beize, verfärben die Fasern entsprechend. Derartige Verfärbungen sind meist äußerst lehrreich.

Eisen verrät sich im allgemeinen durch den gelbbraunen Ton oder die Vergilbung. Eine scharfe Reaktion bedeutet das Einlegen in eine

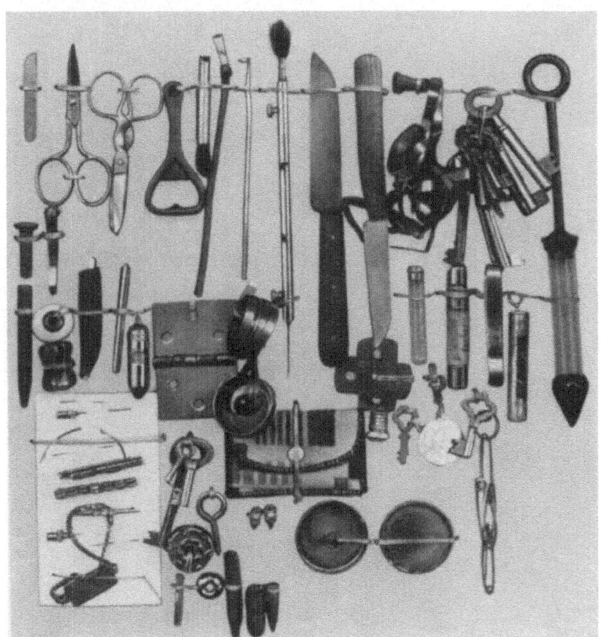

Abb. 65. Funde in Wäschestücken.
Nach Verwaltungsdirektor Willi Plaetke, Dortmund.

stark angesäuerte Lösung von Ferrocyankali durch Bildung von Berlinerblau. Beim Ausfärben mit Alizarin, Blauholz bilden sich dunkle Farbtöne, die das Rot-Violett der Kalkfärbung verdecken.

Kupferflecke mögen als Grünspan eine eigene Färbung haben, zum analytischen Nachweis ist Ferrocyankali zu nehmen, das eine braunrote Verfärbung gibt. Bei Gegenwart von Eisen bildet sich eine Mißfarbe. Ammoniak verfärbt eine kupferhaltige Lösung stark blau.

Zinkflecke. In Wäsche, die in schlecht verzinkten Gefäßen mit Lauge eingeweicht oder erwärmt wurde, entstanden gegebenenfalls weiße, in der Durchsicht jedoch dunkle Stellen. Dieselben sind in charakteristischer Weise mit Diphenylamin-Ferricyankali nach Kehren nachweisbar.

Ölflecke. Für die Erkennung von fettigen Verunreinigungen sehr zweckdienlich ist die Ultralampe, unter der Öle und Fette aufleuchten, manche in besonderer Weise, so fluoreszieren Mineralöle, und kleinste, dem Auge nicht mehr sichtbare Mengen sind hier noch zu erkennen. Wenn

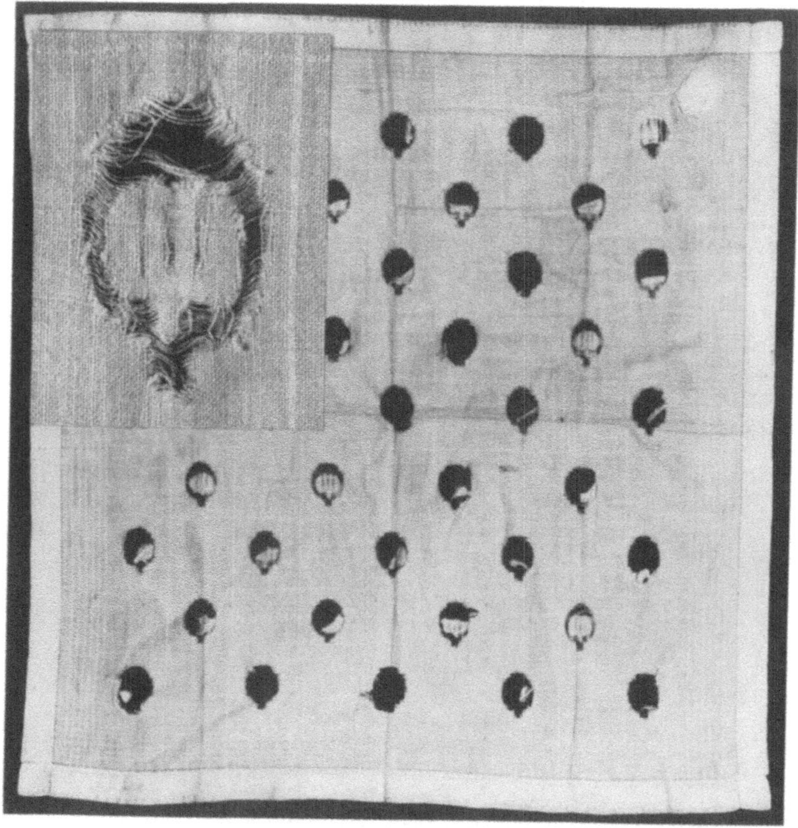

Abb. 66. Katalytschäden.

ein frischer Fleck vorliegt, so wird sich dieser dadurch verraten, daß bei einem Pressen auf weißem Schreibpapier oder bei einem heißen Plätten auf der Papierunterlage noch ein deutliches Anschmutzen eintritt.

Webfehler. Seite 161 ist ausgeführt, wie Webfehler sich erklären. Daß

[1] Textilberichte 1928, 687.

fehlerhafte Stellen Anlaß zu vorschnell auftretenden Schäden werden können, so knotige Garnstellen sich lockern können, liegt auf der Hand. Es bedarf jedoch einer unbefangenen Prüfung, ob Wäscheschäden auf Fabrikationsmängel, auf beim Gebrauch (oder Transport) entstandene Schädigungen oder auf Fehler in der Wäscherei zurückzuführen sind. Größere Fabrikationsfehler werden wohl nach den ersten Wäschen zur

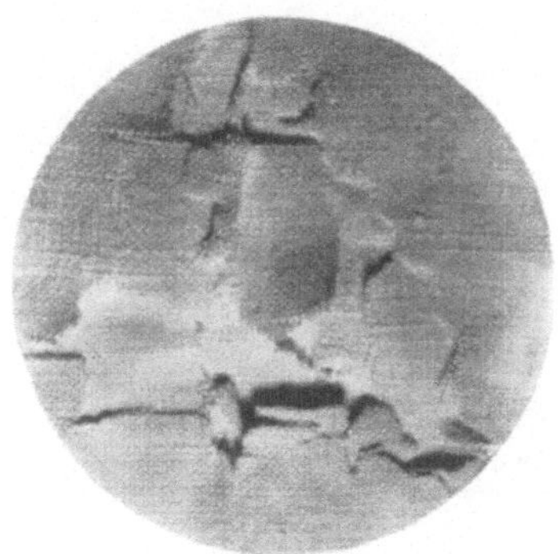

Abb. 67. Gewebeschädigung durch Salzsäure. Vergr. 3mal.

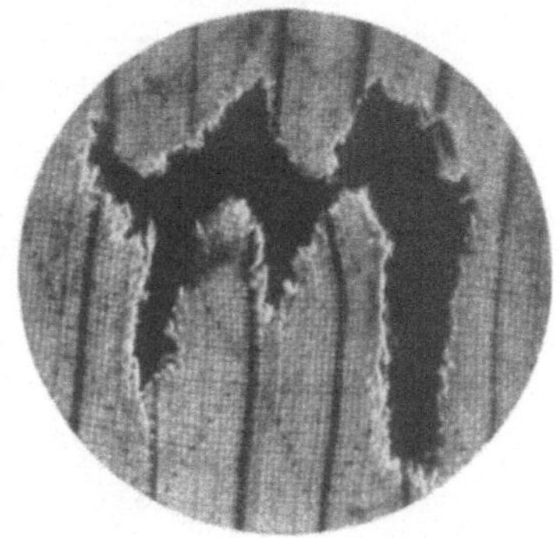

Abb. 68. Gewebeschädigung durch Schwefelsäure. Vergr. 1,3mal.

Kenntnis gelangen, so daß dahingehende spätere Beanstandungen fraglicherweise zutreffen. Immerhin bleibt zu erwägen, wieweit die Webbindungen bei Klagen über das Verhalten der Wäsche die Ursache bilden. Gewebe mit stark flottierenden Fäden kommen eher zu Schaden als z. B.

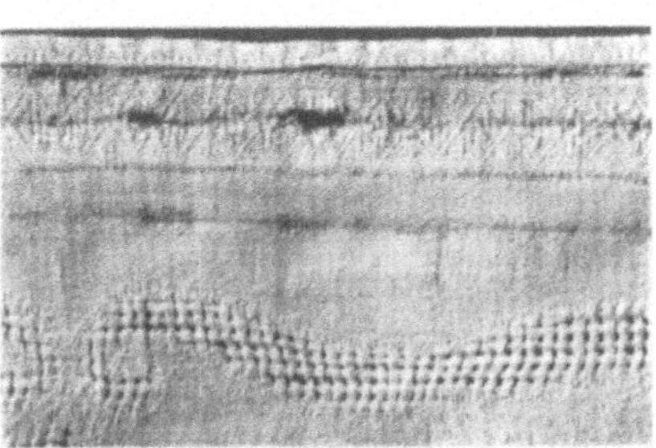

Abb. 69. Kantenschäden.

leinwandbindige Stoffe. Es ist Sache der Weberei bei Musterungen, namentlich bei Kantenstreifen, die Bindungen zweckentsprechend zu wählen. Das Auftreten von Bruchfalten an den Gewebekanten wird oft durch die Musterstreifen gefördert, da die Musterung Anlaß zu ungleichen Spannungen der Fäden gibt. Es bilden sich dadurch leichter Falten, wie auch der Saum die Ursache von Falten werden kann. Diese Falten leiden eher beim Mangeln, weshalb empfohlen wurde, Tischtücher möglichst mit der Breitseite durch die Mangel zu führen. Legen sich beim erneuten Waschen die angeknickten Fäden wieder in gleiche Falten, so entstehen

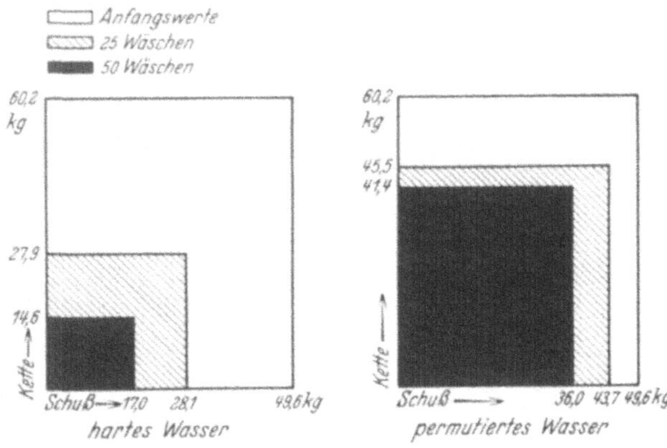

Abb. 70. Festigkeitswerte.

die bekannten Kantenschäden, um so mehr, je weniger weich der Stoff durch Kalkabscheidungen werden konnte. Somit lautet auch hier unsere Schlußfolgerung: Zum Waschen gehört weiches Wasser, um mit der Seifenlauge nur wenig Soda zu verwenden.

Sachverzeichnis.

Kenntnis der Wasch-, Bleich- und Appreturmittel. Ein Lehr- und Hilfsbuch für technische Lehranstalten und die Praxis. Von Ing.-Chem. Prof. **Heinrich Walland,** Wien. Zweite, verbesserte Auflage. Mit 59 Textabbildungen. X, 337 Seiten. 1925. Gebunden RM 18.—*

Chemische Technologie der Lösungsmittel. Von Dr. phil. **Otto Jordan,** Mannheim. Mit 26 Abbildungen im Text. XIV, 322 Seiten. 1932. Gebunden RM 26.50

Das Buch gibt in leichtfaßlicher Form eine kritische, umfassende Darstellung aller für den Umgang mit Lösungsmitteln wichtigen Gesichtspunkte. Besonders sind die für die Verarbeitung von Lösungsmitteln in der Lackindustrie und allen verwandten Industriezweigen vorliegenden Erfahrungen aus der Praxis heraus für die Praxis behandelt, so daß das Werk für alle Techniker dieser Industriezweige als Ratgeber und Nachschlagewerk unentbehrlich ist.

Die Textilfasern. Ihre physikalischen, chemischen und mikroskopischen Eigenschaften. Von **J. Merritt Matthews,** Ph. D., ehem. Vorstand der Abteilung Chemie und Färberei an der Textilschule in Philadelphia, Herausgeber des „Colour Trade Journal and Textile Chemist". Nach der vierten amerikanischen Auflage ins Deutsche übertragen von Dr. **Walter Anderau,** Ingenieur-Chemiker, Basel. Mit einer Einführung von Prof. Dr. H. E. Fierz-David. Mit 387 Textabbildungen. XII, 847 Seiten. 1928. Gebunden RM 56.—*

Die physikalischen, chemischen und mikroskopischen Eigenschaften, die Gewinnung, Veredelung und Analyse aller tierischen, vegetabilen und künstlichen Fasern wie Wolle, Seide, Kaschmir, Kamelhaar, Pelzhaare, Alpaka, Vicuña, Shoddy, Kunstwolle, Kunstseiden, Baumwolle, Jute, Hanf, Ramie, Lein, Pita-, Ananas-, Tampiko- und Kokosfaser und vieler weiterer.

Technologie der Textilveredelung. Von Prof. Dr. **Paul Heermann,** Berlin. Zweite, erweiterte Auflage. Mit 204 Textabbildungen und einer Farbentafel. XII, 656 Seiten. 1926. Gebunden RM 33.—*

Betriebseinrichtungen der Textilveredelung. Von Prof. Dr. **Paul Heermann,** Berlin, und Fabrikdirektor Ing. **Gustav Durst,** Konstanz a. B. Zweite Auflage von „Anlage, Ausbau und Einrichtungen von Färberei-, Bleicherei- und Appretur-Betrieben" von Dr. P. Heermann. Mit 91 Textabbildungen. VI, 164 Seiten. 1922. Gebunden RM 7.50*

Enzyklopädie der textilchemischen Technologie. Bearbeitet in Gemeinschaft mit zahlreichen Fachleuten und herausgegeben von Prof. Dr. **P. Heermann,** Berlin. Mit 372 Textabbildungen. X, 970 Seiten. 1930. Gebunden RM. 78.—

Handbuch der Appretur. Von Prof. Ing. **Josef Bergmann †,** Brünn. Nach dem Tode des Verfassers ergänzt und herausgegeben von Prof. Dr.-Ing. **Chr. Marschik,** Leipzig. Mit 286 Textabbildungen. VI, 321 Seiten. 1928. Gebunden RM 36.—*

---

* Abzüglich 10% Notnachlaß.